编译文库

哲学

黄侃 著

本书系国家社科基金青年项目《延展认知的哲学基础研究》（14CZX016）成果
本书获贵州大学社科学术出版基金资助

延展认知的哲学基础
The Philosophical Foundation of Extended Cognition

中央编译出版社
Central Compilation & Translation Press

图书在版编目（CIP）数据

延展认知的哲学基础／黄侃著. —北京：中央编译出版社，2023.8
ISBN 978-7-5117-4421-0

Ⅰ.①延… Ⅱ.①黄… Ⅲ.①认知科学－科学哲学－研究 Ⅳ.①B842.1

中国版本图书馆 CIP 数据核字（2023）第 080677 号

延展认知的哲学基础

责任编辑	苗永姝
责任印制	刘　慧
封面设计	蒋　铮
出版发行	中央编译出版社
地　　址	北京市海淀区北四环西路 69 号（100080）
电　　话	（010）55627391（总编室）　　（010）55625179（编辑室） （010）55627320（发行部）　　（010）55627377（新技术部）
经　　销	全国新华书店
印　　刷	北京文昌阁彩色印刷有限责任公司
开　　本	710 毫米×1000 毫米　1/16
字　　数	311 千字
印　　张	23.25
版　　次	2023 年 8 月第 1 版
印　　次	2023 年 8 月第 1 次印刷
定　　价	139.00 元

新浪微博：@中央编译出版社　　　微　信：中央编译出版社（ID: cctphome）
淘宝店铺：中央编译出版社直销店（http://shop108367160.taobao.com）　（010）55627331

本社常年法律顾问：北京市吴栾赵阎律师事务所律师　闫军　梁勤
凡有印装质量问题，本社负责调换，电话：（010）55626985

序

  2010年秋季我进入浙江大学人文学院哲学系攻读博士学位，跟随导师盛晓明教授学习科学技术哲学。经历了一个多学期的课程学习后，与盛老师商议以认知科学哲学领域为论文选题方向，期间李恒威教授建议我先翻译《认知的边界》一书。于是，我开始阅读同名的文章，并着手翻译该书，这是一个全新的挑战。该书以新近发表的《延展的心智》一文及类似的主张为批评对象。我对延展认知的第一感受是极度怀疑的，更不要说延展的心智这样一个假设了，毕竟，某人在使用手机的时候心智怎么可能延展到手机上呢！但是，随着翻译的深入，又大量阅读了延展认知的相关文献后，我的怀疑逐渐消退了。

  有一次在杭州火车站接清华大学的吴彤教授和中国人民大学的刘晓力教授到学校参加学术活动，在返回西溪校区的路上，出租车司机面前架着五部手机，他不停地用手机与同行沟通和接单，我转过头半开玩笑地与两位教授说，这就是延展认知吧！

  确实如此，随着智能手机、互联网和移动通讯技术的发展，人类的认知活动不再仅仅局限在头脑内了。把认知放在一个头脑外的活动来理解，需要一个重新理解认知的方法和立场。而要为这种全新的理解方案提供一个合理的说明一度困扰着我。

  在完成博士论文的过程中，我经常会将我的困惑和导师盛晓明教授分享，也经常会和李恒威教授交流。同时，在玉泉校区的唐孝威院士得知我正在做认知的边界和延展认知主题的研究，希望能听听我的研究情况和进度，大概有一个学期的时间，每隔两周都要和徐怡师妹前往唐院士的办公室汇报自己的研究情况和进度，并就我的研究不断提问。得到几位老师的建议让我有了更大的自信去完成博士论文。

2014年，我根据博士论文研究和对该领域的现有研究大胆提出预想，需要为延展认知提供一种哲学基础上的证明，于是就按着这个预想申请了当年的国家社科基金项目。这是本书研究的一个起点。但是，由于工作的原因后来的研究一直处在断断续续中。2019年完成了研究并申请了结题，之后又没有专门腾出时间修改，呈现在读者面前的这本书可能存在各种各样的不足，但是也算是国内专门对延展认知主题进行的研究著作，希望能起到抛砖引玉的作用，求教于各位专家学者、学界朋友和后学。

目 录

导 论 / 1

  一、意识活动与物理世界的鸿沟 / 3

  二、有生命的心理活动与无生命之物的鸿沟 / 12

  三、有生命之物与智能机器的鸿沟 / 18

  四、跳出鸿沟和延展认知假设 / 23

  五、国内外研究现状 / 29

  六、本书的研究目的和研究路数 / 39

第一部分　认知科学和延展认知假设的诞生

第一章　认知科学：心智的新科学 / 45

  一、认知科学的诞生及其核心主题 / 45

  二、象棋之路和孩童之路 / 48

  三、心智的新科学 / 58

  四、当我们谈认知时是在谈心智吗？/ 71

  五、大脑是心理能量储藏所吗？/ 79

第二章　延展认知与认知边界的对话 / 84

一、延展认知的理论源头、成型和发展 / 84

二、扩散中的延展认知 / 90

三、延展认知能实现认知科学的目标 / 99

四、延展认知的论证策略 / 105

五、挑战延展认知 / 113

六、认知边界与心智的标志 / 118

第三章　延展认知与具身认知辨析 / 122

一、具身认知的两个版本 / 123

二、具身的人工智能 / 132

三、具身认知与延展认知 / 137

四、延展认知系统 / 142

五、从延展认知到智能增强 / 146

第二部分　搭建延展认知的哲学基础

第四章　寻找延展认知的本体论基础 / 155

一、延展认知的"本体—历史的"分析 / 156

二、社会学主义不违背自然主义原则 / 162

三、物理学主义应用上的困境 / 172

第五章　寻找延展认知的方法论原则 / 188

一、还原论是认知科学发展的必经之路 / 189

二、反还原论与非还原论辨析 / 193

三、非还原论进路解释策略：社会学主义 / 196

第六章　知识论辩护：错误表征 / 200
　　一、表征和错误表征 / 202
　　二、孙悟空的错误表征 / 206
　　三、奥托的错误表征 / 210
　　四、表征性认知和技术性认知 / 216

第三部分　扩充延展认知的哲学基础

第七章　走向实践的认知科学 / 225
　　一、认知科学的"实践转向" / 226
　　二、科学哲学中的理论与实践之辨 / 229
　　三、科学实践哲学的三重特征 / 232
　　四、具身认知与延展认知"相遇" / 235

第八章　从现象学走向实用主义 / 240
　　一、由笛卡尔剧场转向海德格尔剧场 / 243
　　二、现象学无法被自然化 / 251
　　三、生成认知和延展认知 / 258
　　四、延展认知的哲学基础：实用主义 / 265
　　五、实用主义注重经验事实 / 268
　　六、延展认知的实用主义主张 / 272

第九章　演化、认知的动态性和智能的形态学 / 277
　　一、演化论视角下的环境和小生境 / 279
　　二、认知的动态性与耦合结构 / 288
　　三、智能的形态学 / 300

第十章　从控制论到智能科学 / 308

　　一、造访控制论 / 310

　　二、求智的科学 / 315

　　三、智能革命和机器革命 / 324

　　四、从头脑风暴走向问题风暴 / 329

结　语 / 335

参考文献 / 340

插图目录

图 1-1　认知科学的学科结构图 / 47
图 3-1　认知主义和具身认知区别图 / 128
图 3-2　激进的具身认知科学演进图 / 131
图 3-3　认知主义、具身认知和激进的具身认知区别图 / 132
图 3-4　认知主义、(激进的)具身认知和延展认知的区别图 / 139
图 4-1 / 168
图 4-2 / 169
图 4-3 / 169
图 4-4 / 171
图 8-1 / 263
图 8-2 / 264
图 9-1 / 292
图 9-2 / 297
图 9-3 / 298

导 论

人类的认识活动虽然奇妙但并不神奇，自康德以来经历了认识论转向的哲学风尚后，哲学家们开启了一场又一场对认识活动进行科学说明的运动。之所以说认识活动很奇妙，是因为我们用自己的一种状态来研究这种状态——思维活动。人类不仅在演化过程中获得了各种各样的思维活动和形式，也产生了借助外部世界来处理当下棘手问题的能力，这种能力被称为智能活动。不论是思维活动还是智能活动，在哲学家眼中它们又与意识、心智和认知等这类概念联系在一起。然而，思维活动和智能活动是无形无状非物理，所以在科学的面纱下它们与物理世界究竟有什么关系的讨论就变得有趣起来，这也使得哲学有了永无枯竭的话题来源。

20世纪中后期兴起的认知科学立志要在这层面纱下对人类的思维活动和智能活动有所作为，借助心智哲学、语言学、心理科学、计算机科学、机器人学和人工智能等学科交叉，获得了学科地位。不过恰好是因为这样一门具有多元特性的交叉学科研究，决定了对思维活动和智能活动的认识没有办法给出统一的答案。

认知科学的诞生与反对行为主义有关。为了否定行为来自外部刺激的观点，而忽视认知活动的作用，认知科学家用认知主义研究纲领来回击行为主义，研究者认为，思维活动和智能活动的最大特色是计算和表征。① 到了20世纪90年代，研究者认为认知主义是一个不完备的方案，在后认知主义的名义下聚集了大批对前者挑战和扩展兴趣的成员，这些理论一方面力图排斥计算和表征在认知中的统治地位，另一方面力图将身体和环境纳入考察认知的范围。像具身认知和延展认知就是具有代表性的理论进路，前者主张有机体的身体运动和环境对认知产生起到关键作用；后者认为，不仅如此，在环境中的那些非生命的智能设备，哪怕是一个记事本对认知产生的积极作用都应该被考虑进来。本书立足于近二十年认知科学中关于延展认知的理论论战，力图为延展认知找到一个合适的哲学基础。

鉴于认知主义背靠着笛卡尔式哲学和康德式哲学，具身认知背靠着现象学，因此笔者试图从实用主义来为延展认知建立哲学基础。自古以来，物质与意识之间有道难以逾越的鸿沟，意识活动在有生命之物与无生命之物之间存在鸿沟，以及一个智能机器与有生命之物的鸿沟，这些问题会在延展认知的框架下为重新思考心智、认知和智能带来新的契机。

另外我们也可以注意到，随着人类社会迈向智能化的趋势越来越明显，人类的心智、认知和智能发生的新变化受到越来越多的关注。因此，一方面本研究要处理延展认知的哲学基础问题，另一方面还要处理心智、认知和智能在延展认知的框架下如何增进我们更深入地对它们的理解和认识。导论部分将从意识问题切入，讨论上述鸿沟给哲学带来的麻烦，以及人类与机器之间的关系所面临的问题。最终将表明，引入延展认知的讨论不仅是对这些鸿沟进行变革式的回应，还是对人类与机器之间的关系尤其是认知关系的修补。当然，更重要的是为延展认知的假设探索一条备用的哲学基础出路。

---

① 认知主义是20世纪50年代以后在心理学、语言学、哲学、计算机科学等学科对行为主义挑战的结果。研究者重视计算机模拟的符号表征加工，钟情于对心智的内部结构和心理过程的研究。后来在70年代成为认知科学的核心研究纲领。

一、意识活动与物理世界的鸿沟

冬日的下午，天气尚可。我漫步在公路旁的小道上，小道旁的泥塘里一只鹅呆呆地一动不动。我驻足在它身后不远处，脑海里浮现了这样一个念头，"这只鹅，不冷吗？它呆呆地在想些什么呢？它会不会是在想念它的同伴？它认不认识旁边那只在岸边来回踱步的鸭子……"我知道此时此刻用极短的时间是找不到答案的。当我顺着小道继续往前走时，脑海里又浮现了另一个念头；"一只小狗，如果失去了自己的母亲，或失去了主人，会悲伤吗？"当然，如果不是因为悲伤，过去那么活蹦乱跳的它，怎么会安安静静地爬在门边；过去看见骨头时它会急忙跃过身去尝个够，现在怎么变得茶不思饭不想呢？

在中国的传统节日春节到来时，对于那些没有办法回到自己父母身边的人难免会暗自神伤，想念远方的亲朋时会不禁流出眼泪。而在电话一头的我，在接到母亲的电话告知父亲去世的消息时，那种无以言表的悲伤涌上心头，眼泪溢出了眼眶。我们都知道思念、痛苦、悲伤这样的心理反应与我们的心理状态有关，就像那只鹅和狗在"思考"和"悲伤"一样。可是我们看不到它们的眼泪，没有面部痛苦的表情。于是，人们相信我们这样的心理反应与我们的社会状态密切相关。人类与动物，包括其他生命体可能在一定程度上会有类似或相同的心理活动，比如看见食物会分泌唾液。但是，人们还是相信与其他生命体不同的是，人在看见食物时会衡量自己采取什么样的行动更为妥帖。这种衡量虽然可以说来自某种心理活动，但是它的派生一定跟人类所处的不同状态有关，那就是社会和文化。

或许，鹅确实在思考着什么或想念着什么。但是到此为止，因为它并不清楚知道这些内容之后它应该采取什么行动。或许小狗确实对失去主人或母亲而倍感悲伤，或许它会去找自己的主人或失散的母亲，但能否成功取决于它知道自己怎么完成自己的目标。一位思乡心切的游子和一位接到远方亲人去世消息的返乡客,他们会电话预订机票,换取登机牌,当飞机安全抵达后会打车赶往自己的目的地。我们不仅会动用头脑中的想法,还能借助必要的交通工具。而可怜的鹅只能呆呆地望着远方,小狗却只能靠自己嗅觉灵敏的鼻子打探自己熟悉的味道,当这个味道无法被捕捉的时候,它可能会沦为一只流浪狗。所以,我们可以承认,"任何一个想精通某项活动的人,首先必须知道它的工具和规则"①。人类不仅能够使用自己头脑中的工具,还能使用头脑外的工具。哲学家曾断言人类最高贵之处就是动用自己头脑中的想法,完成一次伟大的思维动作——思考是我们必须知道的工具。自此,人类的思维活动是如何展开,以及如何被应用等问题,便成为哲学家们困惑已久的问题。而人类在动用自己头脑中的思维工具时,凸显了其特有的能力——智能活动。与人类以外的其他生命体相比,智能赋予了人类解决实际问题和使用头脑外的工具的能力。无论完成怎样的思维工作,今天的科学研究已经渐渐揭开了感觉运动、动作、记忆和情绪等面纱,唯有认知仍是待解之谜。

由于认知这个概念一直是个疑谜,在此不妨稍作停留,对这个概念进行简要说明。认知(cognition),名词,在15世纪中期为cognicioun,意指理解、心理行为或获得某种知识的过程之能力。在学术界尚无形成统一的定义。在认知科学的意义上,我们将认知视为一种与思维、推理、知觉、想象和记忆相关的认知处理过程中的内容。认知语言学家诺尔称,传统意义上认知常被称为物理符号系统,是符号化心智的认知观。② 心理学家弗拉维尔称:"传统上关于认知的看法,倾向于将其限制在人类心智比较特别、比较明确的'智力'过程和产物。这一看法认

---

① 〔美〕鲁吉罗:《超越感觉:批判性思考指南》,顾肃等译,上海:复旦大学出版社2017年版,第3页。
② Rohrer, Tim., 2001: "Pragmatism, Ideology and Embodiment: William James and the Philosophical Foundations of Cognitive Linguistics." In Dirven, R., Hawink, B., Sandikcioglu, E. (eds.) *Language and Ideology: Cognitive Theoretical Approaches*. Amsterdam: John Benjamins, pp. 49–82.

为，认知包括心理实体中比较高级的心理过程，有如知识、意识、智力、思维、想象、创造、计划和策略的形成、推理、推测、问题解决、概念化、分类与关联、符号化，或许还包括幻想和梦等过程。……也有人认为，有必要增加一些内容，尤其是被认为是较低级的那部分，如婴儿智力的运动模式和知觉行动。"[1]

虽然认知这个术语包括了人类的思维动作，例如思考和智能又被视为与意识活动相关，但是它们确切的界限是什么？一块石头不能思考，也不能产生智能的行为，当然它就不具备意识活动的条件。如果跟随这样的判断，意识活动当然就成了头脑中完成思维动作的必要条件。因此，当人们把意识活动判断为一项头脑中完成的动作自然是不过分的。但是，我们要说思维动作的思考活动和智能行为是一种头脑外发生的现象想必就有问题了。如果头脑外的一块石头因为地震或风化发生了位置上的变化或形变，我们没有办法说，这个结果是这块石头"自己"这样的。那么，在第二个问题上，人类的思维动作——智能在解决实际问题时如何使用头脑外的工具，这种能力通过什么方式来理解呢？或许对这个问题的回答，单靠追踪头脑中的神经变化很难获得满意的答复。于是，有人开始设想，如果把一个具有神经反应的头脑置放在漫长的人类演化历程和社会互动中，是不是能找到满意的回复呢？

记得有一次，我儿子的手表从手腕上掉了下来，表环被损坏了一个口子。当我追问他表环损坏的原因时，他理直气壮地说，是表自己掉下来的。的确，戴得好好的一块表并没有刻意要弄坏它，肯定是自己掉的。如果说手表和石块是一个物理物件，它要自己产生一个行为只能是按照自己的意愿或意图去激发自己的行动。但是，一个物理物件要完成这样的行动难道不需要一种有意识的行为吗？如果这种有意识的行为产生意味着"X 能做 X 自己想做的事"，那么这个"自己"正是哲学家所

---

[1] 〔美〕弗拉维尔等：《认知发展》，邓赐平等译，上海：华东师范大学出版社 2002 年版，第 2 页。

称谓的"自我"。如果一块手表和石块具有"自我"的时候，不就可以说"我想从主人的手腕上掉下来，我想从山崖上滚下去"。按照这种说法，我们发现一个物理物件想要做出任何动作一定需要一个意识活动，在这个意识活动中一定需要一个非物理性的心理状态。如果我们注意到这个问题，实际上就回到了哲学上的最重要的议题：物质和意识问题。

物质和意识这样一个对子，还可以被替换成物理的和心理的（精神的）。这个对子不仅足足扰乱了千百年来的哲学家的心思，而且触动着数百年来科学家的神经。美国哲学家塞尔曾表示，许多哲学家，甚至包括某些科学家都认为，大脑处理如何创造意识，两者之间的关系并不是因果性的，因为大脑和意识的一种因果关系对于他们而言意味着大脑和意识的某种二元论版本，而这种版本又是这些人力图拒绝接受的。从古希腊到当前认知的计算模型，意识的整个主题以及它与大脑的关系，已经变得混乱不堪。① 难怪英国哲学家麦金多少有点感叹地说："从物理的大脑中产生意识就像从水变成酒一样，但我们对这种转变的性质却一无所知。"② 如果说一块石头和一块腕表是一个物理物件，它们发生变化只能求救于物理科学的帮助来解释；如果说一个有意识的生命体不求助于物理事件，对于这个生命体而言是不是光有意识活动就已经足够了呢？看来物理事件和心理事件之间的联系确实有几分奇特。在麦金看来困难只在于"我们构造概念和发展理论的方式决定了我们不可能理解这种因果联系"③。在彭罗斯笔下也对这样的困难做出了如下质问："当我们有意识地思维或知觉时，会牵涉到什么样的新物理行为呢？"④ 很显然，物理事件和心理事件，物质世界和意识世界如何相互影响和相互产生的确

---

① Searle, John R., 1997: *The Mystery of Consciousness*, New York: NYREV, Inc, pp. 4 – 5.
② 〔英〕麦金：《意识问题》，吴杨义译，北京：商务印书馆 2015 年版，第 6 页。
③ 〔英〕麦金：《意识问题》，吴杨义译，北京：商务印书馆 2015 年版，第 7 页。
④ Penrose, Roger., 1989: *The Emperor's New Mind*, New York: Penguin Books, p. 371.
〔英〕彭罗斯：《皇帝新脑：有关电脑、人脑及物理定律》，许明贤等译，长沙：湖南科学技术出版社 1995 年版，第 430 页。

是个难题。虽然意识与大脑之间的关系确实令人费解,但是并不会表明利用超自然或神圣的干预方法就能摆平这个问题。毕竟,对于每一位持自然主义立场的研究者来说这种方法是不能被接受的。①

对于自然主义者来说,二元论是最大的障碍。内格尔在《心智与宇宙》中声称,针对心理—物理之间的二元论是他需要拒斥的任务之一,并誓言要发展出一种特殊的自然主义世界观,假定那些科学对象之间有一种层次上的关系,"心智—身体问题不仅是一个局部问题,涉及心智、大脑和动物有机体行为之间的关系,而且还侵入到我们对这个宇宙及其历史的理解上",通过它们的统一来解释宇宙从原则上是可行的。然而在是否要坚决从科学的立场上来做出这种理解,内格尔的态度又有些隐晦。他指出哲学的一项合法的任务就是要发现最为成功的当代科学知识的限度,"如果这种限度能被辨识出来,那么最终会发现科学理解的新形式"。②

对于二元论,内格尔明确指出,关于心智与世界的关系不依赖于二元论的传统,因为心理物理的还原论的论证是错误的,这样一种心智哲学的立场是由希望接受物理科学如何在原则上能提供一种万有理论而被大量激发出来的。③ 内格尔一方面指出这种心理物理还原路线的缺陷,另一方面指出"物理科学和生物科学取得的巨大进展,是因为把心智从物理世界中驱逐出去了"④。这种驱逐的另一种表述,在素有认知神经科

---

① 关于按照英国哲学家帕皮纽(David Papinueau)的观点:自然主义(naturalism),当代哲学还没有对其有很精确的定义,最早使用是杜威、内格尔、胡克和塞拉斯等人,他们用自然主义来说明哲学与科学之间的联姻。按照本文的理解,认知以一种自然主义的角度来解释,它不再具有像灵魂这样的具有超自然特性的对象,而可以通过科学得到解释。与自然主义对应的是超自然主义。参见:https://plato.stanford.edu/entries/naturalism/。

② Nagel, Thomas, 2012: *Mind and cosmos: why the materialist Neo-Darwinian conception of nature is almost certainly false*, New York: Oxford University Press, p. 4.

③ Nagel, Thomas, 2012: *Mind and cosmos: why the materialist Neo-Darwinian conception of nature is almost certainly false*, New York: Oxford University Press, p. 4.

④ Nagel, Thomas, 2012: *Mind and cosmos: why the materialist Neo-Darwinian conception of nature is almost certainly false*, New York: Oxford University Press, p. 8.

学教父之称的加扎尼加的《社会的大脑》一书中也有所体现。加扎尼加在对人类思维发展的史前时代的表现研究时指出，史前时代人类更擅于做简单的思维处理，这是源于没有太多素材可处理，这种简单思维有助于对环境加以控制。然而，一旦推理能力成为可能，现代人在生存的道路上注定要比史前时代人类付出更多艰辛。推理能力导致信念的产生，不仅仅是关于他自身的行为，还关于他与其他群体成员的过去和现在的行为。这样的心理行为转而开始把人从环境力量的影响中做出去耦化处理。① 加扎尼加所谓的去耦实际上指的是思维开始把人从环境中驱逐出去。这被毕克顿形容为人类认知抽象本性的"离线思维"。

塞尔直截了当地说："17世纪的笛卡尔和伽利略做出了一种严格的分界线，把物理实体描述为科学，把心理实体描述为灵魂，心理实体被驱逐出科学研究的范围。……但是二元论到了20世纪就成了一道障碍，因为它看似把意识和其他心理现象驱逐到普通的物理世界之外，就此被驱逐出自然科学的领域之外。"② 这里，可以这么理解，二元论从某种意义上会与物理学的方案产生冲突，而这种冲突又会受到自然主义队伍中一些成员的反对。从某种意义上来说，笔者更希望将这种物理学的方案理解为物理学主义③，以物理学为基本研究的模型或策略，例如化学可以称为宽泛意义的物理学主义的产物，分子生物学也类似。学术界所谓的物理学主义，尤其在英美分析哲学、科学哲学和心智哲学中，主要指的是心理事件与物理事件的关系。

当然，自然主义除了上述一支——物理学主义——按照物理学的基本原则来解读意识之外。在生物学尤其是宽泛意义上的演化论中，还存

---

① Gazzaniga, Michael S., 1985: *The Social Brain: Discovering the Networks of the Mind*, New York: Basic Book Inc, pp. 163 – 164.
② Searle, John R., 1997: *The Mystery of Consciousness*, New York: NYREV, Inc, p. 6.
③ 在《斯坦福百科全书》的《物理学主义》词条中称，物理学主义是所有事物是物理的，或按照当代哲学家有时候所使用的，所有事物随附于物理的，或必须有物理的解释。参见，https://plato.stanford.edu/entries/physicalism/。

在另一种解释原则。例如，智利的科学家马图拉纳和他的学生瓦雷拉试图将意识活动和生命的"自创生"现象联系起来。① 深受斯宾诺莎影响的神经科学家达玛西奥在意识领域和脑科学提出了"情感脑"来解释意识问题，并深入到演化生物学和演化心理学来对此做出回复。② 这些研究者力图把生命现象和意识活动联系起来理解，我们不妨暂称之为生物学主义。

马图拉纳和瓦雷拉影响力表现在，将生命的自主性与意识联系起来，并为认知科学提供了新的发展方向，主要表现在具身认知和生成认知上。另外，像美国哲学家斯蒂文·平克的《心智如何运作》力图从演化的角度探索心智的起源和演化。③

无论是物理学主义者还是生物学主义者都不会赞成一块石头和一块腕表具有意识。意识现象的困局或许正如彭罗斯所言："有关大脑的状态与意识现象的关系，人们表达了许多不同的观点。对于如此明显重要性的一种现象只达成了极少的共识。然而，很清楚的是，即大脑的所有部分不是同等地牵涉到意识的呈现。"④ 可是"意识栖居在何处呢?"⑤

---

① 马图拉纳（Humberto Maturana，1928年9月14日—）被称为第二代控制论理论家，与 Heinz von Foerster，Gordon Pask，Herbert Brün 和 Ernst von Glasersfeld 等齐名。他与瓦雷拉（Francisco Varela，1946—2001）提出了"自创生"（autopoiesis）概念，意指在生命系统中自我生成，自我处理的结构。后来，瓦雷拉与汤普森、罗施合著了《具身心智》。他们的工作开启了认知的生物学研究进路。当然，他们的理论前身还与控制论有关。

② 达玛西奥的思想发展的理路大致可以规划为：第一，《笛卡尔的错误》（1995）一书是对情感和意识的最初的一个设想；第二，《寻找斯宾诺莎》（2003）一书在他从对斯宾诺莎的探访中，推导出情感与意识的关联。在《自我叩响心智之门》（2010）（*Self Comes to Mind*：*Constructing the Conscious Brain*，2010）进一步从脑科学的角度来探索心智问题。在达玛西奥的最新力作《事物的奇妙秩序》（2018）（*The Strange Order of Things*：*Life*，*Felling*，*and the Making of Cultures*）将其毕生关注的意识和心智的主题拓展到了社会文化上，并进一步主张大脑就是我们的君王，我们就是我们的大脑主宰我们的，这类观点是绝对错误的。

③ Pinker, Steven., 1997: *How The Mind Works*, London: Penguin Books.

④ Penrose, Roger., 1989: *The Emperor's New Mind*, New York: Penguin Books, p. 381.《皇帝新脑》（中文版）第440页。

⑤ Penrose, Roger., 1989: *The Emperor's New Mind*, New York: Penguin Books, p. 381.

当我们将意识活动视为思维活动的体现，或许这一鸿沟真正的来源与自我有关。毕竟，思考和智能行为常与自我联系在一起。

自我，在多数心理学家看来，是一个高度有组织的知识结构，而且随着个体年龄的增长，随着人们关于自身知识的日益丰富，这个结构的变化会越来越大。大致而言，可以从三个层次来看待自我。第一个层次，生理特性。这一点我们通过感知系统可以知觉到我们的身体、器官和相貌，等等。自我的生理特征通过生理的感受和变化，可以说"这只手是我的，我感到胃疼"。第二个层次，自尊。这个层次是高于身体感受的心理表现，是对"我"进行评价或评估。这一层次已经逐渐走向了社会层次。因为，自尊这种心理表现的评价或评估多是在群体行为中产生。第三个层次，社会特征。自我的形成和表现在社会交往中呈现。例如，在工作场所、学习场所、交际圈。在这个层次，自我以多个角色呈现。但是，我们又可以说，当自我的所有基础都来自我们生理特征，那么它得到延伸或延展则来自社会层次，这也使得自我戴有多重面具。于是，我们便在那么多复杂的情形中辨析自我或发现自我，以及用"自我"做出下一步的动作。

当然，"自我"并非是一个静态、封闭的状态。人类认知随环境变化而发生变化，而自我一方面存在其稳定的状态，这是保证某个人永远不会把自己称为他人的原因。另一方面，自我又具有可塑性。布朗称："人们对自己的看法是会变化的。""有大量的因素（如社会背景）在影响我们的多个自我观念的显著性或可接近性。"① 如果说自我有稳定性，在于它的同一性的话，显然这种观念实际上来自内在主义。既然关于自我的内在主义原则来自它的稳定性，那么可塑性或许是一种外在主义倾向的表现。泰国朱拉隆功大学的 Hongladarom 以"在线自我"（online self）为名，用一种外在主义来论证延展的自我观。他解释道，外在的

---

① 〔美〕布朗：《自我》，陈浩莺等译，北京：人民邮电出版社 2005 年版，第 106 页。

因素在主体或这个人的同一性中是通过时间形成的作用。以身体的持续性作为同一性基础的观点是站不住脚的。在内在主义的一种物理学主义版本中，也因身体性是被相信属于这个人，以某种方式内在于这个人自身，都是始于其身体。然而，隐含的外在主义有关一种在线自我的理解将给出更多细节。人格同一性持续地通过外部因素，例如辅助记忆、证据等，同样可以应用于分析在线自我的同一性。[1]

按照一般的观点，自我这个概念是理解意识的一个重要环节。对石头和腕表不具有意识的判断恰好来自它们缺少自我。从另一个层面我们可以看到，在演化生物学领域，自我通常被视为生命的根本形式之一。当自我的心理活动产生的时候，往往也被认为是一种心智现象，石头和腕表不会具有心智现象。但是石头和腕表还有一个区别，当腕表的自动计时功能启动时，很难把它与石头放在同一个类型中来看待。当一块西铁城腕表在主人行走，腕表飞轮的旋转正悄悄为自己蓄积为指针提供运转的动力时，当这块腕表放在洗手台几个小时仍然自动运行时，我们如何看待其中的自我或自主现象呢？腕表除了自动运行指针之外，它没有从洗手台"跳到"地面的念头。因此，认知心理学认为行为受心理所影响，这或许可以说明意识活动从大脑中产生并控制着行为。但是，"意识状态怎么能取决于大脑状态呢？黏湿的灰质是如何产生多姿多彩的现象的？"[2] 类似的问题也在丹尼特和侯世达合著的《心智之我：自我和灵魂的幻象和反思》一书中的开篇便提出：心智是什么？我是谁？物质能够思维或感受吗？灵魂在何处？作者承认，回答这类大问题并不会那么轻松，人们在期望关于"我"一词的意义达成一种一致之前，才会对这个议题给出彻底反思。[3]

---

[1] Hongladarom, Soraj, 2016: *The Online Self: Externalism, Friendship and Games*, Switzerland: Springer.
[2] 〔英〕麦金：《意识问题》，吴杨义译，北京：商务印书馆2015年版，第6页。
[3] Hofstadter, D. R & Dennett, D. C, 1988: *The Mind's I: Fantasies and Reflections on Self and Soul*, New York: Basic Books, Inc.

在一些与延展心智论相关的文献和对话中看到,如何摆脱因为漫长的哲学历史塑造的自我概念,以至于能够说心智从我的头脑中延展出去。这不光是对哲学史的主导理论进行挑战,也是对那些站在哲学传统中的心智观和认知观的挑战。这即是说,打破将哲学上的自我概念定位在身体特征上来定义自我会受到挑战,而以身体为中心来建立的认知系统则来自具身认知的核心观点。另外,认知主义除了强调认知具有内在的逻辑符号处理能力外,身体(尤其是大脑)是认知的边界。不过,对于延展认知而言,大脑并非孤立处理的信息处理器,外部设备正成为我们认知的一部分,心智延展到这些部件上。

二、有生命的心理活动与无生命之物的鸿沟

还是那个老问题——"物理学的心智安放于何处?"面对这个质问,彭罗斯说:"在讨论心智—身体的问题时,有两个不同的问题被注意到:'物质客体(大脑)实际上如何引发意识?';以及相反的命题,'通过意识的意愿的行为实际上如何影响(显然由物理所决定)物质客体的动作?'这些是心智—身体问题被动和主动的方面。我们的'心智'所呈现的是一种非物质的'东西',一方面由物质世界所引发,另一方面它又能影响物质世界。"[①] 这里我们可以追踪到一个研究意识问题或心智问题的路径,本书将其称为物理学主义。然而,向物理学求救是否能解释意识呢?

研究意识问题或心智问题或许还有另一条路径,如彭罗斯所言:"意识赋予实际拥有它的人们哪些选择性上的好处?"[②] 如果在理解上没有偏差,这里的"选择性上的好处"实际上为我们暗示了人类如何从意识在选择性上获得好处,而这一暗示是不是可以促使我们从一种演化论

---

① Penrose, Roger., 1989: *The Emperor's New Mind*, New York: Penguin Books, p. 405.

② Penrose, Roger., 1989: *The Emperor's New Mind*, New York: Penguin Books, p. 405.

的角度来审视意识问题呢？这里大致可以看到两个方案：物理学主义和生物学主义（宽泛意义的演化论）。虽然，在麦金看来"长久以来，我们一直在努力解决心身问题，结果却总是徒劳无功，谜底仍未揭晓"①。但是，这并不是问题的终点。对于前面我们提到的那块石头和那块腕表，作为一个无生命的物件，我们恐怕不会承认它们是有心智或有意识的。因此，我们这里要问的是，无生命的物理事件是否能安放心智？

在认知科学领域中，研究者大致已经达成了共识，对心智和意识研究的基础必须考虑生命现象以及它们之间的关系，还有我们如何通过它们来理解外部世界。这方面研究一开始主要集中在具有生物学研究背景的工作者身上，例如马图拉纳、瓦雷拉、杜普伊、达玛西奥等。他们从控制论兴盛的时代就开始致力于思考生命的"自主性"与人类认知和社会的关系。在瓦雷拉和杜普伊合作编辑的《理解起源》（1992）文集中明确了从生物学的角度探索演化与认知和人类社会起源问题的研究纲领。② 作为延续，杜普伊在《认知科学的起源：心智的机械化》（2009）对认知科学界不愿意承认这个学科是从控制论那里引申出问题做出了反驳，并认为认知科学的目标是将心智机械化，而不是机器的人化。③ 在《生命的人工智能化：设计自组织》（2013）一文中，杜普伊还希望通过推演生命从零开始的形而上学来讨论非生命的机器与智能的融合。④ 在瓦雷拉和马图拉纳的《知识之树》（1987）中他们以人类理解的生物学起源为主题做出讨论。⑤ 瓦雷拉、汤普森和罗施的《具身心智》（1993）一

---

① 〔英〕麦金：《意识问题》，吴杨义译，北京：商务印书馆2015年版，第5页。
② Varela, Francisco J. and Dupuy, Jean-Pierre. (eds): *Understanding Origins: Contemporary Views on the Origin of Life, Mind and Society*, Dordrecht: Kluwer Academic Publishers, 1992.
③ Dupuy, Jean-Pierre., 2000: *The Mechanization of the mind: On The Oringins of Cognitive Science*, New Jersey: Princeton University Press.
④ Dupuy, Jean-Pierre., 2013: in Scott M. Campbell and Paul W. Bruno (eds). *The Science, Politics, and Ontology of Life-Philosophy*, London: Bloomsbury Academic.
⑤ Maturana, Humberto R. and Varela, Francisco J., 1987: *The Tree of Knowledge: the Biological Roots of Human Understanding*, Boston: Shambhala Publication, Inc.

书中正式将自创生理论、人类心智问题和具身性做了系统考察。① 作为神经科学的领袖级人物，达玛西奥在《感受发生的一切》（1999）② 和《自我遇上心智》（2010）③ 中致力于从情绪、情感讨论意识问题。而在新近出版的《事物的奇妙秩序》（2018）一书的副标题可以看出，达玛西奥希望将自己的研究从生命和感受，扩充到社会文化领域，旨在表明自己一贯的主张，大脑和心智影响身体的程度，与身体影响脑和心智的程度完全一样，它们根本就是同一事物的两个方面，身体和大脑具有同等地位。④ 从这些研究的主题走向我们可以看到，在对心智、意识和认知的研究中正在逐步将生命问题从生物学层面（尤其是以物理学主义为统领的生物学）拓展到社会层面。

另外，从生物学展开研究的，尤其是从演化论展开的还有另一些研究者，例如德国哲学家歌德是达尔文提出演化论前注意到生物形变的思想家。歌德在哲学上的地位远远不如德国古典时代的其他哲学家，加之更多的读者看到的是他在文学方面的贡献，他在植物"形态学"方面的贡献被重视的程度几乎很小。⑤ 在歌德那里，他不仅在光学理论上对牛顿的光学提出过质疑，还在生物学尤其是植物学方面有独到的见解。歌德曾用形态学对自然的生成和变化做出过解释，指出生物类型是可变的。当然，他和他的后继者黑格尔对自然的形变都做出了一种观念论式的解释。这种客观的精神能不能被我们借来理解社会发展和认知活动，尤其重要的是演化论中的适应性问题，这看似是一个很有趣的话题。

---

① Varela, Francisco J., Thompson, Evan., Rosch, Eleanor., 1991: *The Embodied Mind: Cognitive Science and Human Experience*, London: The MIT Press.

② Damasio, Antonio., 1999: *The Feeling of What Happens: Body and Emotion in the Making of Consciousness*, London: Harcourt Brace & company.

③ Damasio, Antonio. 2010: *Self Comes to Mind: Constructing the Conscious Brain*, New York: Pantheon Books.

④ Damasio, Antonio. 2018: *The Strange Order of Things: Life、Feeling and the Making of Cultures*, New York: Pantheon Books.

⑤ Goethe, Johann Wolfgang von., 2009: *The Metamorphosis of Plants*, London: The MIT Press.

除此之外，被公认为是目前西方无神论的极大推崇者美国哲学家丹尼尔·丹尼特，试图从演化论的角度来解读人类的思维模式、心智和意识问题。① 因积极推崇演化心理学和心智计算理论而闻名的斯蒂芬·平克在《心智如何运作》一书中，为我们呈现了心智的工作机制来自漫长的自然选择和自我复制的基因的产物。② 从生物学扩展到社会领域的还有被称为社会生物学奠基者的威尔逊。这些研究大致可以让人想到，这种从物理学主义的生物学，向社会的扩充来理解心智、意识和认知，是不是可以说成是一种社会学主义的走向呢？如果我们从生命走向社会理解这些问题又如何呢？这时候，一种社会中无生命的物理的东西是不是可以被纳入这些议题中来呢？这个问题正是本书第九章和第十章试图回答的问题。

我们还能设想一个不能被忽视的问题，即一直以来研究者对"机器是否能思考"的追问。如果一个思维活动的思考和智能行为是由一个有生命的高级碳水化合物完成，那么一个由硅芯片组合而成的冰冷的机器是否具备行使这样的行为能力？因此，在对待思考和智能行为，对待心智、意识和认知等问题时，根据生命来划分等级是不是过于严苛，或是不是过于狭隘呢？通过切分有生命和无生命之物是不是就提前裁定了机器不能思考？其实，我们可以看到在计算机科学领域、人工智能和机器人学领域，研究者已经通过赋予机器某种算法，以使其通过计算来实现所谓的"思考"。在这样的领域中，人们需要考虑的核心问题是一个无生命之物如何具有一个像有生命之物一样的心智能力。

如果说，心智由自我搭建起来，形成了各种感受、知觉和推理等，这似乎是说，心智可以不依赖于环境中的物质条件而起作用。我们注意

---

① Dennett, Daniel C., 1995: *Darwin's Dangerous Idea: Evolution and the Meanings of Life*, London: Penguin Books.; Dennett, Daniel C., 2017: *From Bacteria to Bach and Back: the Evolution of Minds*, New York: W. W. Norton & Company.

② Pinker, Steven., 1997: *How The Mind Works*, London: Penguin Books. 中文版被翻译为《心智探奇》。

到了心智的生物特性，它是心智活动的基础，极端地说，当我们说心智的时候，暗示了能够产生感受、知觉和推理作用能力的只有生命有机体才能够具有。这种具有唯我论色彩的哲学具有更早的来源和各种变体，唯我论在谈心智时，会说"我的心智"。例如，在对笛卡尔所谓的"机器中的幽灵"进行批评时，赖尔指出，这种二元论的教条，即每个人既具有一个躯体，又具有一个心智。不可能存在着不同于他自己的其他心智。① 而人之所以有心智，在于他的理智或理性，能够进行内在的、无形的思维活动，而动物（即便是有生物特征的生命体）也与"灵魂"无关，它仅仅是"自动机"罢了。在霍布斯那里，理性被视为一种计算，这种计算在今天被视为一种符号处理，这种处理能力显然是一种心智内在的能力。

对于有生命的心理活动与无生命之物的鸿沟，实质上是所谓意识与世界的关系。这个问题既是一个哲学问题，还是一个科学问题。2005年美国的《科学》杂志在7月1日为125年创刊纪念，出版了一期专辑列出125个未来科学需要解决和面临挑战的问题，所列的第二个问题就是"意识的生物学基础"，而这个问题具体学科则落实在神经科学上。通过神经科学的研究，意识变成了一个离大脑最近的概念。大脑就是意识的生物学基础。法国认知神经科学家迪昂的"全脑神经工作空间"理论认为，"意识是全脑皮质内部的信息传递，即意识从神经网络中产生，而神经网络存在的原因就是脑中有大量分享相关信息的活动"。②

同样，当我们在哲学的意义上说意识时，常与自我联系在一起。这个自我与世界是有界限的，这类观点得到了唯我论者的青睐。除了有前面提到的笛卡尔式的"我的心智"之外，像维特根斯坦会认为意识与世界的问题，既是一个自我与世界的关系问题，也是一个语言和逻辑与世

---

① 〔英〕赖尔：《心的概念》，徐大建译，北京：商务印书馆1992年版。
② 〔法〕迪昂：《脑与意识》，章熠译，杭州：浙江教育出版社2018年版，第16页。

界的关系问题。他在《逻辑哲学论》里说:"我的语言的界限意味着我的世界的界限。逻辑充满着世界;世界的界限也是逻辑的界限。因此我们在逻辑中不能说:这和这世界上有的,而那是世界上没有的。……我们不能思考的东西,我们就不能思考;因此我们不能说我们不能思考的东西。实际上唯我论所指的东西是完全正确的,知识它不能说出来,而只能表明出来。我就是我的世界。没有思维着和设想着的主体。主体不属于世界,而是世界的一种界限。……这里我们看到了严格贯彻的唯我论是与纯粹的实在论一致的。唯我论的'自我'缩小至无延展的点,而实在仍然与它相合。因此,真正有一种在哲学上可以非心理地来谈论的'自我'的意义。'自我'之出现于哲学中是由于'世界是我的世界'。哲学上的自我不是人,人体或心理学上所说的人的灵魂,而是形而上学的主体,是界限——而不是世界的一部分。"① 艾耶尔在评论维特根斯坦的"世界是我的世界"并将这个问题归结为形而上的主题的观点时,认为这是种错误。② 需要我们注意的是,在哲学上自我问题还是现象学和分析哲学关注的话题。③ 如果形而上学的主体——自我,包括自我的经验和意识是不可取的,那么将它理解为一种物理的主体——大脑,正是今天神经科学和脑科学的关于意识假设的基础。打开意识的"黑箱"就成了科学的任务。而当一位同事问我另一位同事的电话时,我会说稍等,于是拿出手机读出电话簿里的号码,此时我们会认为"我是知道同事电话号码的"。延展认知论愿意接受我们在拿着手机读出电话号码时,手机成为我们认知的一部分,这种观点确实挑战了我们的生活常识以及惯常的哲学态度和思维。

---

① 〔奥〕维特根斯坦:《逻辑哲学论》,郭英译,北京:商务印书馆1985年版,第79—80页。

② 参见〔英〕艾耶尔:《二十世纪哲学》,李步楼等译,上海:上海译文出版社1987年版。

③ 参见李忠伟:《现象学与分析哲学融合进路中的自我问题研究》,载《中国社会科学》2018年第12期。

三、有生命之物与智能机器的鸿沟

2001年12月,美国华盛顿举行了一次由科学家、政府和来自其他领域的精英组成的圆桌会议,会议以"提升人类技能的汇聚技术"为题总括出了"NBIC汇聚技术"[①]。这四个学科中,生物学和认知科学无疑是具有生命特征或最有关联的。如前文所述,生物学主要关注生命现象,在认知科学中具有生物学背景的研究者也同样关心认知与生命现象的关系。例如,达玛西奥在《事物的奇妙秩序》首先将注意力放在了人类社会的基本单元上——合作。在他看来合作这样一种行为的"算法"来自十几亿年的演化的产物,但是从广义的文化角度上看,这一现象确实够"奇妙"。这种合作现象很有可能是在二十几亿年前"线粒体"细胞与"DNA"细胞相互吞噬后处于僵持阶段共生演化而成。当这种原始生命处于一个相对稳定的状态时,即"内稳态"。当生命体在环境中的处境与这个稳态偏离时,这种生命的"自动"调节机制就形成。或许,这也就是当年控制论兴盛的时期,人们试图追踪的问题之一:"自主性"[②]。当这种内部平衡维持自身生命的延续所做的努力,包括动用物理的、化学的、神经的内容,以及外部环境的要素时,物理现象和生命现象之间并不存在断裂。根据达玛西奥的推测,生命现象中所涌现出的意识现象,包括脑和心智,以及意识现象中涌现出的精神现象,是能够通过这种演化过程做出解释的。也就是说,生命体与环境处在一种共生关系中。

如果说,认知、意识和心智现象仅仅是生命现象的产物,那么这里无形之中就产生了一个禁区。就像杜普伊在回顾认知科学从控制论那里

---

① NBIC汇聚技术,是指纳米—生物—信息—认知四者的汇聚技术(Nona-Bio-Info-Cogno),取这几个词的首字母。

② 自主性,更早可以追溯到康德,指主体的能动性的猜想。该概念在控制论的继承者主要来自瓦雷拉等人。

得到发展时指出,当年控制论就有一个梦想,就是"心智的机械化,而不是机器的人化"。① 而在20世纪70年代合成生物学成为一项科学事业,以及21世纪初DNA的编纂项目实施,仍然存在着这样一个疑问:"是否这样的成功将真的证明'创造生命'。为了维护这种说法,人们必须假设生命和非生命之间有着一个绝对的区别,一种批评的门槛。所以,不论是谁跨越了这条界限将会打破一条禁忌,就像犹太传统中先知耶利米(Jeremiah)和布拉格拉比娄(Low),他们敢于创造一个人造人,一个勾勒姆。"② 这里我们可以想象的是,生命和非生命之间存在着难以跨越的禁区。就此,我们不妨从两个方面来思考。

其一,假如生命和非生命之间有着严格的禁区,这个禁区恰好也是我们研究意识现象和心智现象等精神现象产生的区域,那么这是不是意味着非生命的其他现象,就是这个区域以外的事情?如果是这样,难怪在合成生物学领域也要拼命通过"创造生命"来实现这个区域的研究目标。那么这是不是等于说,如果脱离生命,就无法讨论这个区域的问题呢?

其二,实际上我们还可以注意到,控制论兴起的基本想法,来自研究者对人类主义的驳斥。杜普伊指出:"借助于人类科学的解构主义运动一词,控制论构成了坚定的一步就是诞生了'反人类主义'(antihumannism)一词。"③ 其实,从通过控制论创设的这个词来看,再围绕"心智的机械化,而不是机器的人化"这样一个愿景,意味着心智的机械化同样会面临这个难题,人与机器的关系、生命体与非生命体的关系,实际上问的是两层内容:一层是物理的和假设有生命的心理现象之

---

① Dupuy, Jean-Pierre, 2000: *The Mechanization of the mind: On The Oringins of Cognitive Science*, New Jersey: Princeton University Press, p. xi.

② Dupuy, Jean-Pierre, 2000: *The Mechanization of the mind: On The Oringins of Cognitive Science*, New Jersey: Princeton University Press, p. xvi.

③ Dupuy, Jean-Pierre, 2000: *The Mechanization of the mind: On The Oringins of Cognitive Science*, New Jersey: Princeton University Press, p. x.

间的关系，另一层是物理的器械能够与生命有机体共同构成生命的认知、心智和意识特征。无疑，它们之间存在着非常显著的鸿沟。对于后一层来说就是在两个不同质的范围中找到它们之间关系的"界面"。

"界面"是个很好的修饰词，之所以它有点修饰的意思，实质上是一种修辞，是对异质的两个部件之间联结的修辞。众所周知，肺和心脏不属于同一个工作性质的器官，它们靠输送血液的血管所联结。但是，我们不能说血管是肺和心脏的界面。当一个打字员通过键盘敲打字符，在电脑屏幕上敲打着文件，这时我们可以说键盘是界面。当我们摆弄智能手机，通过虚拟数字的 APP 客户端打开自己中意的软件时，手机的触屏是人与手机的界面。但是，我们很难说（情境一）一位山顶洞人在石壁上记录刚遇到的惊心动魄的场景，刻下的画面是界面。"界面"是指能够成为借助于它使得非同质体之间互动的"媒介"。（情境二）山顶洞人甲刻下了"惊心动魄的画面"，随后山顶洞人乙在甲的画面上添加了更奇特的"画面"。而这个时候，这个刻画的内容成为山顶洞人甲和山顶洞人乙的界面。这时，我们可以声称（情境一）石壁上被刻画的内容成为（情境二）界面。

在 20 世纪 50 年代，控制论正风行之时，人们认为在控制论的指引下对于"一架机器可以思维吗"这个问题做出乐观的回答，将思维理解为计算完全可以解决该问题。思维是特定等级的机器所运行的内容，思维的行为被定义为特定等级的机器的特性。控制论希望实现的是人的机器化，而不是机器的人形化。[①] 后来我们会看到，在 70 年代盛行的认知科学之风在意的是机器的人形化。而在认知科学最为盛行时鼎盛的研究范式——认知主义的主导下，计算和表征被描述为"界面"，而这个界面就是思维。这里我们要注意的是，界面是思维，这个思维是所谓的笛卡尔剧场，如丹尼特所指认的是一个头脑中的小人。而小人和剧场就是

---

① Dupuy, Jean-Pierre, 2000: *The Mechanization of the mind: On The Oringins of Cognitive Science*, New Jersey: Princeton University Press, p.5.

界面，这个界面在头脑内。实际上，这是一种缺少环境的自言自语，是内在的符号表征处理。

杜普伊在对控制论和认知科学的关系作出解释时指出，"计算通过一台计算机所产生，按照它所涉及的一组特殊的符号产生，称之为表征。按照认知主义的观点，符号就是对象……基于这些符号，认知主义宣称，这些符号能够跨越意义的世界和物理世界的鸿沟。计算因此就被描述为认知主义桥梁的中心码头。认知主义还假设，纯粹形式的计算产生于句法层面被物质性地具身于计算机发生的一个物理的对象中的因果处理，并且在语义层面被解释为再分配到符号上的基本意义。"[①] 从杜普伊的这段对认知主义的评论来看，计算和表征就是我们所指的"界面"，可是这里的计算并不是控制论者心目中的计算。根据塞尔的提示，"一台计算机即便在对程序（符号表征）做出处理，但是计算机不能理解它的所作所为，并意识到自己做了什么，或对于它形式功能的世界的意义"[②]。杜普伊除了将控制论的第一个主题刻画为"思维是计算一个特定等级机器所运行的内容"，还将控制论刻画为"并不从计算中派生出意义，它们从因果物理法则中派生出意义"[③] 但是，"对于心智的涌现必要的不是具体的种种执行的因果组织，或物理系统处理一种心智"[④]。或许在杜普伊看来，心智的涌现并不是物理因果的产物。

为此，我们不妨再一次回到前面的"界面"问题上。假设通过因果物理法则的计算不能承担物理性的事件和心理的事件的桥梁，那么这样的计算就应该转换为与因果性不同的另一个特性——复杂性。因此理解

---

① Dupuy, Jean-Pierre, 2000：*The Mechanization of the mind：On The Oringins of Cognitive Science*, New Jersey：Princeton University Press, p. 5.
② Dupuy, Jean-Pierre, 2000：*The Mechanization of the mind：On The Oringins of Cognitive Science*, New Jersey：Princeton University Press, p. 6.
③ Dupuy, Jean-Pierre, 2000：*The Mechanization of the mind：On The Oringins of Cognitive Science*, New Jersey：Princeton University Press, p. 7.
④ Dupuy, Jean-Pierre, 2000：*The Mechanization of the mind：On The Oringins of Cognitive Science*, New Jersey：Princeton University Press, p. 6.

复杂性系统的计算，取决于不要把计算理解为一种物质主义和物理学主义的心智科学的重要内容，"而是代替为关于它的对象和它的目的的一种不具有意义的盲目的计算"①。杜普伊自己也承认，因果性的计算是"机械论的分支，关注一个物质系统发展方向或轨迹服从于纯粹的因果物理法则。今日所熟知的复杂性系统，由许多在非线性方式中相互作用的部件组成，卓越的控制性能——称为'涌现'（emergent）特性——证明他们的描述按照一种应该永远被认为从伽利略—牛顿革命的觉醒中驱逐出去的科学"②。实际上，杜普伊类似于认为，这样一种不同于认知主义的"计算"并不被他看成是能够胜任"界面"的那个计算。如果心智不是按照一种来自遥远的伽利略—牛顿革命的产物——因果性和线性的规则来看待，那么这种"涌现"的心智自然不会得到来自理性主义传统研究者的拥护。

当然，像"自动""自主性""自组织"和"自创生"等概念无疑是反对认知主义的首选概念。实际上，后来我们还可以看到，认知科学在认知主义的主导下，不仅挤压大脑和身体具有同等地位的观点，还用认知主义来挤压控制论对计算的理解。这个事情大概可以从20世纪70年代到90年代这20年里可以看出。这种挤压正是物理科学和生物科学取得进展的主要来源，内格尔称之为"通过把心智驱逐出物理世界"而实现。③ 为了对这种挤压做出回应，达玛西奥在《笛卡尔的错误》（1994）一书中表达了"大脑并没有定义我们"的观点。在瓦雷拉等人的努力下通过"具身心智"这个广泛的主题词来反叛认知主义。在此影响下，延展心智论的登场打破了一直以来人们心目中的心智观、认知观

---

① Dupuy, Jean-Pierre, 2000: *The Mechanization of the mind: On The Oringins of Cognitive Science*, New Jersey: Princeton University Press, p.7.
② Dupuy, Jean-Pierre, 2000: *The Mechanization of the mind: On The Oringins of Cognitive Science*, New Jersey: Princeton University Press, p.7.
③ Nagel, Tomas., 2012: *Mind and Cosmos: why the materialist Neo-Darwinian conception*, New York: Oxford University Press, p.8.

和智能观,但是留给研究者最大的难题是如何重建新的心智观、认知观和智能观。当然,这也是本书尝试去探索的一项任务。

四、跳出鸿沟和延展认知假设

前面我们在讨论意识是一个难题时指出,在一个物理世界中如何安放心智的问题,一方面意识问题与人们如何理解认知、心智和智能有着千丝万缕的联系。受某种观念驱使,人们认为这类问题是因为一个物理世界和生命世界可以容下一个心理世界。在不违反物质主义前提的基础上,一个具有生物属性的认知主体与一个物理世界的相互作用被区分为"有生命的"和"无生命的"。但是,另一方面,当智能体与生命体相遇时,就不得不考虑两者的界面或边界问题。认知主义认为,这个界面或边界可以通过符号计算为物理世界和心理世界架起桥梁。但是,由于他们坚持主体主义的主张,进而又将计算刻画为心智的固有能力。所以,我们仍然可以感觉到,这种区分背后实际上带有一种机器智能与生物智能之间在生物学意义上具有极大差异的意味。例如,语言学家乔姆斯基以一种先天论来看待语言的产生。实际上,这还等同于认为,"有生命的"计算和机器的"无生命"计算不是一回事。就像塞尔在其著名的"中文屋"论证中指出,电脑和另一端的人之间存在区别。虽然塞尔旨在否认电脑的智能与人的智能具有等同性的想法。

不过,如果我们这里无法跳出生命和无生命的划分,就无法在NBIC(纳米、生物、信息、认知四大技术英文缩写)的诞生下迈出更远的脚步,也包括无法在人—机(智能)协同上走得更远。但是,为了针对认知主义所持的主体主义态度,这种态度可以被看成是认知主体是认知的发生地,而控制论在当年对"后人类主义"的提法,则多少认为外部的装备可以参与到认知的环节中。换句话说,NBIC 的汇聚技术,虽然添加了纳米技术和信息技术,如果无法跨越主体性设置的障碍,会面临认知主义同样的困难,那就是将认知的发生地定位在认知主体的大脑内。当然，我们这里的问题是，号召读者来思考智能时代如何看待机器与生命的相遇。正如托夫勒所表示，像过去有很多种群的人类认为，除了人之外整个环境是具有生命的。"今天，在我们为第三次浪潮文明建设新的信息领域时，我们为无生命的环境输入的不是生命，而是智慧。"① 托夫勒所指的第三次浪潮是指信息社会的到来，而今天离我们更近的是智能社会。在这样的背景下，我们希望借助"延展认知"来重新思考在认知科学的大背景下人类认知与机器之间的关系。

延展认知源自延展心智论的提出，倡导者是英国爱丁堡大学的认知科学哲学家安迪·克拉克。时间要回到1995年，克拉克写了一篇名为《心智与世界：打破有形的界限》("Mind & World: Breaching the Plastic Frontier")的文章，并把这篇初稿给了澳大利亚国立大学哲学家大卫·查默斯，查默斯对这篇文章做了详细的批注，并认为克拉克的观点不仅适用于没有生命的物体，也适用于人类。查默斯在回复克拉克时说："你需要给你的观点取一个漂亮的名字，耦合的外在主义（Coupled Externalism）或延展的心智（The Extended Mind），或符合你观点的术语。"克拉克对查默斯的评论非常看中，于是决定与查默斯共同合作完成这篇论文，最后在1998年1月以《延展的心智》为名问世。②

《延展的心智》一文假想了这样的场景：一位名叫奥托的短时记忆缺失症患者，想去53号大街的现代艺术展览馆，他查询了记事本，到达了目的地；另一位名叫尹佳的女孩凭借记忆，而不是像奥托那样借助记事本，找到了现代艺术展览馆。克拉克和查默斯认为，奥托的记事本和尹佳的记忆之间没有本质上的区别，并认为心智延展到了外部世界，时常与很多外部设备交织在一起。在这篇文章开篇，作者就问了这样的

---

① 〔英〕托夫勒：《第三次浪潮》，黄明坚译，北京：中信出版社2018年版，第244页。
② 参见 Larissa MacFarquhar《纽约客》2018年4月2日所做的专题报道，这是近几年笔者所关注到的关于延展心智论的最新的报道。https//www.newyorker.com/magazine/2018/04/02/the-mind-expanding-ideas-of-andy-clark. 这篇文章是 Clark, A. and Chalmers, D., 1998: "The Extended Mind", *Analysis*, Vol. 58 (No. 1): pp. 7–19.

问题：心智的终点难道就是世界的起点吗？作者提出这样的问题是希望人们质疑这样一种观点：人完全是由其自我构成的。就克拉克之后的工作来看，他所持的观点是：人并不是由自我构成，不可能与外部世界隔绝起来，也不是无须外部世界帮助来解决问题。而所谓的心智应该被理解为人类所具有的很强的能力，可以将技术、工具和人工物整合进我们的心智中。这就如前所述的，心智的思维中的一个重要环节是——智能。虽然智能是一个尚未得到统一定义的概念，但是在人工智能领域通常被划分成学习、认知、决策、推理等各自独立的能力，然而对于人类智能（自然智能）而言，智能应该被视为是这些内容在整体上的不同表现。在本书看来，智能是认知主体在各种复杂的环境中实现目标或完成任务的能力。

有趣并有争议的事情还在发酵，在 2008 年克拉克出版了一本书，名为《超尺度的心智》(*Supersizing the Mind*)，克拉克邀请了当年他的那篇引用率奇高的文章合作者查默斯写序言。查默斯直言不讳地说："iPhone 已经成为我心智的一部分。"① 2010 年我赴浙江大学攻读博士学位，第一眼看到这本书时，立马对克拉克和查默斯的看法产生了迟疑态度。当我把博士论文的选题切入该议题时，转而对其兴趣陡增。的确，我们正在一步一步走进智能时代，我们与外部的智能设备一同完成认知任务时，是不是可以把延展心智论作为解释和论证的工具呢？

更带有一点科幻色彩的是，互联网、人机互动正使得我们越来越像赛博格（Cyborg）——一种人机混合体，半机器人。而这种情形也正是克拉克在 2003 年出版的《自然生长的赛博格：心智，技术和人类智能的未来》所要强调的："人类大脑是自然的出色的心理的变色龙。由天生的可塑性所推动和填充着，它由深度与符号、文化和技术的环境之网所合并而整装待发。人类的思维和理性从一个生物的大脑和身体的巢穴

---

① Clark, Andy., 2008: *Supersizing the Mind: Embodiment, Action, and Cognitive Extension*, New York: Oxford University Press, p. ix.

中产生，与非生物性的道具和工具、建造物合并在一起行动，得益于随后重建一种无止境的设计者环境的延续之中。把我们的大脑和身体以这样的方式与新工具耦合产生了新的延展的思维系统。这种新思维系统创造了一种设计者环境的新浪潮，其中还进一步产生了延展的思维系统。""关注到它们（赛博格——笔者注释）承认比古老的生物皮囊要远得多。"①

在前面第三节，谈到控制论的时候曾提到过，控制论希望借助一种称为"反人类主义"态度来解决心智的机械化问题。其实，在控制论没落的时期，一些在边缘生长的赛博格理论与这里的反人类主义有点相似，它们经常和后人类主义纠缠在一起。后人类的赛博理论对人的宽容理解，或许是打开智能社会的一扇有益的门径。

20 世纪 60—70 年代，正值认知科学的分支学科人工智能发展势头火热之时。1980 年 10 月 17 日在中国北京召开了第一届全国人工智能学术会议，大名鼎鼎的人工智能先驱、诺贝尔奖获得者司马贺在此次会议上做了报告。当时，在中国社会科学院哲学所工作的童天湘研究员已经关注到未来人工智能对社会的影响，他有着控制论和人工智能专业背景训练，首次对智能社会做了专门描述。他指出，信息社会是工业社会向智能社会的过渡阶段。② "智能是人特有的，人有不可侵犯的尊严，是'人类中心主义'哲学的体现。这是一种狭隘的智能观。智能并非人特有，而是自然演化的必然产物。"③ "智能社会是人的智能与机器智能共同创造的。正是智能机器实现智能的转换与利用而导致智能革命，才会奇迹般地创造出智能社会，如果没有智能机器放大人的智能，人的智能仅仅以自然的进化，则是十分缓慢的。反之，如果没有人的智能进步，

---

① Clark, Andy., 2003: *Natural-Born Cyborgs: Minds, Technologies, and the Future of Human Intelligence*, New York: Oxford University Press, pp. 197 – 198.

② 童天湘:《论智能革命：高技术发展的社会影响》，载《中国社会科学》1988 年第 6 期。

③ 童天湘:《从"人机大战"到人机共生》，载《自然辩证法研究》1997 年第 9 期。

也就没有机器智能的进步。因此，人的智能与机器的智能是彼此互补的、相互促进的。两种智能的互补共进，乃是创造智能社会的必要和充分条件，并且是智能社会发展的动力。"①

不过，有关智能社会真正得到大规模关注还是21世纪第一个10年，因信息工业向互联网工业转型，以及和宽泛的人工智能相关问题被重视有关。简言之，智能社会是人类从信息社会迈向的下一阶段，是计算机、通信技术、互联网技术、大数据技术在人工智能技术应用为支撑形成的社会。智能社会改变了人类的生产生活，以至于使人们注意到，人工智能可能造成的负面影响或破坏性。类似的担忧，笔者曾在《人工智能研究惹争议》中也对人工智能的担忧做出了说明，指出过度的担忧实际上是"人类中心主义"哲学观的体现。另外，接续这个话题，在《智能社会的主体焦虑及其概念变革》一文中对这个话题做了进一步扩充和论证，指出这种担忧源于智能社会的主体焦虑。在这篇文章中笔者将"人类中心主义"和主体哲学的关系做了梳理，并提出"求智的科学"，希望借此引起学术界对智能社会更多议题的关注。在为解决主体焦虑的一个备选方案中，笔者提示密切注意主体和客体混合体的哲学方案。②照此思路，结合认知科学新近发展的延展心智论，我们可以发现这种理论对环境中身体行为所做的人类—机器（今天拓展到了智能机器上）相互作用的分析，不仅引导出各式各样的大脑—身体—世界的整合方案的讨论，还拓展了人们对主体的看法。

自古以来，哲学的发展伴随着一些核心议题的扩展，以及因时代变化而产生新的解决方案。如今，其中一些议题已经越来越多地被纳入与大脑相关的新科学中，例如认知科学、神经科学、脑科学和演化心理

---

① 童天湘：《智能社会的形态描述》，哈尔滨：东北林业大学出版社1996年版，第97页。
② 黄侃：《人工智能研究惹争议》，载《中国社会科学报》，2016年3月1日，第6版；黄侃：《智能社会的主体焦虑及其概念变革》，载《西南民族大学学报（社会科学版）》2018年第7期。

学，这些学科的登场不仅赋予大脑工作原理的解释，还使得伦理学和心智科学进入到科学的视野中。今天以计算机为代表的技术，不仅使我们能够获取信息，而且敦促我们重新思考知识和认知论的本质是什么，重新思考我们所知的那个叫心智的本质是什么，以及重新思考心智哲学所研究的这个本质。

美国作家戈德斯坦在《谷歌时代的柏拉图》中提到，针对"哲学重要吗"和"我们需要哲学吗"这类话题，柏拉图已经预感到情况不妙，像哲学这种从本质上来说具有如此私人化的事情，每个人都带有一己之见，即使相互之间在会议桌上争论不休，也无法从一个人的头脑里，传播到另一个人的头脑里。这就像一位老师无法将终身的学识填塞进学生脑子里一样。即使争论能达成共识，仍无法为深入的和本质的私人性异己之见的内容表示认同。① 延展心智论从被提出，到接受学术界的质疑和批评，虽然扩展了对认知、心智和意识等问题的讨论，但是在对话双方的文本中，我们也发现了戈德斯坦所说的各自理论的私人性使得相互之间很难传播以及辩护上的困难。伴随着这些私人性色彩的讨论，以及我们前面所列举的那些理论上难以弥合的鸿沟，使得延展心智论若能被普遍接受成为困难之事。

因此，要为延展心智论提供理论支持必然会遇到上述的困难。然而，正是智能时代的到来，这个理论辩护和对其哲学基础讨论的扩展之处才具有现实意义，并引发我们思考心智或认知被延展到哪里去的问题。不过，本书也意识到，要给反对方或质疑方一个满意的答复的难处在于，每一个理论可能依赖的哲学基础是不同的，这或许会让他们失望。所以，我们主张跳出这些鸿沟。

---

① Goldstein, Rebecca Newberger., 2014: *Plato At The Googleplex: Why Philosophy Won't Go Away*. New York: Pantheon, pp. 45–46. 瑞贝卡·纽贝格·戈德斯坦，哲学家兼小说家，斯蒂芬·平克的夫人，师从托马斯·内格尔。

五、国内外研究现状

在前述的四节里,分别根据当前与认知科学联系较为紧密的几个领域和问题作为背景,简述了意识活动与物理世界之间存在的鸿沟。在这个问题中,我们发现意识和自我等这样一些哲学上的核心词汇,对于我们研究心智、认知和智能存在一种顽固的教条。例如当我们问心智是什么的时候,得到的回答很难形成这样一种足够轻易让人接受的观念,即心智从头脑中延展出去,其中会涉及一个问题就是心智延展出去了,意识和自我是否延展出去?为了解答这个问题,一方面需要给出正面的回应,但是我们发现如果以正面的方式回应,我们仍然会回到原地的怪圈,无法对心智的延展给出更为积极的说明。另一方面,如果回避这个问题又会招来质疑者不信任的批驳。但是,我们将注意力放在与认知活动相互作用的环境时,我们则能够接受外部世界对我们的心智计算能力产生积极作用。不过,对这个作用的承认有一个必须信守的原则,就是保证认知主体的"主体性"地位。恰恰是基于这个原则或者说教条,两位美国哲学家亚当斯和埃扎瓦,以"认知的边界"和"心智的标志"为两个质疑点否认心智可以延展的假设,率先展开对《延展的心智》(1998)提出反驳。① 从 2001 年起,亚当斯和埃扎瓦对延展心智假设展开了长达 10 余年的批评。后来,关于这个假设的第一回合的理论争论,被梅纳里收录进了文集《延展的心智》(2010)中。② 纵观这些批评,主要是以认知主义为立场展开,而认知主义从某种程度看是由一种主体哲学所统治。如今,关于延展的心智议题的讨论已经持续了 20 余年。

---

① Adams, Fred. and Aizawa, Ken., 2001: "The bounds of cognition", *philosophical psychology*, Vol. 14, (No. 1): 43 – 64.
② Menary, Richard. (eds.), 2010: *The Extended Mind*, Cambridge: The MIT Press.

在国内，首次切入这场讨论的是来自中国人民大学的刘晓力教授和她指导的博士生郁锋。郁锋的《环境、载体和认知——作为一种积极外在主义的延展心灵论》（2009）① 是汉语学界发表的第一篇与该主题直接相关的文章，该文对延展心智论题进行了简要说明和介绍后，对其提出了三方面质疑。刘晓力教授在《延展认知与延展心灵论辨析》（2010）② 一文中给出了延展心智论几个理论缺陷的说明。笔者在《延展心智论题与认知的标志之争》（2013）③ 一文中给出了一个中肯的说明，即认知主义存在理论缺陷，并不代表挑战认知主义的理论就是完备的。同时，笔者专门就后认知主义中的具身认知和延展认知，以及认知边界的哲学问题分别做了说明④。后来关于延展心智论的发展动向、介绍和质疑的讨论一直没有间断过，以 2010 年作为一个节点，国内的博士和硕士论文对延展心智论的介绍性和质疑性研究已经走上相对系统的道路。例如，笔者的博士论文《认知的边界问题研究》（2013）、王变珍的硕士论文《从具身化到认知的延展》（2014）、唐艳的硕士论文《心智真的是延展的吗》，王岸的硕士论文《延展心灵观——心灵观的革命》（2015）、陈嘉懿的硕士论文《延展心智理论下的他心问题》（2019）以及山西大学在 2021 年还有两篇硕士论文等。

另外，更多的质疑性研究来自柳海涛的《心灵真的可以被延展吗》（2014）、袁蓥和魏屹东的《心智可以延展吗——关于认知界限、认知标准的思考》（2014）、张铁山的《对质疑和挑战延展心灵论题论证策略的辩证分析》（2016）等。此外，为延展心智论提供支持和辨析研究，董云峰《论延展心灵的实现问题》（2014）的文章给出了一种支持性主张，介绍性的文章有黄侃《认知科学的方法论探析》（2016）指出了还原论、

---

① 郁锋：《环境、载体和认知——作为一种积极外在主义的延展心灵论》，载《哲学研究》2009 年第 12 期。
② 刘晓力：《延展认知与延展心灵论辨析》，载《中国社会科学》2010 年第 1 期。
③ 黄侃：《延展心智论题与认知的标志之争》，载《自然辩证法通讯》2013 年第 2 期。
④ 黄侃：《认知边界的哲学讨论》，载《哲学分析》2013 年第 4 期。

反还原论和非还原论之间的差别，李建会和夏永红的《延展心灵的三次浪潮》（2016）介绍了延展心智论的发展动向。对延展心智论和延展认知论有所扩充和改良的有戴潘的《网络延展心灵假说的哲学探析》（2017），该文就延展心智引入信息技术、互联网和人机共生进行了讨论。易显飞和王广赞的《论延展认知技术机器风险》（2020）将延展认知视为一种增强技术来讨论。

在2019年，是延展心智论再一次受到质疑的关键年份，它们主要来自魏朴琪的《延展认知论证进路的探析与建构》、董云峰的《延展心灵自主性的动态解释》和朱林蕃和赵猛的《重新审视"延展心灵"概念》等。从这些研究来看，说明延展心智论在我国发展的十余年里，质疑和介绍并重，但是支持的声音并不多。这也是本书希望开拓的一个方面。不过对于质疑延展心智论的声音，主要是来自持有传统哲学主张的理论支持。因此，通过寻找哲学理论的支持来声援延展认知论是本书的重要任务。

然而，说起延展心智论的起源，我们可以注意到两个方面。第一个方面是心智哲学的内在主义和外在主义之争。克拉克和查默斯在《延展心智》一文中指出，伯吉的理论是刺激他们推进自己新学说的主要原因。但是，后来积极的外在主义主张又没有得到很系统展开和讨论，给人的感觉就是，所有对于认知主义的质疑的回应都是零碎的。第二个方面，是延展认知与具身认知之间的关系，仍然是主张延展认知论的支持者眼中的痛。因为，具身认知在某种意义上并非和延展认知是一个战壕里的兄弟，它们在面对自己的理论对手时，延展心智论显得更让对手讨厌。所以，看清楚两者的差异仍是延展认知需要扩散出去应对的问题。

首先，我们简单看看从反个体主义到社会学主义的发展路径。《延展的心智》一文在两个比较典型的文集中被收录，一本是查默斯编辑的《心智哲学：经典和当代读本》，在该文集中《延展的心智》被放在

"内在主义和外在主义"这个主题中。① 在另一本利肯和普林茨编辑的选集《心智与认知》中,《延展的心智》被放在"心里因果、外在主义和自我知识"主题中,被称为激进的外在主义。② 众所周知,哲学家伯吉在20世纪80年代相继展开了对个体主义理论的反驳,这些工作从心智哲学的外在主义层面激发了延展心智假设。伯吉称:"根据心智有关的个体主义的观点,所有人或动物的心理状态(或事件)的心理本性就是在那些类中的个体存在,以及这个个体的物理的或社会环境的本性之间的那种不是必要的或深度个别的关系。"同时,他还说,"这种观点在笛卡尔那里得到重视。还在洛克、莱布尼茨和休谟那里得到拥护。"③ 对于伯吉而言,正如这个人的物理历史和体格,非意向地和单独地(不通过物理的或省会的坏境的关系)描述,仍保持不变一样,在原则上,个人的心理状态以及它的类随着环境而发生变化。④ 另外,伯吉认为知识并非是一件个体化的事情,它与环境相关。⑤ 如果说大脑是知识形成、推理和思考的场所,我们形成的语义行为会被认为是一个内在的机制,那么心理内容就在这个内在机制下产生。认知心理学家也会承认,行动是由心理处理所导致,心智是一种计算程序。

不过这种观点正在发生变化,例如通过人工智能领域的发展可以很好地说明这个问题。从图灵机的诞生,到符号人工智能,到联结主义人工智能,再到反表征主义机器人技术,都表明对语义、知识、表征和心理内容等问题的讨论由内向外的拓展。这种拓展一方面说明了大脑并非

---

① Chalmers, D (eds.), 2002: *Philosophy of Mind: Classical and Contemporary Readings*, New York: Oxford University Press.

② Lycan, William G. and Prinz, Jesse J. (eds.), 1999: *Mind and Cognition: an Anthology*, Oxford: Blackwell Publisher.

③ Burge, T, 2007: *Foundation of Mind: Philosophical Essays*, Volume 2, New York: Oxford University Press, pp. 221 – 222.

④ Burge, T, 1986: "Intellectual Norms and Foundations of Mind", *The Journal of Philosophy*, No. 12, p. 697.

⑤ Burge, T, 1988: "Individualism and Self-Knowledge", *The Journal of Philosophy*, Vol. 85, No. 11, 649 – 663.

是孤立的信息处理器官;另一方面说明,研究者开始注意到两个重要的环节。一个是从环境的重视中凝练出认知活动所具有的生态性,另一个是从环境的重视中凝练出认知活动所具有的社会性。

从生态性的角度来看,主要来自与生物演化相关的新兴社会科学的研究成果。这些研究拓宽了人们对人类认知、心智和智能的认识。例如考斯米德、托比等人在1992年出版的《适应的心智:演化心理学和文化的产生》里说:"人类的心智是人类所遇到的最为复杂的自然现象,达尔文所馈赠的是那些我们希望去理解它,即有关它怎样被创造的过程的一种知识,以及给它做出有区分的组织划分:演化。因为我们知道人类的心智是演化过程的产物……心智由一系列适应性所构成,设计来解决人类在采集狩猎阶段所面临长久的适应问题。"① 如果我们接受了心智演化的观点,意味着从某种意义上会抛弃关于心智的内在主义、个体主义和静态的立场。因此,伯吉注意到知识的形成和漫长的历史有关,这实际上和演化心理学是合拍的。另外,与演化相关的另一个主题就是环境的生态性对认知的影响,即利基(niche),小生境。

关于认知的利基最早讨论来自托比和德沃尔。他们在《通过策略模型的原始人行为重建》中提到,人类通过小生境来形成特定的认知模式。② 像语言的产生也类似,主张具身性的认知语言学家(拉考夫和罗勒等)会更看中身体在环境中对语言产生的作用。吉尔从科学哲学的角度指出,把认知理解为分布在认知的和社会的科学理论之间的桥梁,他主张接受人类学家哈钦斯的分布式认知的观点,表明认知涉及人类与技术人工物之间的分布式认知系统。③

---

① Barkow, J. H (et al. eds.), 1992: *The Adapted Mind: Evolutionary Psychology and the Generation of Culture*, New York: Oxford University Press.
② Tooby, J & Devore, I, 1987: "The reconstruction of Hominid Behavioral Evolution Through Strategic Modeling", in Kinzey, W. G (eds.) The Evolution of Human Behavior: Primate Models, New York: SUNY Press, p. 183.
③ Giere, Ronald N., 2012: "Scientific cognition: human centered but not human bound", *Philosophical Explorations*, Vol. 15, No. 2: 199 – 206.

相应的，在文化和社会层面对认知与环境的协同演化问题，涉及认知的利基建构。研究者们注意到认知主体通过搭建利基来解决认知上的任务，这个视角已经从纯粹生物学意义的环境转化为社会文化。这种社会文化也包括语言在内，例如平克从讨论认知的利基延伸到智能、社会性和语言的协同演化。① 克拉克也指出，语言增强了人类认知搭建结构的能力，因此语言是自我搭建的认知小生境，而语言和思维的生成是一个身体工作的具身认知的过程。② 小生境是一个较为微观也更具有生态性特征的表述。与演化论的宏观角度展开研究的有国内赵南元所著的《认知科学揭秘：认知科学与广义进化论》，作者将认知的研究与系统论进行了结合性研究和讨论。③ 另外，对系统论中的自主性研究的还有日本学者河本英夫，他的研究主要是总结和概括马图拉纳的生物学自创生和卢曼的社会系统自创生。④ 而马图拉纳的自创生理论和具身认知的关联性更强，但是具身认知并未借助卢曼的社会系统自创生，投入到认知的社会性的研究中。不过，这类研究为我们展开讨论延展认知在社会性上的讨论提供了有益的启发。回过头看，今天的社会认知这一热点正从这些认知的社会性做出进一步说明。

其次，鉴于具身认知和延展认知的复杂关系，克拉克本人并没有将两个概念做出割裂性地使用，不过对于反对延展认知的研究者来说，相比传统认知科学忽视身体对认知的贡献而言，把身体纳入认知环节已经足够，谈认知的延展完全是一项多余的工作。具身性（英文 embodiment）一开始被应用在移动机器人技术领域，以美国麻省理工学院的机

---

① Pinker, Steven, 2010: "The cognitive niche: Coevolution of intelligence, sociality, and language", *PNAS*, Vol. 107: 8993 – 8999.
② Clark, Andy, 2006: "Language, Embodiment, and the Cognitive Niche", *Trends in Cognitive Science*, Vol. 10, No. 8: 370 – 374.
③ 赵南元：《认知科学揭秘：认知科学与广义进化论》，北京：清华大学出版社 2002 年版。
④〔日〕河本英夫：《第三代系统论：自生系统论》，郭连友译，北京：中央编译出版社 2016 年版。

器人学家布鲁克斯为代表,力图用一种反表征主义的研究策略来建造机器人,而这个机器人必须有一个身体,同时身体感觉运动才是建造这类机器人的基础。① 这个路子被帕费福尔称为"具身转向"(the Embodied Turn)②,豪格兰德将这种依赖于具身性为原则的人工智能研究称为新人工智能,把以认知主义建立起来人工智能称为"老式好的人工智能"(Good Old Fashion AI)。在语言学领域对具身性的关注相对较早,尤其是认知语言学。拉考夫和强森将身体引入到语言学中的隐喻研究,这一开创性的研究为理解语言找到了一条不同于先天论的新路径。③ 后来,他们在《肉身中的哲学》中,直截了当地申明,具身心智是对西方哲学传统的挑战。④ 在2005年出版的《心智:认知科学导论》一书中,萨伽德只对具身认知做了评价,对延展认知没有花笔墨。⑤

国内有关具身性的研究主要集中在哲学、心理学和认知语言学。在哲学领域,2006年浙江大学的李恒威教授进行了具身认知方面的研究,并翻译了瓦雷拉的《具身心智》和夏皮罗的《具身认知》,这些研究对国内引进具身认知相关议题起到了重要作用。刘晓力教授的学生孟伟也展开过对具身认知的研究,他注意到了现象学对具身认知产生的积极作用,他们将具身(embody)一词译为"涉身"⑥,费多益(2011)将其译为"寓身"⑦。浙江大学徐献军的博士论文(2007)完成现象学和具

---

① Steels, Luc & Brooks, Rodney (eds.), 1995: *The Artificial Life Route to Artificial Intelligence: Building Embodied, Situated Agents*, New Jersey: Lawrence Erlbaum Associate, Inc, Publisher.
② Pferfer, R. & Bongard, J., 2007: *How the body shapes the way we think: a new view of intelligence*, Cambridge: The MIT Press.
③ Lakoff, G & M. Johnson, 1980: *Metaphors We Live By*, Chicago: The University of Chicago Press.
④ Lakoff, G & M. Johnson, 1999: *Philosophy in the Flesh: The Embodied Mind and Its Challenge to Western Thought*, New York: Basic Books.
⑤ Thagard, P., 2005: *Mind: Introduction to Cognitive Science*, Cambridge: The MIT Press.
⑥ 刘晓力:《交互隐喻与涉身哲学——认知科学新进路的哲学基础》,载《哲学研究》2005年第10期;孟伟:《如何理解涉身认知?》,载《自然辩证法研究》2007年第12期。
⑦ 费多益:《从"无身之心"到"寓心于身"——身体哲学的发展脉络与当代进路》,载《哲学研究》2011年第2期。

身认知的讨论，何静完成具身认知主体的博士论文（2009），并一直耕耘在具身认知领域。① 对具身认知的译介和初期讨论主要集中在 2010 年前后。此后，唐热风（2015）从心智哲学的角度对具身性与行动展开讨论。② 在心理学领域，李其维（2008）讨论了"第二代认知科学"的革命，③ 叶浩生主编了《具身认知的原理与应用》（2017）④ 推动了具身认知嵌入到心理学研究中。在语言学领域，许先文在《语言具身认知研究》（2014）一书中全面回顾了具身认知在国内的发展和进展。⑤ 从国内研究情况来看，具身认知的研究队伍相对成熟，发展比较早。另外，国内研究者对具身认知和延展认知的关系的讨论较少，本书试图在这一点上做一点突破。笔者的《认知科学研究的实践进路：具身的和延展的》（2019）说明了延展认知按照实践进路来展开，一定程度上采取的是不正面回应挑战，而是从时代发展的角度来看待延展心智论。

最后，从认知活动所具有的社会性来看。主要表现在两方面。一方面涉及认知活动的外部环境，如社会和文化等。蔡曙山（2015）在谈到人类认知的五个层次时强调，文化影响人类认知。⑥ 这个工作最早来自社会认知领域的研究，戈德曼在知识论领域关注知识的社会内容，并对认知做出社会性解释，把这个问题放在具身认知的环节下讨论。⑦ 加拉格尔和戈德曼一样一开始讨论了社会认知的议题，但是不同之处是，加拉格尔把社会认知问题引向了延展心智论，例如《社会地延展心智》很

---

① 何静：《心智与符号的具身性根基——从米德的符号互动理论看》，载《西北师大学报（社会科学版）》2019 年第 6 期。
② 唐热风：《心智具身性与行动的心智特征》，载《哲学研究》2015 年第 2 期。
③ 李其维："认知革命"与"第二代认知科学"刍议，载《心理学报》2008 年第 40（12）期。
④ 叶浩生：《具身认知的原理与应用》，北京：商务印书馆 2017 年版。
⑤ 许先文：《语言具身认知研究》，北京：人民出版社 2014 年版。
⑥ 蔡曙山：《论人类认知的五个层级》，载《学术界》2015 年第 12 期。
⑦ Goldman, A. I. and de Vignemont, F.: Is social cognition embodied?, *Trends in Cognitive Sciences*, 2009, 13 (4): 154–159.

好地说明了这点,①这为本书向社会学主义的扩展提供了一定的理论支持。而博布里克在2002年就注意到了延展心智理论的提出与心智的社会建构的关系,并溯源到米德。②米德与同为芝加哥大学的杜威之间的一致性为本研究扩充到杜威哲学提供了思想保证。认知的社会性从某种意义上与将认知进行现象学扩充的理论之间还是存在差异的。这一差异又在现象学是否可以被自然化这个议题上被强化起来,例如周理乾的《认知科学需要去自然化现象学吗?》认为,认知科学可以不用考虑自然化现象学的问题。③但是笔者看来,延展认知论无法通过现象学得到支持,采取实用主义进路是一个不错的选择。在这个问题上,被维森的《杜威在延展认知和知识论》和梅纳里的《实用主义和认知科学的语用学转向》中注意到,这些研究为本书进一步用实用主义为延展认知搭建哲学基础提供了可以借鉴的方案。④

另一方面涉及认知过程采用的外部智能设备,如智能手机或其他智能机器等。由于延展认知论更看重外部技术人工物对认知产生的作用,通过延展认知论的视角研究技术问题也在国内时兴起来,如宋春艳《延展认知技术的五大伦理追问》(2016)一文,从互联网为代表的新技术展开对延展认知的扩充。⑤肖峰《作为哲学范畴的延展实践》(2017)一文,将延展认知放在实践和信息行为中做了考察。⑥《论延展认知技术及其风险》(2020)注意到了人类在认知实践环节中,认知增强所存在

---

① Gallagher, S., 2013: "The Socially Extended Mind", *Cognitive Systems Research* (25): 4-12.
② Bobryk, Jerzy., 2002: "The Social Construction of Mind and the Future of Cognitive Science", *Foundations of Science* (7): 481-495.
③ 周理乾:《认知科学需要去自然化现象学吗?》,载《自然辩证法通讯》2018年第12期。
④ Menary, R., 2015: "Pragmatism and the Pragmatic Turn in Cognitive Science", in Engel, A. K (eds.) *The Pragmatic Turn: Toward Action-Oriented Views in Cognitive Science*, London: The MIT Press.
⑤ 宋春艳:《延展认知技术的五大伦理追问》,载《伦理学研究》2016年第5期。
⑥ 肖峰:《作为哲学范畴的延展实践》,载《中国社会科学》2017年第12期。

的技术风险。① 还值得一提的是，夏永红在《人工智能时代的劳动与正义》一文，借延展认知对人类与智能设备合作在劳动问题上存在的争议展开讨论。② 蔡曙山的《人工智能与人类智能——从认知科学五个层级的理论看人机大战》（2016）③ 认为人工智能与人类智能的强弱问题已经不再是技术问题，任晓明的《自我升级智能体的逻辑与认知问题》（2019）④ 据此认为，这个问题是认知和哲学上的问题。随着颠覆性技术的问世和深度智能化带来的挑战，刘大椿、成素梅、段伟文、杨庆峰（2019）⑤ 倡议，努力廓清智能革命的本质、智能革命对人类认知与生活的深度智能化前景的认识。

可以看到的是，认知科学尤其是延展认知论越来越多地受到关注。本书视这些内容为延展认知论在社会性可以得到扩充的一个方面。不过，在对认知实践中外部设备之间在技术哲学层面讨论之前，我们还需要对认知活动的积极作用进行哲学基础的研究，这正是对该类研究的另一种理论基础的补充。毕竟，缺乏必要的哲学资源的讨论，后续讨论延展认知技术会变成仅仅是一个技术哲学或伦理学的问题。

综上所述，在认知科学发展初期，我国引入较晚，起步较慢，但在2010年以后不论是哲学界还是心理学界，已经从初期的译介工作转向了当前社会发展和技术应用相结合的讨论。如果说早期我们在认知科学哲学领域国内与国外有较大差距的话，目前国内的相关研究差距正在缩小。不过在研究队伍建设方面，我们的人才培养仍有待提高，在哲学与

---

① 易显飞、王广赞：《论延展认知技术及其风险》，载《科学技术哲学研究》2020年第1期。
② 夏永红：《人工智能时代的劳动与争议》，载《马克思主义与现实》2019年第2期。
③ 蔡曙山：《人工智能与人类智能——从认知科学五个层级的理论看人机大战》，载《北京大学学报（哲学社会科学版）》2016年第7期。
④ 任晓明、李熙：《自我升级智能体的逻辑与认知问题》，载《中国社会科学》2019年第12期。
⑤ 刘大椿等：《智能革命与人类深度智能化前景（笔谈）》，载《山东科技大学学报（社会科学版）》2019年第1期。

科学的跨学科研究上还有很大的合作空间。本书仅仅希望在这方面做一点小小的工作。

六、本书的研究目的和研究路数

概览延展认知研究的背景和国内外研究状况，要绘制一张与该主题相关的知识地图比预想的要复杂得多，在梳理当前心智哲学、意识科学和认知科学面临紧要任务和当务之急时，我们不能摆脱这些哲学和科学上的大问题来讨论延展认知。如若需要借助这些大问题进行讨论，就会给读者一种对延展认知这个主题研究不够聚焦的感觉。这自然是本书写作过程中最担心的事情，也是难以处理和调试的地方。不过，我们仍然可以有计划、有步骤地来对延展认知的哲学基础展开讨论。

认知科学发展到第二个阶段，有不少研究者相继借助现象学为具身认知的问世提供了哲学上的辩护和解释，这些工作为具身认知的讨论增加了理论厚度，以至于有研究者相信现象学也可以给延展认知提供必要的哲学基础。虽说具身认知和延展认知皆对传统认知科学中占统治地位的笛卡尔式的或康德式的心智—表征计算理论提出挑战，两者具有"家族相似性"，但是本书在对具身认知和延展认知进行对比后，坚持主张现象学的理论资源不适合延展认知，并认为通过注入黑格尔和杜威的哲学资源对该标准做出评估的同时，还能够借此对传统认知科学的计算—表征理论进行一定的修补，从而丰富、充实、增进和扩展当前延展认知研究路数与其他路数之间的对话。如果考虑大数据时代和智能社会这些现实的背景下手机等互联终端和技术的广泛应用，人类认知与智能环境中的设备之间可能产生诸多令人困惑的地方，这正是需要哲学理论来为此做出解释的地方。因此，本书认为延展认知堪担重任，不过它还需要进一步做必要的哲学辩护和理论解释，所以为它提供必要的哲学支持和理论基础研究就变得尤为重要了。

概言之，本书有三个看点。

第一个看点是从内容设计上。(1) 心智与世界的关系是当代心智哲学，也是认知科学包括其下属的人工智能的核心议题。系统描述延展心智论，从它的理论准备、理论提出到理论扩散三个阶段，以及相应对计算—表征理论的态度、看法和挑战，还有对心智的内在主义和外在主义之争的突破，用积极的外在主义改造老式外在主义。借延展心智论梳理当代认知科学的哲学基础，是本书的立足点。

(2) 对延展心智论三个阶段发展，以及它的扩散做出说明，强调延展认知备受质疑和所遭受的误解，包括反驳的理由，并尝试对它们做出回应，从而澄清传统认知科学对认知、心智和智能的定义，以及与其他研究路数的差异，表明延展心智论的哲学诉求，是本书的扩展点。

(3) 在具有家族相似性的后认知主义中，4E 运动（延展的 Extended、具身的 Embodied、生成的 Enactive、嵌入的 Embedded）各派之间的理论差异表明，生成认知与具身认知的亲缘性，一方面会滑向理论家反对的康德式内在主义，另一方面又会因为拥护现象学而滑向先天主义，最为关键的是它们面临难以自然化的困境。延展心智论聚焦心智与世界交互作用的现实节点，这一点规避了难以自然化，又不至于走上物理学主义的老路数，进而借助社会学主义的论证作为最佳解释方案，是本书的落脚点。

(4) 对于社会学主义的论证还需要哲学上的辩护，通过引入黑格尔和杜威哲学强化延展认知所具有的现实主义特征，同时从理论上解决各方对该路数的质疑和挑战，以及表征的怀疑论，方法的唯我论和身心二元论所带来的理论难题，是本书的关键点。

(5) 人类在漫长的演化中获得了认知能力，产生了心智现象，形成智能。随着当前人工智能的兴起、智能社会的到来，认知、心智和智能等概念成为人们再次关心的概念。当我们考虑认知主体与环境的关系时，是否需要将环境中的积极因素考虑进来，这取决于我们如何看待和使用认知、心智和智能这些概念。通过讨论智能增强术、智能的形态学和杠杆智能，本书进一步拓宽了延展认知理论原有覆盖的范围，为人与机器的融合提供哲学解释，是本书的突破点。

第二个看点是从基本观点上。(1) 认知的颅内主义对延展认知的批评虽然值得重视，但是延展认知对表征—计算的看法，并不是前者想象的持否定态度，积极的外在主义力图实现既占用表征又加大世界参与表征构造的力度，关键是这种构造是现实主义式的构造，而不是理想主义式的构造。因此，本书将围绕"心智无表征则空，认知无环境则盲"展开论证。

(2) 在考虑认知主体与环境的关系时，延展认知启用现象学作为背靠的哲学资源将无法实现"耦合构成"这一原则，因此只有放弃现象学才能为认知与技术的整合模型提供辩护依据。在这一点上人—机中心式范式将取代人类中心式范式和机器中心式范式。因此，调用黑格尔和杜威哲学中的辩证式的和交互式的模型为延展认知提供辩护要比在自然化上有障碍的现象学更有优势。

第三个看点是理论上可能的突破点。(1) 从现实主义的立场推进认知科学的理论兴趣，从关心表征—计算等概念，投入更多注意力在演化过程中认知和心智与环境的互动，为理解生物性有机体与非生物的智能体之间的交互作用找到理论支点。

(2) 从社会学主义的立场推进认知科学的理论假设，从物理学主义派生的概念，对现实智能社会中人类认知与智能设备的关系展开讨论，从而表明延展认知所具有的当代哲学意蕴和现实价值。

(3) 认知科学借用的哲学理论大致归为笛卡尔—康德式的内在主义（认知主义）、现象学自然化的先天主义（具身—生成认知）、黑格尔和康德本体—历史的现实主义（延展认知）。从第三个路数开拓认知科学的研究领域，可以增进人机互动的哲学理解和问题意识。

从章节构造的思路上，导论和第一章是本书的问题背景和认知科学发展背景说明；第二章和第三章是对认知主义和延展认知的对话，以及具身认知和延展认知的对话，通过回访延展认知的发展过程，以及它面临论证上的困难和挑战，基于具身认知在机器人领域的现实应用，本书将智能增强术视为延展认知的现实应用；第四到第六章是对延展认知在本体论、方法论和知识论上的考察以及可能存在的辩护空间，本书假设几个对手，它们分别是物理学主义、还原论和内在知识表征。通过怀疑它们的工作来推进延展认知的本体的社会学主义、方法论的整体论，以及错误表征也具有表征的知识论意义；第七章具有中转作用，通过讨论认知科学的实践路数进一步加大社会学主义和整体论工作原则的可靠度，从而引导出后三章试图论证的工作原则：现实主义；第八章是对现象学作为延展认知背靠的理论资源不可取的论证，进而论证实用主义可以担当延展认知的哲学基础，可以说这是本书的落脚点；第九章和第十章为延展认知做出理论空间的扩充，说明认知是演化的副产品，智能的动态性表明延展认知讨论的结构耦合是一种智能的形态学的革命。因此，最后一章在为延展认知提供智能的形态学辩护方案的基础上，将通过重新看待智能来为延展认知的工作原则提供哲学说明。

第一部分
认知科学和延展认知假设的诞生

第一章 认知科学：心智的新科学

本章第一节将介绍认知科学的发展，以及认知科学为何将研究心智作为一门新学科的目标；第二节将选取计算机之父图灵的工作和哲学家德雷福斯的工作作为参照系，回顾认知科学在这段时期发展的历史，从而展示"象棋之路"和"孩童之路"，以期为后来的认知科学的第二阶段发展之端倪进行铺垫；第三节将讨论认知科学在草创之初，为何被划定为一门心智的新科学，这样一门科学到底展现出了哪些新颖之处。当然，这种新颖之处一方面是因为它不仅打破了行为主义的基本观点，诱发了认知主义的诞生。另一方面，认知科学建立后的二十余年，认知主义又历经一场新的挑战，新的主张诞生。第四节将着重考察认知和心智这两个概念的区别，并回答"当我们在谈认知时是在谈心智吗"这一问题。第五节将从明斯基对心理能量的批评，展开说明延展心智论把心智看成是横跨大脑、身体和环境的产物。

一、认知科学的诞生及其核心主题

1977 年，一本名为《认知科学》的期刊发行，随后在 1979 年，认知科学学会建立，这两个事件成为认知科学正式问世的标志。这是一个重要的科学事件，认知科学从羽翼未丰的一门科学变成了一门耀眼的科学，是一门对心理行为和过程，以及什么是认知和心智作出自然化说明的跨学科研究。在认知科学发展的六十余年历程中，经历了以"经典"（认知主义）路数为代表的第一代认知科学（霍华德·加德纳语)[1]，向第二代认知科学的转向（拉考夫和强森语)[2]。在第一代认知科学那里，认知研究的要点是对心理内容的讨论，认知过程和处理包含这些内容，通常被称为表征。已故美国哲学家福多曾说过："传统认知科学的纲领就是，更高级的有机体实施着他们心理状态的内容。这些心理状态就是表征的，实际上它们与心理表征联系在一起。因此，这种科学的目标在心理学中就成了理解什么是心理表征，以及把这种因果关系和过程搞清楚的学问。而从笛卡尔开始，这一点从来没有改变过。"[3]

第一代认知科学草创之时，因经历了一场所谓的认知革命才赢得了自己的学科地位。这场认知革命发起的主要原因是不满行为主义的以下观点：对心理和认知的研究可以通过受到刺激的外部行为来呈现。此时，行为主义在心理学领域控制时间已长达50年。

1956年，在举世瞩目的达特茅斯会议上，参会者要求取代行为主义的呼声被提上议程，期间风靡一时的控制论曾受过理论家们短暂的热捧，但是到了70年代对心智的讨论时，最终还是让位给了认知科学。

认知科学天生就自带跨学科光环，认知心理学、人工智能、语言学、哲学、神经科学和认知人类学等学科统一在心智和智能跨学科研究兴趣上。跨学科研究兴趣，使得学科间的交流变得频繁。与此同时，要在所有学科之间对同一个研究对象达成统一的研究共识却变得越来越困难。当然，跨学科的好处就是，学科之间的资源共享以及相互借助经验

---

[1] Gardner, H., 1985: *The Mind's New Science: A History of the Cognitive Revolution*, New York: Basic Books.

[2] Lakoff, G. and Johnson, M., 1999: *Philosophy in the Flesh: The Embodied Mind and Its Challenge to Western Thought*, New York: Basic Books.

[3] Fodor, Jerry A., 1998: *Concepts: Where Cognitive Where Cognitive Science Went Wrong*, New York: Oxford University Press, p. vii.

研究成果变得不再是稀罕之事。这相当于说,为了回答关于人类的心智、智能和认知等话题,这些学科不得不学会相互借鉴各自的看法和意见。不过,在这些众多学科领域中最有影响力的学科是人工智能,认知科学发展的动力也是因为它。

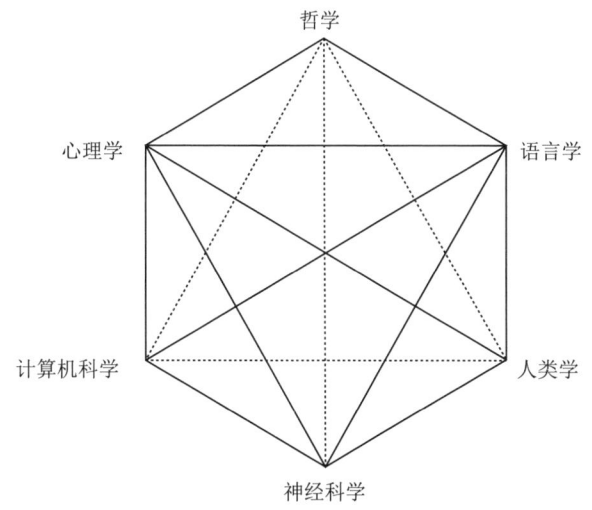

图1-1 认知科学的学科结构图

在导论里,曾论及人类两次伟大的思维活动,一个是思考,另一个是智能,人类的思维活动是如何展开并被应用,以及人类在动用自己头脑中的想法时,与头脑之外的其他生命体相比,智能是如何赋予人类解决实际问题和使用头脑外的工具。实际上,这正是认知科学探讨的目标之一。加拿大滑铁卢大学的认知科学哲学家萨伽德曾在《心智:认知科学导论》中说:"你是否曾经对于你的心智是如何工作的疑惑不解?每一天,人们需要完成各式各样的心理任务:解决在工作或学习中遇到的问题,为个人生活做决定,对所知道的人的行为给予解释……认知科学的主要目标就是解释人们是怎样完成这些各式各样的思维活动。我们不仅要描述各种不同类型的解题和学习活动,还要说明心智是怎样完成这些操作的。"① 翻开该书的目录页，就可以大致概览认知科学的一般主题，如表征、计算、逻辑、规则、概念、类比、图像和联结，等等。在这些主题中，占据最重要位置的就是表征和计算，这两个概念是认知科学研究最核心的主题。与这部分主题不同，认知科学后来还有了一些新的扩展，实际上这些扩展最火热的时期是从20世纪90年代开始，它们分别从大脑、情绪、意识、身体、世界和动力系统以及社会展开。这些扩展的部分非常明显地区别于表征和计算主题。

二、象棋之路和孩童之路

认知科学研究路数中的一些新扩展来自对核心主题研究兴趣的变化。如果把关于表征和计算等主题看成是认知科学主题（甲），这个主题即从英国数学家阿兰·图灵那里被延续下来的"象棋之路"。另外，如果把大脑、身体、世界和社会这类主题看成是认知科学主题（乙），而这类主题被美国已故哲学家德雷福斯看成是活生生的认知活动，本书将其称为"孩童之路"。这两个研究路数规定了认知科学的基本活动范围，它们是如何形成的，以及它们后来的命运如何，正是检审认知科学发展历程的重要一步。

当论及认知科学和分支学科人工智能时，图灵的伟大之处是不能忽视的。在20世纪认知科学尚未正式问世时，他曾经处心积虑地思考机器和思维之间究竟存在怎样的关系。图灵试图用"模仿游戏"邀请观众考虑这样一个问题："机器能思考吗？"对于机器和思维如何定义的问题，图灵是这样来说明的：一台机器代替一名游戏者，并回答问题，尽管这台机器可能在回答问题时表现不理想，但这不是对机器不具有思维的有效反驳。图灵表示，对机器来说最好的策略是给出答案，而不是模

---

① 〔加〕萨伽德：《心智：认知科学导论》，朱菁等译，上海：上海辞书出版社2012年版，第3页。

仿人的行为。① 在对杰斐逊的观点进行回应时，图灵总结道："从这个观点的最极端的形式来看，确认一台机器能够思维的唯一办法，就是变成机器，并感受到自己在思维。然后可以向世人描述这些感受，但是，毫无疑问，任何人所做的任何介绍都不能被认为是正确的。同样，根据这一观点，得知一个人会思维的唯一方法，就是变成这个特定的人。这实际上是唯我论的观点。"② 显然，图灵认为这种对思维进行定义过于偏狭。虽然图灵认为有生命之物和无生命之物是有区别的，但是结合图灵对唯我论观点的反对，我们大胆推测图灵不太会接受仅仅有生命之物是可以思维，而无生命之物不能思维的观点。原因在于，如果承认这一观点，那么机器作为无生命之物必定与思维无缘。在衡量机器是否有思维这个问题上，用生命与非生命的划分是无意义的。就像图灵所说："试图用这种人工血肉把一台'思维机'装扮起来使它更像人类，是没有什么意义的。"③ 因此，对于机器而言，思维就是对问题做出的回答，这和有生命的事情与非生命的事情无关。

让我们回到模仿游戏中，一个男人 M、一个女人 W 和一个提问者 Q，在游戏中 M 被一台机器 M′替代。

情形甲：M 接受 Q 的提问，M 的目标是让 Q 得到一些答非所问的答案。W 在接受 Q 的提问时，尽可能在回答中消除 W 对 Q 的疑虑。

情形乙：M 被机器 M′代替，其余内容和情形甲一致。

---

① 〔英〕图灵：《计算机器与智能》，转引自〔英〕博登：《人工智能哲学》，刘西瑞等译，上海：上海译文出版社2001年版，第59页。英文版参见：Turing, A. M, 1950: "Computing machinery and intelligence", *Mind* (Vol. LIX): 433-460.
② 〔英〕图灵：《计算机器与智能》，转引自〔英〕博登：《人工智能哲学》，刘西瑞等译，上海：上海译文出版社2001年版，第73页。
③ 〔英〕图灵：《计算机器与智能》，转引自〔英〕博登：《人工智能哲学》，刘西瑞等译，上海：上海译文出版社2001年版，第58—59页。

在图灵看来，M 和 M′ 只要"机器在做那些理应看成是思维的事情时……它在模仿游戏时做出令人满意的表演"就可以了。也就是说，M 和 M′在行为的表现或结果上等价，就是机器有思维的最好例证。事实上，我们可以发现受图灵的影响或误导，研究者似乎开始倾向于尝试按照回答或评价人和机器之间是否在思维上是相同的这个问题来推进自己的研究。后来，在模拟人类思维方面，研究者做了共同努力，即自然语言的形式化。

对于从 20 世纪 50 年代到 70 年代的认知科学发展历程，尤其是人工智能领域取得的巨大进步，哲学家德雷福斯对此做出了批评性的回应："前五年（1967—1972）的工作表明，创造一些人工的、类似游戏的、按照一组固定的相关特性事先分析过的上下文环境来回避日常的上下文环境的重要性是徒劳的。"① 对于认知模拟来建造一架智能机器，德雷福斯提醒道："在解释我们的行为时，我们或迟或早总会退到我们日常实践活动上来，干脆说'这就是我们所做的或作为一个人就是这样'。因此，归根结底，一切智能和一切智能行为都必须溯源到我们对我们是什么的理解上。"②

在 20 世纪 50 年代，如何定义智能和思维，尤其是如何让计算机器看起来具有智能或思维确实是一个难办的事情。但是图灵还是对此抱有信心，他在《计算机器与智能》一文最后写道："很多人认为，一种非常抽象的行动，就像下象棋那样，可能是最好的。它还可以认为，给机器提供最好的感觉器官是可以花钱买下的，并可以教它理解和说英语。这个过程可以像遵循一个孩子的一般教育一样。指出这个事物并说出它的名字等等。我不知道正确的答案是什么，但我认为这两条路径应该尝

---

① 〔美〕德雷福斯：《计算机不能做什么：人工智能的极限》，宁春岩译，上海：上海三联书店 1986 年版，第 64 页。
② 〔美〕德雷福斯：《计算机不能做什么：人工智能的极限》，宁春岩译，上海：上海三联书店 1986 年版，第 65 页。

试一下。"① 图灵给了后来人工智能发展重要内核一个很好的建议，也就是在"象棋"和"孩童"这两个比喻之间做出选择，不过一开始这种选择是很难的，这个困难是选择上的困难。其实，我们可以看到构造一台象棋高手的机器人很难，而构造一个孩童式的机器则更难。在人工智能领域中，象棋模式被视为高阶认知处理能力，而孩童式的机器被视为低阶认知处理能力。实际上，对高阶认知处理能力的推崇和对低阶认知能力的排斥，由研究者们所持有的哲学态度所决定，这一点本书会在后面逐渐展开。但是，可以想见的是，当时或许是人工智能的先驱误判了认知处理的划分，使得认知科学在早期发展中获得了大量成就的同时，还备受指责。

在图灵这里的根本主题是如何理解一架具有智能的机器，并为此提出原则性回答，"图灵提出用一个实际的测试来绕过定义智能的难题"②。这是在"图灵测试"中所看到的场景。然而，早在20世纪60年代德雷福斯就指责人工智能越来越像中世纪的炼金术。后来《道德机器》一书的作者瓦拉赫和艾伦认为，对这种担忧到目前丝毫没有减退，在他们看来，"将机器变成智能主体，会像炼金术士们把铅变成金一样地误入歧途吗？"③ 时过境迁，今日研究者对智能的渴求，仍与这些指责缠绕在一起。

总的来说，在图灵的影响下，认知科学主题（甲）形成，而德雷福斯的批评大致可以认为是对认知科学主题（甲）的一种批评，尤其是机器模拟人类思维上的错误观点。《计算机不能做什么？》在1972年出版，1979年再版，正是认知科学诞生后不久。但是德雷福斯以五年为一个周

---

① 〔英〕图灵：《计算机器与智能》，转引自〔英〕博登：《人工智能哲学》，刘西瑞等译，上海：上海译文出版社2001年版，第90页。英文版参见：Turing, A. M: "Computing Machinery and Intelligence", *Mind*, 1950, p.460.
② 〔美〕瓦拉赫和艾伦：《道德机器：如何让机器人明辨是非》，王小红等译，北京：北京大学出版社2017年版，第29页。
③ 〔美〕瓦拉赫和艾伦：《道德机器：如何让机器人明辨是非》，王小红等译，北京：北京大学出版社2017年版，第29页。

期非常细致地把当时的人工智能界研究划分了四个阶段。

在对人工智能发展的第一阶段（1957—1962）认知模拟的批评中，像语言翻译、问题求解（纽厄尔、绍尔和西蒙通过认知模拟推动了通用问题求解程序）和模式识别，德雷福斯指出这些研究所存在的问题恰好是它所暴露出的困难。① 他以下象棋为例，表面上看，程序能解决长远问题，"但是，现有的程序根本体现不出任何长远的策略"②。之所以说会暴露出困难，那是因为它无法面对"不曾预料到的现象发生"③。实际上，这里德雷福斯暗示了经验中那些不曾预料之事还没有被人工智能专家们注意到，即研究者必须重新回答这个哲学问题：在一个智能行为中经验知识到底重不重要。

在另一侧，德雷福斯从引入詹姆士的"意识边缘"，到借用波兰尼的解释来说明棋手在经验中的关注点会有所不同，但是要把握所有的关注点又是一件困难之事。德氏说："由于这种全局的'信息加工'常在组织我们的经验时起作用，所以没有理由认为，我们的研究对象在他找到开始有意识地穷举的那个部分之前，为了发现一个没有防范的象，他一定进行了快速并是无意识的穷举。我们有充分的理由拒绝这种假想，因为它所解决的问题，没有它所带来的问题多。"④ 然而，在对"信息加工"所存在的另一方面问题的分析时，德氏指出，（像费根鲍姆）"他们未看到区分本质与非本质的能力是人类'信息加工'的一种形式，在学习和问题求解中都是必不可少的，但不适用于机械搜索。每当做好这种区分，这种机械搜索就可以进行了。正是智能的这种功能，阻碍了问题

---

① 〔美〕德雷福斯：《计算机不能做什么：人工智能的极限》，宁春岩译，上海：上海三联书店1986年版，第108页。
② 〔美〕德雷福斯：《计算机不能做什么：人工智能的极限》，宁春岩译，上海：上海三联书店1986年版，第113页。
③ 〔美〕德雷福斯：《计算机不能做什么：人工智能的极限》，宁春岩译，上海：上海三联书店1986年版，第108页。
④ 〔美〕德雷福斯：《计算机不能做什么：人工智能的极限》，宁春岩译，上海：上海三联书店1986年版，第114页。

求解领域的进展。"① 如果对"本质与非本质"有疑问,德氏的这句话或许可以起到解释作用,因为"本质运算也不是随手可以发现的,因为它们不独立存在于语用上下文环境之外"②。换句话说,本质运算因为它存在于语用上下文环境之中,所以它并不是那么轻易就被搞定的。

最后,德氏对上下文环境的重要性做出说明时用维特根斯坦的解释作为补充:"一张人的嘴只能在一张人的脸中微笑(维特根斯坦)。……上下文环境——此处为整个面部——不仅决定对识别是重要的特征,而且反过来又由这些特征来决定。表情不是从特性中推导出来,而只能是眼睛、嘴等部分的组合。"③ 针对这种组合可能引起的误解,他又用"家族相似性"做了说明:"不要把维特根斯坦的这种解释,看成是这种识别中包含许多重叠特性,而应看成含有人们无法使用这些庞杂笨拙的析取。……在这个家族内的两个成员之间并不相同,而是由一个交错相似性的网络构成。"④

虽然在后来的第二阶段(1962—1967)明斯基开创了"语义信息加工",但是仍未能以成功而告终。第三个阶段(1967—1972)控制微世界,明斯基的工作和西蒙的工作不一样,西蒙主要从事认知模拟,将自己的程序作为心理学的理论提出。明斯基的工作认为程序是尝试建立智能机器,而又不必使机器具备人的特点。明斯基"为了维护符号描述在智能行为的心理学原理中的作用,不断地展开论战以驳斥对使用大脑的形式模式持反对态度的行为主义和格式塔理论"⑤。于是,德氏指出:

---

① 〔美〕德雷福斯:《计算机不能做什么:人工智能的极限》,宁春岩译,上海:上海三联书店1986年版,第127页。
② 〔美〕德雷福斯:《计算机不能做什么:人工智能的极限》,宁春岩译,上海:上海三联书店1986年版,第127页。
③ 〔美〕德雷福斯:《计算机不能做什么:人工智能的极限》,宁春岩译,上海:上海三联书店1986年版,第134页。
④ 〔美〕德雷福斯:《计算机不能做什么:人工智能的极限》,宁春岩译,上海:上海三联书店1986年版,第135页。
⑤ 〔美〕德雷福斯:《计算机不能做什么:人工智能的极限》,宁春岩译,上海:上海三联书店1986年版,第24页。

"专用于上下文环境无关的、类似游戏的微世界的那些技术,无法与人类或动物的通用性的智能相比。"① 究其原因在于,明斯基等的工作最终做出的是唯理论的说明。相当于说,明斯基那么退而求其次,即便他们建造不出智能系统,但是在微世界中的成功是对一种心理学的成功描述。那么,"按照这一观点,具体的感知同化为用于抽象思维中的受规则支配的符号描述"②。

同样,在对温斯顿的研究所做的批评时,德雷福斯指出:"看来要想使机器发展到能识别出拱、桌子等物必须等到我们能在抽象符号的描述中掌握了人类仅仅因为拥有躯体而明晰知道的关于行走和吃饭的大部分知识才行,要么就要等到计算机因其本身有了人的躯体和食欲而不再需要被告知行走和吃饭是什么意思。"③ 这里德雷福斯引用了温斯顿关于拱和桌子的描述,其实我们还可以对这个描述稍做扩展。例如,当我们定义桌子时所具备的知识处理过程。这个过程大致可以通过两种策略来得到解释。

第一种策略称为还原论,按照德氏批评明斯基的工作被指认为一种唯理论倾向的说法,还原论对桌子的解释依据桌子的表征,而桌子的表征是一种符号表征,一种计算机的程序符号,即德氏所指的"具体的感知同化为用于抽象思维中的受规则支配的符号描述"④。又根据德氏对温斯顿的批评,桌子抽象的程序符号是没有办法与人类关于桌子的知识等同的,因为计算机是无法理解吃饭的意义究竟是什么,所以对于桌子的理解也无法与吃饭联系起来。而这里的这种解释类似于我们所认为的第

---

① 〔美〕德雷福斯:《计算机不能做什么:人工智能的极限》,宁春岩译,上海:上海三联书店1986年版,第25页。
② 〔美〕德雷福斯:《计算机不能做什么:人工智能的极限》,宁春岩译,上海:上海三联书店1986年版,第25页。
③ 〔美〕德雷福斯:《计算机不能做什么:人工智能的极限》,宁春岩译,上海:上海三联书店1986年版,第29页。
④ 〔美〕德雷福斯:《计算机不能做什么:人工智能的极限》,宁春岩译,上海:上海三联书店1986年版,第25页。

二种策略,整体论。

按照整体论的策略来解释桌子时,可以将桌子理解为吃饭、打瞌睡和看书等的功能。那么,对于这种理解,计算机除了要理解吃饭的意义之外,还要理解打瞌睡和看书的意义。因此,以表征来看待桌子就走向了祛情境的唯理论,而以情境来看待桌子则涉及客体对于认知主体的意义和功能的判断。不过,是否有功能上的判断,实际上又取决于实际的需要和用途,而不是先天的判断。然而对这种表征的渴求,以及这种先天判断式的处理策略可以被视为一种自笛卡尔和康德哲学传统的唯理论传统的遗产。很显然,这种遗产在被实际应用时也会暴露出它的纰漏。

对这个阶段人工智能的发展,德氏提醒道:"人工智能最终不得不面临着表示日常知识这一问题——这是一个困难的、关键的、哲学上吸引人的、人工智能目前仍在为之奋斗的难题。"① 基于此,在第四阶段(1972—1977)面临知识表达的问题,在德氏看来,这个阶段的研究可谓危机重重,"日常的人类技能愈来愈被认为取决于智能行为,但是,要想把它编成程序却困难得难以想象,大概从原则上讲是不可能的"②。要知道德氏不是工程师而是哲学家,遗憾的是哲学家解决不了工程学上的难题,但他可以指出工程学上的难题是怎么回事。德氏认为,人工智能的困难实际来源于这样的假设,即,"在解释我们的行为时,我们或迟或早总会退到我们的日常实践活动上来,干脆说'这就是我们所做的'或'作为一个人就是这样'。因此,归根结底,一切智能和一切智能行为都必须溯源到我们对我们是什么的理解上,而根据我们上面的论证,这是我们由于回归之故,而永远不能完全清楚知道的事"③。

---

① 〔美〕德雷福斯:《计算机不能做什么:人工智能的极限》,宁春岩译,上海:上海三联书店1986年版,第33页。
② 〔美〕德雷福斯:《计算机不能做什么:人工智能的极限》,宁春岩译,上海:上海三联书店1986年版,第34页。
③ 〔美〕德雷福斯:《计算机不能做什么:人工智能的极限》,宁春岩译,上海:上海三联书店1986年版,第65页。

根据德氏的提示，它所称的假设实际上来源于一种哲学上的观点，如果我们把这种假设进行划分，那么认知科学主题（甲）由一种假设 A 所引导，那么认知科学主题（乙）由一种假设 B 所引导。从起源上看，假设 A 则来自哲学上的理性传统，即唯理论。根据萨伽德所言，"对心智及其活动进行理解的尝试至少可以追溯到古希腊人，柏拉图和亚里士多德等哲学家试图说明人类知识的本质。柏拉图认为最重要的知识来源于人们不依赖于感觉经验而是来源于能凭天赋获知的概念。另外，像笛卡尔和莱布尼兹这样的哲学家也相信仅凭思维和推理就能获得知识"①。

另外，假设 B 则更倾向于哲学上的经验主义，"与之相反（唯理论），亚里士多德则通过诸如'所有人都是会死的'这类经验中习得的规则来探讨知识。这种哲学立场，经由洛克、休谟和其他一些哲学家的辩护，成为众所周知的经验论"②。这类假设偏重于以实践的名目出现在哲学家的著作中。而以实践名目登场的哲学，以及投射在人工智能和心智科学中的应用恰好是本书将要讨论的内容。

简而言之，认知科学主题（甲）暗含着假设 A，它可以被比作象棋之路。认知科学主题（乙）暗含着假设 B，它可以被比作孩童之路。认知科学的发展伴随着这两条路数假设之间的争锋。这种争锋表现在认知主义为代表的路数和挑战者——后认知主义为代表的新路数。在今天，人们对大脑、意识、情绪、身体、世界和社会的议题的兴趣正敦促人们再一次反思假设 A 对认知科学是否还起着促进作用，或者是否需要修改。即使我们再度回到图灵信心满满地提示：前方的路会出错，但是还得继续走下去。如我们所见，花费了几十年时间走的象棋之路取得了举

---

① 〔加〕萨伽德：《心智：认知科学导论》，朱菁等译，上海：上海辞书出版社 2012 年版，第 6 页。
② 〔加〕萨伽德：《心智：认知科学导论》，朱菁等译，上海：上海辞书出版社 2012 年版，第 6 页。

世瞩目的成就，例如 1997 年 5 月 11 日 IBM 的"深蓝"战胜了国际象棋冠军卡斯帕罗夫，以及 2016 年 3 月谷歌的深度思维公司的阿尔法 Go 击败国际围棋冠军李世石。但是，象棋之路本身所具有的缺陷并未得到根治。以至于在 20 世纪 90 年代研究者注意到，返回到"孩童之路"的意愿越来越强烈，新的研究纲领必将浮现。

回顾认知科学的分支学科人工智能领域，实际上是一种哲学上的回顾。这表明，哲学上的唯理论传统和经验论传统业已成为人工智能研究所背靠的资源。然而，通过人工智能几十年的发展我们可以看到它所面临的困局，以及继续打开一扇窗口的可能。因此，在这个意义上，自然可以把认知科学的研究纲领之间的竞争看成是一场哲学之争。如果翻开哲学史的画卷，认知科学中所能动用的哲学仍然在这幅画卷中可以找到。只不过与单纯的哲学见解之争不同的是，每个研究纲领之间都暗含着自己的理论目的和现实要求，因为时代之间的差异，这些哲学也在发生变形。

近年来，随着人工智能在商业界的全面爆发，产业应用领域的蓬勃发展，对"智能"的渴求有增无减。当人工智能从学术领域走向产业领域，它的缺陷表现在技术的落地上，即符合无数应用场景的需求。摆在人们面前的难题是如何让人工智能的探索和应用能解决实际问题。笔者近年来对认知科学哲学和人工智能哲学的关注，深切地体会到从"头脑风暴"走向"问题风暴"的重要性。即使我们满腔热情地去表达对智能的饥渴，根本问题并不在于智能是什么，而是我们能对它说什么以及用它来做什么。正如物理学家玻尔所言："没有量子世界。只有抽象的物理描述。认为物理学的任务是发现自然究竟是什么的观点是错误的，物理学关心的是，对于自然我们能说什么……"[①] 如果仿造玻尔的提示，我们不妨把对自然的渴求与对智能的渴求看成是一回事，不仅我们无须

---

① 〔美〕尼尔森：《理解信念：人工智能的科学理解》，王飞跃等译，北京：机械工业出版社 2017 年版，第 80 页。

发现自然究竟是什么，而且我们也无须发现智能究竟是什么，关键在于我们能对智能说什么？用德氏引用威诺格拉德《人工智能和理解语言》中的一句话来回答："发展人工智能的收获首先不在于我们创造的程序，而在于我们研究出这套概念，在于我们把它们用于理解人类智能的方式。"①

在这一节我们注意到，在认知科学发展的进程中明面上体现出来的是认知主义与后认知主义之间的分化，这种分化从图灵的早期预想中能够体现出来，它们分别是"象棋之路"和"孩童之路"。简而言之，可以将"象棋之路"看成是注重表征处理的路数，其背靠的理论传统主要来自所谓的"唯理论"传统，而"孩童之路"可以看成是面临难题，通过不断学习而后天生成知识的"经验论"传统。如果从另一个角度看，认知科学的认知主义路数是以一种"头脑风暴"为导向而诞生的，而后认知主义路数则是一种"问题风暴"的体现。无论是"头脑风暴"还是"问题风暴"，它们都代表着用一种全新的角度——一种区别于传统哲学——去看待人类心智和认知活动。

三、心智的新科学

认知科学要解决一个哲学问题——什么是心智？心智与身体的关系是什么？我们的心智与外部世界的关系是什么？这是哲学与认知科学具有交叉科学兴趣点之所在。众所周知，心智一直以来是哲学家讨论的话题，无论它发生了什么样的变形，从柏拉图的理念，到亚里士多德的灵魂，还是笛卡尔的幽灵，它们具有共同的属性都是理性构造的产物，或构造本身。20世纪40年代，心智新科学被提出，区别于传统哲学上对心智的讨论，研究者怀着强烈的自然主义热情来看待心智，这面心智新

---

① 〔美〕德雷福斯：《计算机不能做什么：人工智能的极限》，宁春岩译，上海：上海三联书店1986年版，第24页。

科学的旗帜由认知科学所立。这一节将围绕"心智"这个核心词汇来做一个回顾，看看研究者是如何作答的。

首先，需要解决一个翻译上的问题。众所周知，在汉语学术圈里，Mind一词常被翻译为"心灵"，本书鉴于自然主义的基本主张，将该词翻译成心智，下面就来说说原因。

《牛津英语词典》对Mind的解释是：

名词（1）一个人的要素，它能够使人觉知（aware）到世界以及对世界的经验，去想和去感受，是意识和思维的能力。例子，"很多想法从我的心里面一闪而过"。(1.1) 与一个人的物理行动相对的心理过程（mental processes）。例子，"我在我心里写了一封信"。

（2）一个人的思考和推理能力，智力（intellect）。例子，"他敏锐的心"。(2.1) 一个人的记忆。例如，"这家公司的名字在我心里滑过"。(2.2) 思维的一种独特方式，受一个人的职业或环境所影响。例如，"他具有一颗强烈鄙视官僚制的心"。(2.3) 一个人与他的理智能力相吻合。例如，"他是他那个时代最聪明的人之一"。

（3）一种人的注意力。例子，"雇员们应该对他们的工作上心"。(3.1) 一种人的意愿或对实现某事的决心。例子，任何人都能保持苗条，除非他不在意。Mind除了有以上名词的解释外，还有动词的解释。比如关注到，对什么在意。①

由以上解释大略可以感知，心智更多代表着一种能力，而对这种能力的解释，古已有之。从心智哲学的角度来看，最早对心智的探求可以

---

① https://en.oxforddictionaries.com/definition/mind

追溯到古希腊，不过那时人们把这种与身体相区别的能力称为灵魂（soul）。当然，在汉语里灵魂一词和希腊人所指的能对事物产生认知的这种能力不同，据《现代汉语词典》，灵魂指："（1）迷信的人认为附在人的躯体上作为主宰的一种非物质的东西，灵魂离开躯体后人即死亡。（2）心灵；思想。（3）人格；良心。（4）比喻起主导和决定作用的因素。"① 在《现代哲学导引》中介绍到，心智就是感受、感觉、梦和思维，它们通常被划归到心理的那种现象。② 另外，它还被看成是有关意识、意图和心智—身体等问题。

综合以上两部词典的解释，以及本书的用法，我们将 Mind 译为心智而不译为心灵，理由是：从汉语的解释来看，当我们说心灵时，多少会带有灵魂的意思，在汉语中灵魂并没有认知能力的意思，它与希腊人关于灵魂的用法区别很大。所以，为了避免节外生枝，也为了避免沾染到汉语解释中带有"灵"字意味的负面解释，本书认为译为心智更妥当。毕竟，作为一种科学和哲学的研究对象，认知科学关于心智的讨论从根底上来自哲学尤其是自然化的哲学。像亚里士多德就将人类的认识能力视为灵魂的功能，而在笛卡尔这里，他的"我思"则成为现代哲学有关心智讨论的发源地。

作为理性主义的代表之一，笛卡尔沿用了亚里士多德的用法，将身体和灵魂区分开，人类所具有的灵魂（英语语境中）就是一种思维能力。我们通过心智获得知识，是借助于理性思维来完成，心智作为这种具有基础性的实体是非物理的器官，我们的理性准则交由它来掌管。后来这种观点遭受了经验主义的挑战，例如洛克和休谟等认为，知识的可靠来源实际上是由感性经验提供的。到了康德这里，他试图将理性主义的遗产和经验主义的遗产进行一场综合，最后将心智看成对现象经验的

---

① 《现代汉语词典》（第6版），北京：商务印书馆2012年版，第823页。
② Edwards, P., and Pap, A., (eds.), 1973: *A Modern Introduction to philosophy*, New York: The Free Press.

处理，而不是对外部世界的处理，它借用"物自体"和"由我们知觉到的物"的区别构造出一系列思维范畴。当然，如果缺乏了诸范畴，一个认知主体就无法辨识世界。而值得注意的是，自这个时代起，心智越来越多地和内省与反思联系在一起。这样一种主体性哲学的诞生就成了17—18世纪哲学的著名产物。

在19世纪末，实验心理学家冯特将心智活动的探索活动确定为一门科学。布罗德1925年出版的《心智及其在自然中的位置》将笛卡尔的遗产再次唤醒。[①] 行为主义统治着20世纪上半叶半壁江山，研究者们誓言要把心理处理、心理事件和心智状态，与刺激和反应联系起来。皮亚杰的认知心理学率先反对行为主义的方案。赖尔的《心的概念》（1949）、菲戈尔的《"心理的"和"物理的"》（1958）、斯玛特的《感觉和大脑处理》（1959）等著作相继问世，正在行为主义衰落之时，认知科学的几位开创者呼吁重新唤醒心智及其在自然中的位置的兴趣，这一场活力四射的"认知革命"就此开始。[②] 还有一个需要提及的是，维也纳学派的逻辑实证和逻辑经验的知识观将思维视为逻辑的和数学的公理式地处理过程，这种知识观影响认知科学诞生以前的一些研究并潜在地推动了这个学科的发展，尤其是持"所有事情都可以被逻辑语言或数学计算"观点的人们，如邱奇—图灵等。

虽然，邱奇—图灵假想只是虚构出那样一台机器，它的计算处理功能要么是一种"象棋之路"，要么是一种"孩童之路"。实际上，在后来的计算机发展历程和人工智能早期的解决方案一开始采用的正是这种"象棋路数"。冯·诺依曼按照图灵的启发，为一台机器提供一种逻辑回路的一般架构，"这台机器有一个重要处理器，它从外部记忆装置中读

---

① Broad, C.D., 1925: *The Mind and Its Place in Nature*, New York: Harcourt, Brace & Company, Inc.
② Mclaughlin, Brain. and Beckermann, Ansgar. and Walter, Seven. (eds.), 2009: *The Oxford Handbook of Philosophy of mind*, New York: Oxford University Press, p. 1.

取信息，把输入的信号根据这台机器的程序指令进行转化，随后又把它储存进外部记忆装置，或在某个输出装置上呈现出来，这就是计算的结果"①。在 20 世纪 40 年代，计算机的问世，使人们相信整个大脑就像一台大型的计算机，而这种隐喻正是认知科学的范式指引。除了像图灵和后来的冯·诺依曼等人从理论到实践上贡献了电子数字计算理论，还有香农等人贡献了信息理论。当然还有认知科学家不太承认的一门祖宗级别的学科——由维纳等人开创的控制论，关注人与机器的互动，而认知科学起初划定的主题为人类的认知和心智活动。这样看来控制论的主题似乎因为它太超前而不被看好。

人工智能（Artificial Intelligence）一词首次在达特茅斯会议（1956 年）上被使用，以纽维尔、西蒙和绍尔为代表的逻辑理论机器演示了一架机器如何执行一个认知任务。乔姆斯基的语法理论认为任何自然语言都需要一架图灵机来处理它的语法。明斯基和麦卡锡为代表的符号的人工智能（symbolic AI，后来人们称之为 MIT 学派）相继诞生，这几位正是人工智能的开创者。

人工智能的发展如日中天，各家各派尽显神通，作为认知科学的分支，在 70 年代进入了鼎盛时期。但是无论是理论上的缺陷，还是实践上的弱点也同时逐渐显露出来。后来成为谷歌公司奠基人之一的威诺格拉德在 1972 年创设的 SHRDLU 程序语言，通过这个程序语言完成了积木世界的任务，尽管这个程序语言能完成句法分析和处理语言，但是不具有学习能力，这使得威诺格拉德看到了用符号语言和语法处理这条路不是一条理想的路子。由此可见，SHRDLU 受到质疑恐怕也是早晚之事。实际上，就在同年，哲学家德雷福斯为兰德公司撰写了一份报告，以此为蓝本正式出版为一本名为《计算机不能做什么：一种人工推理的批评》的书，在书中他明确指出目前人们对计算机和人做出比较还存在

---

① Gärdenfors, Peter., 2005: *The Dynamics of Thought*, Dordrecht: Springer, p. 245.

巨大的差异，例如计算机没有意识、不具备理解含混语句的能力，没有身体的经验来影响思考，等等。最后，德氏还非常悲观地认为，计算机程序如果继续这么走下去将会遇到更多障碍。德氏的悲观情绪在学术界和资本界蔓延，与 1987 年—1993 年发生的人工智能寒冬不无关系。在这个时期，哲学家和科学家们都意识到了人工智能所背靠的哲学是它出问题的症结所在，例如，通用问题求解器、框架问题和专家系统都深受理性主义哲学传统的影响，这些哲学或来自笛卡尔，抑或来自康德等这样的哲学传统。

例如，来自笛卡尔的遗产所受到的诟病，就遭到丹尼特的批评。丹尼特在《意识的解释》一书中指出，笛卡尔式的物质主义所持的观点就是意识居于大脑中枢的某个地方。对于心智的物质主义者来说，心智的二元论是不能被接受的。丹尼特说："如果抛弃笛卡尔二元论，但又无法放弃一个中心（但是物质的）剧场的意象，"所有的东西都汇聚在这个中心，"你就会得到这种观点。松果腺是这种笛卡尔剧场的候选者……笛卡尔式的物质论认为，在大脑某个地方存在着一个关键的终点线或边界，它标出一个位置，在这个位置，信息到达的次序就等于经验中'呈现'的次序，因为在这里所发生的就是你所意识的。"① 实际上，丹尼特所意指的这种"笛卡尔剧场"的真实版本来自多年前他对人工智能的框架问题的一次讨论。这篇名为《认知之轮：人工智能的框架》的文章把麦卡锡等人所提出的框架问题称为一种深层次的认识论问题。这个认识论问题具体表现在："一旦人们认真回答某些'怎样做'问题时，框架问题就会出现。"② "从事 AI 的人，利用了理论认识方面的这种进展（如果情况是如此的话），能够坦然地忽略学习问题

---

① 〔美〕丹尼特：《意识的解释》，苏德超等译，北京：北京理工大学出版社 2008 年版，第 121 页。
② 〔美〕丹尼特：《认知之轮：人工智能的框架问题》，载〔美〕博登：《人工智能哲学》，刘西瑞等译，上海：上海译文出版社 2001 年版，第 202 页。

（看起来是如此），这就给执行者装备了解决问题时应该'知道'的所有内容。"① 从某种意义上来说，我们可以把丹尼特对框架问题所具有的认识论问题视为一种内在主义主张的结果，后来在关于这种内在主义和外在主义的争论中，内在主义把知识视为一种心理表征处理的产物。这样，知识的产生没有必要和认知主体的环境产生关系。所以，框架问题通常也可以被视为信息处理表征的内在主义路数的体现。

在丹尼特所批评的"笛卡尔剧场"（大脑）中进行操作工作的"小人"，之所以能对应于对"框架问题"的批评，主要源于在知识的形成过程中，它们仅仅处理"是什么"，而不是处理"怎么做"。"AI 研究者面临的任务看来是设计这样一个系统，它能使用从它存储的知识中恰当选择的因素来做计划，而这些知识正是关于它在其中运作的那个世界的知识。"② 丹尼特坦言："在作为现象的魔术表演和已充分认识的小块大脑组织的功能之间有一片空白地带，将其详尽地填补起来，是一项十分艰巨的研究任务，它摆在未来每一派理论家的面前。但是在能够解决这些问题之前，理论家们必须与它们碰面，而为了与这些问题碰面，他们必须坚定地跨入这片空白地带，提出'怎样做'的问题。"③ 可以这么说，人工智能已经在知道是什么这个认识论问题上做得足够好了，这得益于表征—计算策略的推动，但是表征—计算策略又不足以应付知道怎么做的问题。这一点也类似于前面所说的"象棋之路"和"孩童之路"。后面我们会看到，美国麻省理工实验室的机器人专家布鲁克斯在 20 世纪 90 年代对"孩童之路"的潜心研究，是该路数的实践先驱。

---

① 〔美〕丹尼特：《认知之轮：人工智能的框架问题》，载〔美〕博登：《人工智能哲学》，刘西瑞等译，上海：上海译文出版社 2001 年版，第 208 页。
② 〔美〕丹尼特：《认知之轮：人工智能的框架问题》，载〔美〕博登：《人工智能哲学》，刘西瑞等译，上海：上海译文出版社 2001 年版，第 210 页。
③ 〔美〕丹尼特：《认知之轮：人工智能的框架问题》，载〔美〕博登：《人工智能哲学》，刘西瑞等译，上海：上海译文出版社 2001 年版，第 229 页。

如果说，所选择的研究路数存在缺漏，那么从哲学上来看待这个问题，就有必要先回到第一代认知科学所依靠的哲学资源上。笛卡尔哲学是一个重要的理论资源，而另一个重要的资源则是康德哲学。笛卡尔和康德都属于注重逻辑的哲学家，笛卡尔偏重"本体—逻辑的"路数，而康德哲学则偏重于"认识—逻辑的"路数，他们的共同之处在于把知识视为一种内在机制的产物，从心智哲学或知识论的领域来说，他们派生出了"内在主义"认知观。

作为理性主义开创者之一，康德的主体哲学需要达到的目标是，证明人类理性在知识的通道中占有绝对重要的位置。为了实现这个目标，康德通过先天知识来构造知识的主体，这意味着一个知识的诞生光有环境还不行，还需要更重要的内容，就是认知主体的先天的认知结构。而在这种认知结构中关键在于处理表征的能力，因此理性的认知能力的要核恰恰在于处理表征。① 像通用问题求解器、框架问题和专家系统的设计灵感和构想可以说皆来自康德式的内在主义认知观，豪格兰德所谓的老式的好的人工智能正是对这种类型的研究策略的高度概括。

对于"心智的新科学"这个提法实际上有两重意涵。第一重意涵是指，关于心智的研究与古代哲学家和现代哲学家讨论的方式发生了变化，这个变化主要依赖于对心智进行分析的和实验的说明，而不是来自思辨的说明。这方面得益于心理学、神经科学和脑科学等新科学的带领，心智科学更多具有自然主义的倾向——分析的和实验的。第二重意涵是指，在20世纪的心智哲学的主题下，关于心智的讨论引发了内在主义和外在主义之争，以及在认知观上从自上而下（如康德式的老式的好的人工智能）设计或理解与自下而上（如布鲁克斯的新人工智能）设计或理解之争。以后者为研究路数的可以视为新路子，在20世纪的认知科学的大家庭中被视为"心智的新科学"。如果说自上而下和自下而

---

① 关于康德式的认知哲学的讨论，参见黄侃：《康德式认知哲学的特征及困境》，载《山东科技大学学报（社会科学版）》2013年第6期。

上的划分是一种划分法，那么这体现了认知科学研究的两条进路。实际上，我们发现还有其他划分方式与之类似，也能够体现出心智的新科学究竟"新"在何处，以下对此做简要介绍。

与自上而下和自下而上，以及"象棋之路"和"孩童之路"划分类似，另有研究者用"在线"和"离线"来划分出两种智能处理能力，也有研究者用晦暗的和明晰的划分心理表征的两种知识类型等等，甚至有研究者把前一种描述为"封装起来"的状态。

从认知的一般性解释来看，认知从抽象的意义上被视为一种"离线思维"，语言学家毕克顿在《语言与人类行为》（1996）一书中谈到，人类认知的抽象本性类似于所谓的"离线思维"。① 在针对神经心理学家加扎尼加的观点"思维，甚至是简单思维是人类独一无二的"，以及丘奇兰德的观点"章鱼打开罐头盖子获取里面的食物，猕猴在海滩边清洗着它们土豆上的污泥，乌鸦嘴里叼着石头攻击入侵者，所有这些都表现出一种同个等级的智能的解决方案"时，毕克顿指出这两种不同的观点恰好可以视为对在线思维和离线思维的区分。② 实际上，在线思维是被那些关注非人类行为和认知的科学家们所注意到，例如这里提到的丘奇兰德，他说："多数生命体以在线思维来实践。展开一点来说，某人可能会说，细菌通过浮游（依赖于化学成分是有毒还是对它有营养），从一个追踪水中的化学方向后退或前进，就完成了'一次解决方案……在某种等级的智能意义上。"③ 从丘奇兰德在《神经哲学》（1986）这段话表述的注释中可以看出，动物行为学家格里芬④的观点是影响丘奇兰德

---

① Bickerton, D., 1996: *Language and Human Behavior*, London: the University of Washington Press, p. 90.
② Bickerton, D., 1996: *Language and Human Behavior*, London: the University of Washington Press, p. 58.
③ Churchland, Patricia., 1989: *Neurophilosophy*, Cambridge: The MIT Press, p. 388.
④ 格里芬（Donald Redfield Griffin, 1915—2003）美国动物学家，认知动物行为学奠基人。他用科学证据解释了动物拥有丰富的心理生活，涉及思维、意向性和意识。他大量吸收了20世纪80—90年代心智哲学和认知科学的成果来扩充动物心智的本性和潜能的解释。

和毕克顿的重要思想来源。格里芬在德国达勒姆召开的（1982）会议上似乎表达了一种不满：将思维或心智看成是人类独一无二的能力，并忽视动物心智本性的进路。他提道："反思性的自我觉知（self-awareness），关于某人自己思考的思维，被广泛断言为人类独一无二的能力，以及任何意向的交流，针对地上的昆虫被极力否认为它们就像一般被程序化的机器人。"① 就像细菌通过浮游追踪水中的营养成分来选择后退或是前进，一只蜥蜴暗地监视着一只苍蝇并决定做出猛扑之前距苍蝇有多远距离，蜜蜂采蜜时对其他伙伴发出的信号，蝙蝠发出声纳信号并快速从口中获取，这些收集食物、捕食定位和抵制入侵者的行为都可以看成是在线思维。因此，从这里看出，在线思维是有环境、需要解决问题的，但是这个问题不一定类似于离线思维处理表征那样，具体这两种思维的解决谁的难度更大，目前不是我们需要考虑的问题。

其实，格里芬的提示代表了对假定人类思维是独一无二观点的质疑。他希望通过这种质疑来实现或重启人们对动物心智的关心，以此从动物心智上来做出对人类心智的理解。他说"没有证据表明我们所相信的昆虫或其他动物有任何意识的经验或任何关于它们行为的意向计划。但是也不是说，有证据说它们就不具有这些内容。……许多参会者同意，一个好的开始就是要考虑我们到底知道我们自己的思维到什么程度，主体感受是什么以及意识是什么。……这样的进路一度被考虑为荒谬的拟人论（anthropomorphic）。但是，它看起来被广泛接受了，如果不是普遍被承认，这是一个严肃反驳，当且仅当有人已经进一步假设了意识的思维是人类独一无二的。……如果我们足够幸运，我们就可以了解到动物的心智与人类的心智有多少相似和不同了。"② 实际上，从格里芬

---

① Griffin, D. R. (eds.), 1982: *Animal Mind-Human Mind*, New York: Springer-Verlag, pp. 1–12.

② Bickerton, D., 1996: *Language and Human Behavior*, London: The University of Washington Press, p. 3.

的口中可以获知，这种有关人类心智独一无二的错误观点支持者不在少数，恰是因此，人们也就很少把注意力放在动物身上。另外，格里芬提醒的是要注意这种荒谬的拟人论，我们在后面的讨论中则视其为一种人类中心论。简单来说，这是一种研究的视角问题。

在解释像丘奇兰德这样对动物在线思维的刻画，和格里芬对动物行为的重视，不主张把心智看成人类独一无二的能力时，毕克顿进一步指出，离线思维是演化过程中一种奢侈的产品，而且只有人类能够享用。"只有人类能够从一种图案（pattern）中把零散的信息会聚在一起，这种图案随后让他们能够不用等待那位重要又不准时的老师的到来——经验。"① 这里说的是在享用奢侈的离线思维时，一个重要的环节出现——图案，它的出现不用让认知者每时每刻都要等待基于经验而得来的信息。在这里经验被形容为一位重要的老师，因为它并非是我们在解决问题时，想来就来，想出现就出现，而是不准时的。毕克顿也直接指出离线思维就是不依靠当机立断，脱离环境的一种心智能力，"就是这样的离线思维能力，而不是某种逻辑的或理性的或计算技能的神秘的附加力量，赋予我们物种的是唯一的和独一无二的创造性的智能。但是离线思维不可能直到大脑的区域中出现新信息时才存在，其中新的信息处理能够不通过环境输入得到激发，也不用涉及立即的行为后果得到激发"②。所以，这里很明确了，离线思维不是依赖于环境，也不依赖于当前发生什么而定。因此，它无须一手的经验，而更看中前面所说的"图案"。

对应于在线思维，毕克顿解释道："在线思维涉及计算，仅仅按照外界对象引发神经的反应来实施。而离线思维涉及的计算在这些对象更为持续的表征之上产生。这样的计算无须外界因素而发起，而需要它们

---

① Bickerton, D., 1996: *Language and Human Behavior*, London: The University of Washington Press, p. 59.

② Bickerton, D., 1996: *Language and Human Behavior*, London: The University of Washington Press, p. 59.

发起一种直接的运动反应。人与非人在思维上的差别，以及导致多数人否认其他物种是不具备思维的，所有生命体（creature）都具有低阶的大脑组织能力，可以实践在线思维，只有人类才能实践在线和离线思维。"① 由此可以推断，如果允许对人类与其他生命体的智能进行划分的话，可以认为人类具有在线思维和离线思维，而其他生命体只有在线思维。"现在如果智能的最主要的功能在生命体中是维持内稳态（homeostasis），那么它对于智能而言所遵循的最初的作用就是表现出在线思维。而现在在某些未来预测中，仍有不少不可挽回的过去，那就是生命体不得不从捕食者口中虎口脱险，找到食物和水源，寻觅伴侣并喂养它们的子嗣。从一种演化的观点来说，在线思维所实现的全是生命体所需要的。"②

当然，如果说这种在线思维和离线思维都是演化的结果，那么在加扎尼加这里，通过刻画史前人类来解释现代人的思维形成历程，正如他所言：思维尤其是简单思维，对人而言是独一无二的。"思维明显是有关复杂变量，对人来说也是独一无二的，但是它工作努力。人类很少参与到这个过程，为了做到这一点，他要注意收集信息。如果他不积累信息的话，它只具有更多基本的简单思维能力。信息积累并不发生在史前时代，而且那就是对人类而言事物为什么发展得如此漫长的缘故。这时的文化还不能为推理的大脑提供足够的材料去做更多反应。"③ 换句话说，现代人的思维能力发展的漫长过程还要等待大量的信息积累时代的到来。

结合毕克顿对在线思维和离线思维的说明，以及加扎尼加的如下描

---

① Bickerton, D., 1996: *Language and Human Behavior*, London: The University of Washington Press, p. 90.
② Bickerton, D., 1996: *Language and Human Behavior*, London: The University of Washington Press, p. 90.
③ Gazzaniga, Michael S., 1985: *The Social Brain: Discovering the Networks of the Mind*, New York: Basic Books, Inc., p. 163.

述，人类的推理能力的高低与所占有的材料有关，史前时代人类更擅长做简单的思维处理，这是没有太多材料可处理的结果，而这种简单思维有助于他控制环境。而随着推理能力的提升，对过去和现在记录的比较，反而将人类推向了更复杂的生活中，进而演化出能够把人从环境中去耦化处理的能力。这种去耦化能力是如何实现的呢？毕克顿如是说：

> 总而言之，这种考古学上记录的观点暗示着大脑的特定区域的演化实现了我们这个物种产生新能力的独特功能。这些功能像推理功能和审美功能很明显地出现在晚期智人。他们的起源可以追溯到直立人，可能更早。这种随后发生的认知能力进展迟缓，并且在史前时代早期人类那里比起推理的跳跃，能够做出更多关联的反应。然而，一旦推理成为可能，那么现代人注定要进入到一个最困难的生活方式中。推理能力导致信念的形成，不仅仅是关于他自身的行为，而且还关于他所在的群体中其他成员表现出来的现在和过去的行为。这样一种心理行为转而开始把人从环境力量中做出去耦化处理。①

认知科学哲学家克拉克将这种从环境中进行去耦化处理的智能称为"封装在主体内（locked-in-agents）"的东西。在《再次创造我们自己》一文中，克拉克在针对斯特林对人与机器的忧虑，尤其对大脑增强术的担心时表示："在我看来这种忧虑的根源，来自一种根深蒂固的我们自身人性（humanity）错误假设的视角。这样一种视角把我们描绘成'封装在主体内'。"② 另外，它还被视为一种不带饥饿感的活动，当然这种

---

① Gazzaniga, Michael S., 1985: *The Social Brain: Discovering the Networks of the Mind*, New York: Basic Books, Inc., p.164.

② Clark, Andy., 2013: "Re-Inventing Ourselves-The Plasticity of Embodiment, Sensing, and Mind", in More, Max. and Vita-More, Natasha. (eds.): *The Transhumanism Reader: Classical and Contemporary Essays of the Science, Technology, and Philosophy of the Human Future*, West Sussex: John Wiley & Sons, Inc.

看法主要是指它对环境不够饥渴,但是对"表征"有足够饥渴。克拉克曾经对认知科学早期研究纲领过度迷恋表征问题视为一种"表征饥渴"(representation hungry),"表征饥渴"同样可以描述为计算机的那种不会对环境产生饥渴的认知观。①

本节通过简单地对认知科学研究的两种路数进行划分,划分出了"心智的新科学1.0"和"心智的新科学2.0",前者是就行为主义而言,是认知科学发起的第一次革命,后者是认知科学发起的第二次革命。认知主义是"心智的新科学2.0"希望摆脱的研究纲领,突出在研究态度、立场和视角的"新"。唐纳德·诺曼在《认知科学是什么?》一文中提道:"我们欠缺一门认知的科学:一门心智的、智能的、思维的科学。"②

四、当我们谈认知时是在谈心智吗?

如前所述,我们可以用"象棋之路"和"孩童之路"来理解心智,也可以从在线和离线理解认知的机制,也可以将前两类理解为封装好的心智观,林林总总让人眼花缭乱,但是指向的仍然是心智的内在能力和外部环境之间的关系。另一种观点,则用明晰和晦暗来对心理能力做出比较。神经心理学家泰勒指出:"知识表征和它们被获取的不同路径之间的关系,以当前有关明晰性(explicit)和晦暗性(implicit)兴趣为基础指向了心理表征。在各种各样的认知领域中(例如阅读、面孔识别、记忆),它已再三被观察到,通向知识的晦暗之路与明晰之路是分隔开的。……神经心理学的证据表明那些病人认知功能的正常施展被测量为一种晦暗的任务,而不正常的认知功能则被评估为明晰的任务。一种晦暗性任务是指一种尝试进入到内在呈现的知识,不用要求主体对那种知

---

① 关于表征饥渴可以具体参考 Clark, Andy., 1997: *Being There: putting brain, body, and world together again*, Cambridge: The MIT Press, pp. 167 – 171.

② Norman, Donald A. (eds.), 1981: *Perspectives on Cognitive Science*, New Jersey: Ablex Publishing Corporation, p. 1.

识有意识地觉知到。相反，一种明晰性任务是指一种要求主体有意识地去使用在产生这个任务过程中特定类型的知识。"① 如果说晦暗性任务意指在线思维，而明晰性任务意指离线思维，那么心智水平或认知能力的智能处理定义应该就不存在了。

毕竟，为了对人类智能究竟是什么、它的认知处理是什么样，以及对心智在这些处理活动中是如何运行等问题做出解释，众多研究者尝试用机器智能对人类智能进行模拟来寻找答案。这种对环境没有饥渴感的离线认知观就诞生了。围绕这种认知观，较为主流的研究表示，或简单来说可以理解为，计算机机器没有面临像人类那样生存上的困难和麻烦，这也相当于说，人类在生存上是有问题的（会遇到困难的），因此它需要通过智能来解决问题，而计算机在生存上是没问题的，因此它没有产生解决问题的需要。而计算机的问题实际上是人需要解决的问题。因此，对于心智、认知和智能的解释，不如说是一种工作原则或研究纲领等观念下的解释，即一种理想化状态下的心智、认知和智能是什么样。

然而，这里我们会面临一个疑惑，在认知科学的著作中经常出现的词汇，例如认知、心智和智能，它们到底是指一个东西，还是各有所指，它们是否有更精确的指示。毕竟，如果它们可以相互替换的话，会不会导致一定的麻烦。本节之所以问"当我们在谈认知时是在谈心智吗"暗含了一个背景的需要，即我们在说心智的延展时，是否与说认知的延展是一样的。如果说延展认知理论是可以接受的，为什么很多人不愿意接受心智是延展的？因此，我们这里有必要处理下心智、认知与智能之间的关系，虽然说这种关系处理起来很困难。但是为了解决这个问题，我们不得不简单阐释三者的差异。

---

① Tyler, Lorraine K., 1992: "The Distinction Between Implicit and Explicit Language Function: Evidence from Aphasia", in Milner, A. D and Rugg, M. D. (eds.): *The Neuropsychology of Consciousness*, New York: Academic Press, p. 159.

尽管我们目前在关于什么是智能的定义上存在争议，也尚未形成统一的解释，但毫无疑问，人的智能是个体的自然智能，人工智能是一个网络的人造智能，这个共识已基本达成。不过，人工智能领域由于研究的需要，就将其划分为学习、认知、决策、推理等各自独立的能力，然而对于人类智能而言，智能必须被视为一种整体上不同层面的表现。更重要的是，智能是认知主体在各式各样复杂的（有可能是未知）环境中，实现目标或完成任务的能力。

说人工智能是一种网络的智能，意味着智能体之间的叠加和组合，而低等生命体的单个智能很弱，例如蚂蚁。然而，一旦它们组合起来就很强。人工智能要求的就是智能体之间的组合。对于人类而言，这个网络构成了人与人的网络、人与自然的网络、人与物的网络。但是，我们会面临一种孤立主义的观点，认为人类的智能是大脑的产物，就像心智一词，用它来理解人类的认知活动，它也是大脑产生的现象。我们可以看到通行的认知科学的书籍都会把心智的本性是什么视为这门学科最基础的问题。[1]

心智的主要能力是处理表征——形成心理表征现象。不过从现实的角度来看，人类的智能演化过程从来不是孤立演化的产物，而是与环境协同演化的产物。因此，这一协同演化史表明人与世界、人与人和人与物构造了这一网络。在动用复杂的环境来充当认知的作用上，现代人比其他生命体略高一等。认知行为学家承认，人类在早期智能发展水平上进展迟缓，或者说等同于动物的心智能力，那是因为环境过于简单，没有太多材料可以处理，因此也没有太多必要产生对过去发生过的事件与当前事件发生之间进行比对的需要。所以，其处理能力都是由当机立断式的决策产生，这被称为在线思维。而离线思维产生于现代人，它能够将信息以心理表征的方式储存起来，这种心理经验是在复杂的环境基础

---

[1] Frankish, Keith. and Ramsey, William M. (eds.), 2012: *The Cambridge Handbook of Cognitive Science*, New York: Cambridge University Press, p. 1.

上形成的。毕克顿对现代人的大脑尺寸进行解释时说："从这点来看，毕竟大脑是为何产生，那是因为它要让它的宿主能够在世界中存活下来，扩大他们的生存机会，减少他们的死亡风险，并维持一切条件来实现生命的延续和生育。"① 我们从毕克顿的话中可以看出，人类所有心理经验、心智能力和认知水平受到唯一一项条件的激发，那就是生存。生存的第一大主题就是与环境联网，或产生相互关系。同时，在锻造这个网络的过程中，人类的在线思维在于处理当下的任务时，立马从环境中快速调取资源的能力来解决问题。

另一方面，在应用离线思维处理上，不是马上与棘手问题遭遇的问题。因此，这时心智处理仅仅解决的是心理表征的内容，而无须顾及环境发生了什么。这种现象被称作表征处理。表征处理无须一个真实的介于人与世界之间的网络，它可以孤立于环境来处理信息。大部分研究者倾向于以这种观点来理解心智，当然认知活动就是这种心智处理的过程。由此可以推断出与心智相关的主题，例如意识可以从计算机那里来发现，用计算机比作人类的认知活动，计算机的信息处理能力就是人类心智的某些独有特性——理性的计算处理过程，即处理表征的过程。

克拉克曾用撰写学术论文的案例说明在线思维，从而表明生物性的大脑由外部的或人工的认知添加物补充进来的作用。他声称："要成为一名优秀的物理学家，你假设完全相信最终的理智的产物都归属于你的大脑：一系列的人类推理。你对此实在太宽厚了。因为真正发生的更像是这样的，大脑胜任某些反复阅读老文献、材料和笔记。当重复阅读这些内容的时候，它由一些零碎的观念和批评产生而做出反应。这些观点和批评随后被记录在文章空白处，保存在电脑硬盘里。大脑随后在清晰的工作表中起到了一种梳理这些数据的作用，添加了新的在线的反应和观点。这种阅读的循环、反应和外部的组织被一而再再而三地重复着。

---

① Bickerton, D., 1996: *Language and Human Behavior*, London: the University of Washington Press, p. 43.

最后，文章写就一则故事、论证和理论。不过这种理智的产物得益于那些重复延伸到环境中的回路。归功于世界中具身的、嵌入的主体。裸露的生物性大脑只是一种空间和时间延展过程的一部分（更重要的和特殊的部分）。涉及大量神经以外的处理，它们的共同行动产生了理智产物。因此这就是一种真正意义上的（我所认为的）'问题求解引擎'是真正全体的概念：大脑与身体和环境一起处理。"[1] 如果我们将跨越大脑、身体和环境的认知系统视为构造在线思维的基本内容的话，心智被视为一种从大脑延展到外部环境的解释势必与强调离线思维式的心智处理模式是大为不同的。因此，心智或智能到底是只有一种还是有多种，确实是一个富有争议的问题。

话虽如此，这里我们暂且又回到之前借用的"网络"这一术语上，谈谈使用这个术语的另一层意图：生命体通过身体、环境和大脑的网络产生认知行为，智能通过脑、身体和环境实现。网络还指认知通过大脑、身体和环境这个整体而形成。明斯基在谈网络时，力图表明智能体和智能体之间的合作，大脑细胞之间联网，这里我们对这个论述进行改造，尽管明斯基不可能是一位延展心智论的支持者，毕竟他早年提出的"框架问题"明显代表了心智内在主义的典范。

明斯基是这样说的："许多科学家都把化学和物理学作为心理学研究的理想模型。毕竟，大脑中的原子和其他所有形式的物质都遵从同样的物理法则。那么我们能用同样的基础原则来解释大脑的功能吗？答案是不能。原因很简单，仅仅知道数十亿脑细胞各自单独的运作方式，我们也无法知道理解整个大脑作为团体如何运作。"[2] 明斯基在此指出的是，大脑中脑细胞之间的相互组合结成网络才能产生大脑的功能。因此对单个脑细胞有足够的认识，也不足以理解大脑何以产生认知功能。所

---

[1] Clark, Andy., 2001: *Mindware: An Introduction to the Philosophy of Cognitive Science*, New York: Oxford University Press, p. 142.
[2] Minsky, Marvin., 1986: *The Society of Mind*, New York: A Touchstone Book, p. 26.

以，理解认知功能的第一步是从单个脑细胞之间组成网络开始。当然明斯基笔下的联网只涉及脑细胞之间的联网。我们的改造是希望实现第二步，即身体的感觉运动和环境的因素激发脑细胞之间联网，以及大脑、身体和环境联网。对于这一点我们也可以借用明斯基的说法来进一步表达这种联网。他指出："为了让饥饿的时候有食物可进食，他就必须参与到某种获得实物为目标的代理中。除非这些信号在养料用尽前就消耗光了，如果这种情况姗姗来迟，它就起不了任何作用。这就是为什么感到饥饿或疲惫并不太等同于他真的饿了或精疲力竭。疼痛或饥饿的感觉是一种有效的'警示'，不只是简单指出危险环境的存在，而且要对危险做出预警，从而在更大危险来临前发出警报。"① 从这些论述中我们可以毫不犹豫地说，身体的感觉和大脑的反应是通过环境联网实现的。然而，最终的目的只有一个，那就是为生存而做出的反应。

出于对本节工作任务的考虑，我们发现对心智、认知和智能的解释还没有完成。现在我们用一种最传统的解释来说一下心智这个术语。虽然前面我们用官方的词典对"心智"做出过解释，但是一般人们能够接受的关于心智是什么的解释，就是将它视为是大脑的产物。像明斯基就说："心智就是大脑的活动罢了。不论我们在何时说一种心智，我们都是说在大脑中的一个状态到另一个状态的过程，并就此把心智和物理的具身性分开。这是因为关注心智就是关注这些状态之间的关系。"② 心智这个术语和认知有着千丝万缕的关系，不过这层关系并不清晰。

在认知科学中，认知的最核心部分被指认为"表征"和"计算"。心理学家加德纳指出，认知科学的关键特征是把二者放在首位。由此可见它们最初在认知科学家眼中具有的重要地位。关于表征这个概念，加德纳指出："认知科学被断定为这样一种合理性的信念基础上——实际必然——假定一种对不同层次划分的分析，其被称为'表征的层次'。

---

① Minsky, Marvin., 1986: *The Society of Mind*, New York: A Touchstone Book, p. 286.
② Minsky, Marvin., 1986: *The Society of Mind*, New York: A Touchstone Book, p. 287.

在以这种层次进行运作时，一位科学家就会遇到表征的实体，如符号、规则、图像——这些表征的东西在输入和输出之间被找到——而且另外，要找到这些表征实体彼此链接、转换和对照的路子。这些层次对于解释人类行为、行动和思维是必须的。"① 表征在认知科学中的地位确保了它成为一门科学，其地位难以撼动，以至于后来但凡对认知科学具有变革打算的，都会打表征的主意，要么是否认表征在认知活动中的作用，要么是弱化它的作用。

另外，加德纳在对计算做出说明时指出："虽说不是所有认知科学家都会把计算机放在他们日常工作的中心位置，差不多所有人都深受计算机的影响。首先，计算机被当作一种'存在—证明'来用：如果一台人造的机器能够被说成是推理、有目的的、修正它的行为、转换信息以及爱好，那么人类在确定行动的方式下被刻画。稍有疑问的是计算机的发明是在20世纪30—40年代，50年代证明'思维'存在于计算机里，这让相当数量的研究者投入到解释人类心智的活动中。"② 在对表征和计算做了中肯说明之外，加德纳对智能做出了广泛解释，与按照传统路数对智能进行解释的研究者相比要开放得多。在加德纳这里对智能做出了多种备选解释，但是对智能的定义归根结底就是解决问题的能力。

加德纳称："一种人类的智能，必定伴随着一组解决问题的能力，使人能够解决自己所遇到的实际问题或困难。"③ 另外，他还说，"智能应当在特定的层次上被看成是实体，它比高阶的计算机制更宽泛，比一般的能力更窄……在细节上比较智能是一个误区。而每个个体都必须被

---

① Gardner, Howard., 1985: *The Mind's New Science: A History of the Cognitive Revolution*, New York: Basic Books, p. 38.
② Gardner, Howard., 2011: *Frames of Mind: The Theory of Multiple Intelligence*, New York: Basic Books, p. 40.
③ Gardner, Howard., 2011: *Frames of Mind: The Theory of Multiple Intelligence*, New York: Basic Books, p. 64.

视为具有自己规则的各自的系统……智能最好被看成是行动的一般程序。"① 后面我们还可以看到，高阶和低阶的划分与前述划分的几种原则与 know-that 和 know-how 的划分原则也很类似。后面会详谈该原则。我们暂定将上述经二元划分的后一类原则用来介入"延展心智论"的讨论。

认知、心智和智能是一个整体的不同表现，不论是个体发展还是人类演化，环境对认知的演化和发展的限制，表现出了人类的心智能力和智能。按照经典的观点，认知是一个知觉处理的过程，如果说认知有一个标志，则需要对此做出两方面说明。罗兰兹认为，"一方面存在着心智的自然化的哲学工作，我们或许会把我们自己——理智地，但我认为错误地把我们自己——把认知作出一种还原的定义，确切地说完全是非认知的（或者说至少不是完全是认知的）。另一方面，存在着认知科学所要理解的认知过程如何运行的工作。这一工作由功能上把这些过程分解为更细小的组成部分构成。要介入到这些工作中，我们就不需要一种对认知做出自然主义的还原论处理——就像把认知按照非认知的术语来定义。"② 这样可以说，一旦我们将认知看成是知觉的过程，那么认知科学的工作就是要研究这个过程。因此，当我们说认知时，是与那些非认知的事情区分开的。

很自然地，当认知作为一个正常的研究对象，就不会认真对待非认知的事。但是，不正常的情形也时有发生啊！例如我们曾到过一地，对这个地方有点印象，但是不是很深刻。当我们第二次到这个地方时，尤其是在辨识道路出口时，我们会找一个外部的标志提取自己的记忆储存——找到这个曾经走过的路口，而这个外部标志就是一个外部结构。

---

① Gardner, Howard., 2011: *Frames of Mind: The Theory of Multiple Intelligence*, New York: Basic Books, p. 72.

② Rowlands, Mark., 2009: "Extended cognition and the mark of the cognitive", *Philosophical Psychology*, Vol. 22, No. 1, p. 7.

如果它不能成为完成这项认知任务的一个要件，它是非认知的事件，那么环境对于知觉的形成就毫无意义了。问题在于我们在研究时，打算将认知看作什么。同样，如果心智仅仅被视为一种完成计算任务的实体或者说一个处理器，那么与智能这个术语相比较，人类或许有很强的计算能力，但是 TA 的智能未必可以超过其他生命有机体。这相当于说，人类的心智计算能力很强，但是在智能层面上很弱。这究竟是怎么回事呢？众所周知，研究者们曾深信，经历了漫长的演化，只有人演化出了智能。这个观点随着人工智能的发展，以及认知科学的发展，已经越来越多受到怀疑。尽管目前我们对于定义认知、心智和智能还很困难，但是可以接受的是，它们并非是在我们研究认知事件时，随意可以被分离开的。另外，我们还需要注意的是认知、心智和智能与大脑的关系，以及它们与环境的关系。

五、大脑是心理能量储藏所吗？

明斯基曾在《心智社会》一书中，批评科学界所公认的心理活动支撑的力量来自"心理能量"的说法。对于这种谬见，明斯基指出："现代科学家们用能量一词，虽然意思窄了一点，但是还算准确，不仅更清楚地解释了为什么引擎在燃料耗尽时会停止运行，而我们的身体也是如此，我们体内的每一个细胞，包括那些大脑内的细胞都需要以食物和氧的形式的某种化学能量。……现在很多人天真地认为我们高阶的心理程序也具有类似的需求，而它们所需要的是某种其他形式的燃料，一种神话般的心理能量（mental energy）。"[1] 明斯基认为心理能量是一种错误的说法。话虽如此，但是问题仍然存在。也就是说，虽然我们可以拒绝承认心理活动靠心理能量来维持，但是我们也没有办法回答这个问题："如果我们高阶的心理程序并不需要多余的类似的燃料或能量的物质，

---

[1] Minsky, Marvin., 1986: *The Society of Mind*, New York: A Touchstone Book, p. 283.

那又是什么让我们觉得它们好像有这种需求呢？"① 明斯基表示，对这类问题的追问，实际上是幻觉。

我们不妨想象这些情况，在工作时"思如泉涌"和"枯竭"，心理愉悦感的产生和受到侮辱时会加重情感伤害。这表明确实需要对心理活动的产生做出说明，并加以衡量。很显然用以衡量的单位放在心理活动的质量上，就会犯上述的错误。原因在于这种"神话般的能量"被看成是一种/一类/一个"东西"。所以，当我们说我的痛苦是大脑中的一种"东西"时，意味着它是大脑中的某种物质。其实我们都知道，我们的生理反应和心理反应的关联，比如当一对初识的恋人坠入爱河，脸红心跳时，这是大脑多巴胺分泌的结果。由此，我们认为多巴胺是"爱"的最好证明。但是，请想一想这对恋人生活在一起已经很长时间时，恐怕在两人的大脑中分泌的多巴胺会明显下降。这时，我们很难确定的是，因为多巴胺的下降会影响婚姻的质量。换言之，质量的分析在明斯基看来是对心理能量的误解。因此，明斯基建议换成数量来看待这个问题，他解释道："当我们无法比较不同事物的质量时，就会转而从数量上进行比较。"② 这里可能会有这样的疑问，多巴胺的数量不是下降了吗？并不是多巴胺的质量下降了。我们刚才希望表达的是一对爱人的爱是一个数量问题，在多巴胺下降、爱的质量不变的情况下，多巴胺的数量变化了。

这里经明斯基提示，我们联想到"延展心智论"中所涉及的对心智问题进行评估的话题。根据物理学主义的一般性假设，心智是一种心理现象的物理事件反应，这个事件是大脑神经网络运行的产物。如果能被允许的话，心智哲学传统中运用物理学主义刻画心智现象采用的是明斯基所称的质量分析，这种分析对心理能量的解答给出了很好的说明。

假如我们采用明斯基的数量分析来解释"延展的心智"，并把这个

---

① Minsky, Marvin., 1986: *The Society of Mind*, New York: A Touchstone Book, p. 283.
② Minsky, Marvin., 1986: *The Society of Mind*, New York: A Touchstone Book, p. 284.

数量与明斯基所提到的货币、交换和价值的比喻联系起来,那么对被克拉克和查默斯称为心智延展到记事本上的奥托(Otto)来说,这种心智延展的实现要用奥托与记事本相互作用的条目来衡量。明斯基说:"在一种相似的方式上,我们大脑中的一组智能体也可以开发出某种'数量'来对彼此之间交易进行记录。确实,智能体比人类更需要这种技术,因为它们更不懂得欣赏彼此所关注的内容。但是如果智能体需要'支付通行费',它们能拿什么来充当货币呢?"① 交易意味着交换双方通过这种行为使得双方或另一方得到满足。这里的一方是指,当我们说"如沐春风"时,满足的并不是春风,而是在春风中的我得到满足。这种满足一方的"交易"不太像市场交换中的各取所需。正如奥托通过查阅记事本后成功完成认知任务的情况是一样的。成功找到目的地的奥托感到满足,一项认知任务得以完成是因为在记事本的辅助下实现。明斯基说:"把愉悦感和财富看作等价物是非常有用的。"② 这种等价关系就是"均等原则"。

"均等原则"的提出是这样的,亚当斯和鲁珀特等人在批评克拉克和查默斯时指出,他们把尹佳调动自己的聪明才智,借大脑中储存的目的地的记忆找到目的地,和奥托通过查阅记事本看成是等同的说法是一种谬误。但是我们从明斯基的等价物的观点来看,假设愉悦感代表成功,因为一个事件的实施不能达致成功是不会产生愉悦感的,愉悦感产生是大脑得到犒赏的结果。在这场交易中,大脑中的记忆对于尹佳来说是财富,而对于奥托而言记事本就是他的财富。虽然我们不能把他们的财富看成是等同的,但是我们可以将他们完成认知任务所获得成功的愉悦感看成是等同的。因此作为裁判,我们不能说尹佳完成的认知任务要优于奥托。

但是即便如此,仍然存在如下困境。例如我们想象一下参加考试的

---

① Minsky, Marvin., 1986: *The Society of Mind*, New York: A Touchstone Book, p. 284.
② Minsky, Marvin., 1986: *The Society of Mind*, New York: A Touchstone Book, p. 284.

学生。老师在考试前交代考试注意事项，其中提到禁止在考试期间翻阅书目和参考资料，乃至是被学生加工过的小纸条。假设两个情况：

（甲情况）A 同学认真做题完成考试，因为他将书本背得滚瓜烂熟，考出了全班唯一的一百分。而 B 同学因为贪玩，考试前本打算作弊的，但是没想到小纸条被老师没收。于是，交了空白卷，得了全班唯一的零分。

（乙情况）A 同学认真做题，和前一情况一样，得了一百分。B 同学因为运气好，抄到了小纸条的内容得了一百分。

在任课老师看来，（甲情况）中的 A 是优等生，B 是差生。（乙情况）中 A 和 B 都是优等生。这里按惯例，我们显然只同意（甲情况）是可以发生的，（乙情况）是难以接受的，就像反对者不接受延展的心智一样，但是反对者不会说奥托不道德，作弊。这里有一个根本障碍就是反对派看中的是质量，就像奥托借助记事本完成认知任务的质量低于尹佳一样。为什么会产生这样的错觉呢？原因在于我们按惯例把心智的计算视为大脑中完成的事件，而没有看到心智与外界进行交换的过程。这个交换可以是信息交换。因此，信息也可以分为大脑信息的静态处理（早期人工智能采用的符号表征处理）和大脑与外界动态的交换的信息。

跟前面引用明斯基的话一样，我们可以毫不犹豫地说，心智发生在大脑内，就是大脑的活动罢了。不论我们在何时说一种心智，我们都是说在大脑中的一个状态到一个状态的过程，并就此把心智和物理的具身性分开。这是因为关注心智就是关注这些状态之间的关系，而这事实上是与这种状态本身的性质是不相干的。

那么，这样势必会有人认为，（Ⅰ）心智在大脑内，（Ⅱ）大脑产生心智。对于（Ⅰ），我们如果持肯定意见的话，那么（Ⅱ）大脑产生的心智，这个心智流出大脑当然是一种可笑的说法。（A）如果大脑产生心智,作为物理器官的大脑是如何产生心智的呢?大脑的物理特性的解释,是否可以用同样的方案认为心智也是物理的呢?(B)如果大脑产生心智,作为物理的大脑是否是在物理环境中产生的心智?换言之,心智的产生是一个固有的内容还是大脑与环境互动的产物。如果主张(I),意味着心智产生的固有内容是心智模块先天所具有的能力。这大概就是心智模块说的观点。如果主张(II),那么是不是像洛克理解的心智的白板说,是后天大脑对环境的产物呢?

对于大脑与心智的关系,我们不妨先回顾下心—脑同一论的基本观点。在2007年更新的《斯坦福百科全书:心—脑同一理论》词条中,开篇词条撰写者斯马特即指出:"心智的同一性理论认为,心智的状态和过程与大脑的状态和过程是同一的。严格地讲,它无须认为心智是与大脑同一的。惯常我们用'她有一颗好心'和'她有一个好脑子'是可替换的,但是我们很难说'她的心智重达50盎司'。这里我把心智和大脑识别为存在识别过程以及或许是心智和大脑的状态的一种物质(matter)。试想一次疼痛的经验,或看到某物,或具有一种心理图像。心智的同一性理论大意是指这些经验就是大脑的过程,不仅是与大脑的过程相关。"① 与种种类似的心智处在大脑内的观点相对应,延展心智论把心智看成横跨在大脑、身体和环境的产物,这种看似漫不经心的理论比起传统理论的那种严苛确实难以让人接受。如果延展心智论不支持大脑是心理能量的储藏所,也不会支持心智是一个封闭的档案柜。因此简单来说,延展心智论的模型是:在完成任务时(并不是总是),心智需要通过身体和环境中的积极信息来完成。

---

① https://plato.stanford.edu/entries/mind-identity/

第二章　延展认知与认知边界的对话

本章涉及三部分内容，第一节将梳理延展认知的理论发展历程，其中包括与它具有近似风格的理论，像偏重于社会学的美国社会学家米德的符号互动论。当然，从较近的理论源头来看，主要来自心智哲学的外在主义。所以，这一节的主要任务是处理延展认知的理论源头、成型和发展，简要介绍延展认知发展的三个阶段及其扩散。第二、三节将把注意力集中在当前延展认知向其他邻域扩散的具体表现。通过陈述延展认知假设的论证策略，回答它能否成为一种认知科学旗号下的科学，并尝试回答延展心智论是否能够实现认知科学的目标。在第四节陈述这个理论提出的三个论证策略，它们也是延展认知假设遭受批评的主要方面。有关延展认知假设问世之初遇到的一些理论挑战，主要来自"认知的边界"和"心智的标志"的质疑，这个问题交由第五节和第六节处理，延展心智论备受瞩目的地方来自延展认知假设所面临的挑战，以及它与认知主义之间的对话，这场对话是延展认知假设登场的一个重要方面。

一、延展认知的理论源头、成型和发展

本节笔者关心的是延展认知理论的形成过程，或者说在理论上有没有除了它的经典文献之外更早的类似设想。当然，更早的话如果说一百年前或五十年前还没有诞生查默斯所说"iPhone 已经担当起我们大脑的

中心功能"① 的时代。很显然，从社会历史背景上来看，延展认知与需要找到的经典文献之间肯定会有一定的距离。按照马克思式的观点看，这个距离是生产力层面的距离。即使今天人类的认知水平和能力与几万年前的尼安德特人有所区别，但是从演化的历史来看这个距离是可以得到解释的。所以，我们的讨论既要看到延展认知提出的现实意义，又要看到历史长河中人类认知和心智演化的进程。这里的目的很简单，希望从过往的历史中找到与延展认知相类似的说法，从而为延展认知的哲学基础找到更多合适的或有支持力的理论。

波兰心理学家博布里克在 2002 年左右注意到"延展的心智"这个理论假设在社会学家乔治·米德的《心智、自我和社会》（1934）一书中就有了雏形。博布里克在此书的注释中找到了踪迹。米德表示："如果心智是被社会地构成的，那么任何个体心智的位置或地点就必须延展到社会行为或装置的社会关系上，让心智变得延展，并且这个位置不能被圈定在个体有机体所归属的皮肤的边界上。"② 在对米德进行分析后，博布里克还注意到美国波士顿大学社会学研究者库尔特的《心智的社会建构：民族方法论和语言哲学中的研究》一书。该书作者希望为一门心智的社会学建构提出一些原则，并借助维特根斯坦的心智哲学传统指出，自笛卡尔以来主客二分给社会学和心理学思维带来的灾难。库尔特在书中指出："对于人而言，是否真有必要把心理内容假定或归咎于确定的研究社会行动的一部分呢？社会环境和'心理的'状态之间的关系是什么，以及对这样的过程做出什么样的说明？有没有关于心智的本质上私人的部分呢？"③ 而实际上我们可以注意到的是，心智的建构在社会

---

① Clark, Andy., 2008: *Supersizing the Mind: Embodiment, Action and Cognitive Extension*, New York: Oxford University Press, p. ix.
② Bobryk, Jerzy., 2002: "The Social Construction of Mind and the Future of Cognitive Science", *Foundations of Science* (7), p. 481.
③ Coulter, Jeff., 1979: *The Social Construction of Mind: Studies in Ethnomethodology and Linguistic Philosophy*, London: The Macmillan Press Ltd.

学理论中或倾向于社会学的研究中关注比较多，米德的相互作用论作为社会心理学的经验理论就是一例。而与米德同年（1894年）进入芝加哥大学工作的另一位哲学家约翰·杜威同样属于这样一种理论倾向的人物。在本书第七章第四节和第八章第四节笔者会专门讨论实用主义视野下的心智观和认知观。

博布里克在《心智的社会建构和认知科学的未来》中推测米德已经关注到了和"延展的心智"类似的话题。博布里克认为"心智的社会构造"是一种表达：在互联网和个人电脑世界获得一种新的意义。"在今天，心智的'社会构成'意味文化建构和社会规划，并且'一个个体心智的轨迹'延展到计算机设备和计算机程序上"。[1]为了完成这一论证，作者第一步从1972年马尔科姆有关认知结构和过程的神话的批评开始，看到在哲学家和心理学家说"认知过程"和"认知结构"这样的术语时，其实是不清楚的。实际上，像"期望""企图""辨识"等术语并不能被指示为行为背后隐藏在大脑和内在的过程，而是行为的方式或倾向于做出行动。

第二步在借助1980—1984年塞尔的中文屋思想实验进行论证时，作者最后得出结论认为，计算机不能理解语言，但是人和计算机构成的系统能够理解语言，这样表明理解语言实际上意味着理解语言分布处理的过程。

第三步是对1934—1973年维果茨基和卢里亚高阶心理功能的说明。在维果茨基那里，他认为文化发展意味着心理和神经活动之间的关系。这个观点被卢里亚用动力学的进路对心理功能的神经定位进行研究，高阶心理功能不能严格限定在某个"中心"上。作者进一步认为内在的心理功能需要得到文化的意义和工具的支持，所以功能系统的延伸扮演着特定的功能。

---

[1] Bobryk, Jerzy., 2002: "The Social Construction of Mind and the Future of Cognitive Science", *Foundations of Science* (7), p. 482.

第四步是进入 1999 年克拉克和查默斯提出的延展心智论的场景。在简单回顾奥托和尹佳案例后，作者认为计算机能够具有信念和其他心理状态，它是一个积极的装置能不通过任何人来使用它储存的信息。由此，可以说奥托—记事本相信展览馆在 53 号大街，尹佳相信展览馆在 53 号大街，计算机相信展览馆在 53 号大街，而这恰好是认知科学需要探索的地方。

第五步是作者讨论的重点，他希望借特瓦尔多夫斯基行动和产物（products）理论来说明，虽然"计算机理论不算思维的心理理论，不过我们可以发展出一套一般的功能系统的理论来执行各种各样的认知任务。这些功能系统可以由纯粹的自然部分组成，也可以由自然和人工部分组成"。接着作者在对未来认知科学展望时说："未来的认知科学是对以下内容的实现：文化和社会构成了新的功能系统，并发展出新的人类认知能力和功能。为了理解这些新的功能系统，我们不得不发展出一种特别的概念工具；我相信行动和产物理论或许可以提供一个起点。"[①] 可以预想认知科学的未来发展为一种"延展的"和社会建构的心智科学是其中一个趋势。

从总体上看，博布里克的这篇文章还算不上对延展心智论缘起刻画的文章，但是其中有两点是值得重视的：一点是注意到米德在这方面的贡献，但是作者没有详细说明；另一点是延展认知的经典案例对本书构想未来认知科学发展提供了富有意义的例子。

下面我们再来看看萨顿在《外显图形和跨学科：历史、延展心智和文明进程》一文所给出的延展心智论的两波发展划分。该文一开始总结了延展心智论的一般信条："外部符号系统以及其他'认知人工物'并不总是简单用品，仅仅对于积极的心智使用和受益，而是在特定的环境中，连同大脑和身体一起与它们相互作用，它们是心智（的部分）。对

---

① Bobryk, Jerzy., 2002: "The Social Construction of Mind and the Future of Cognitive Science", *Foundations of Science* (7), p.494.

于克拉克而言,'这些附加的东西是我们基本的人类本性,利用和涵盖非生物性的事物深入到我们的心理文件夹中'。人类的心智是'有漏洞的',正因如此它才延展出皮肤到所吸纳的外部设备、技术和他人,以及因为我们可塑的大脑自然而然地吸收了标签、内在对象、表征图示、内在化的和合并进来的资源,还总是在一种新的方式中不停调动这些资源。"① 萨顿认为,截止到 2010 年延展心智论经历了两波主题的发展,第一波是均等原则:"当相关世界的功能部分以同样的方式充当头脑中的认知过程,认知状态和过程延展出了大脑,直到(外部)世界。"② 第二波是互补原则:"在延展的认知系统中,外在的状态和过程不需模仿和复制这种格式、动力学或内在状态和过程的功能。而是整个系统的不同组成部分能够扮演着不同的角色,而且在耦合到群体的和互补的对弹性思维和行动有贡献时,具有不同的特性。"③ 实际上,除了这两个原则外,还有一个耦合构成原则。笔者会在后面展开对这三条原则的讨论。

在另一篇关于延展认知发展阶段类似的划分文章中,卡什介绍,延展认知的提出,成就了它的第一波浪潮,第二波来自那些提出整合论的拥护者,第三波主要表现为社会分布式认知。④ 就笔者掌握的资料来看,第一波延展心智论的提出大概是从 1998 年—2010 年的十年中,主要集中在与认知的边界有关的争论上。第二波主要集中在拥护者对认知主义者反驳的回应。第三波即为下一节中介绍的与社会(认知)和社会学路

---

① Sutton, John., 2010: "Exograms and Interdisciplinarity: History, the Extended Mind, and the Civilizing Process", in Menary, Richard. (eds.): *The Extended Mind*, Cambridge: The MIT Press, p. 190.

② Sutton, John., 2010: "Exograms and Interdisciplinarity: History, the Extended Mind, and the Civilizing Process", in Menary, Richard. (eds.): *The Extended Mind*, Cambridge: The MIT Press, p. 193.

③ Sutton, John., 2010: "Exograms and Interdisciplinarity: History, the Extended Mind, and the Civilizing Process", in Menary, Richard. (eds.): *The Extended Mind*, Cambridge: The MIT Press, p. 194.

④ 参见 Cash, Mason., 2013: "Cognition without borders: 'Third Wave' socially distributed cognition and relational autonomy", *Cognitive Systems Research* (25 – 26), pp. 61 – 71。

数相关的研究。

2019年基尔霍夫和基弗斯坦因合作了《延展的意识和预测处理：第三波视角》，在书中作者将第一波延展的心智视为具有功能主义意味的假设，均等原则也成为这个时间段讨论的热点。① 在第二波的分析中，相对第一波围绕均等原则展开交锋之外，这个时期有提出互补论证的，有提出整合论证的，有提出操作论证的。② 作者指出，互补性和转化之间存在的张力为第三波的登场打开了通道。不过与前面的研究稍有区别的是：一是延展心智论经历了20年发展，文献材料充足，对这个主题的研究具有重要意义；二是经历了各种争论后，对于新路数的扩展工作也变得多起来。由此，该书作者为第三波发展做了总结，主要表现在四个方面："（1）动态奇点和不固定的特性：某些认知过程被因果网络构成，用内在的和外在的轨迹组成一个单一的认知系统。换言之，认知处理没有固定的性质，但是由横跨不同维度的不同轨迹来组成。（2）灵活而开放的边界：心智的边界并不是固定的和稳定的，而是零碎的和来之不易的，而且总是对协商而开放着。这个原则遵循着原则1和3，如我们后面所言。（3）分布式装配：认知系统的装配并不总是有单个智能体精心安排的，而有时候是分布在一个限定的关联中，其中某些限定是神经的，有些是身体的，有些是环境的。（4）共时性构成：认知本质上是当下的和动态的，展现出不同的行为尺度。"③

简单来说，延展认知的理论发展呈现出几个特点。第一，有没有边界，这个涉及心智和认知的定位问题。毕竟，在一个认知主体和一块石头进行互动时，我们还能给出强的论证说"心智延展到了石头上吗"。

---

① Kirchhoff, Michael D. & Kiverstein, Julian., 2019: *Extended Consciousness and Predictive Processing*, New York: Routledge.
② 这一点在基尔霍夫2011年的论文就已经注意到。参见，Kirchhoff, Michael D., 2012: "Extended Cognition and Fixed Properties: Steps to a Third-wave Version of Extended Cognition", *Phenomenology and the Cognitive Sciences* (11), pp. 287-308。
③ Kirchhoff, Michael D. & Kiverstein, Julian., 2019: *Extended Consciousness and Predictive Processing*, New York: Routledge, p. 16.

第二基于第一展开了关于论证上的基本原则的争论（均等原则、互补性原则和耦合构成原则）。第三，社会的分布式认知过程具有更多亲缘性，而与具身认知和生成认知之间的紧密度高不高，一同汇聚到有没有边界的问题上。

从上述的讨论来看，如果要在哲学上为延展认知的哲学基础找到更早的缘亲，在笔者看来这条线路可以刻画为黑格尔—杜威—米德，这条路线正好是偏重于能与演化论融合的实用主义。从理论上看，这条路线和客观主义（经验自然主义）走得更近，而不是主观主义（理念主义/心理主义），当然在心智哲学上它和心智的外在主义走得更近，而不是内在主义。另外，对延展心智论的发展，主要起源于一种新的认知观和外在主义心智哲学，在与内在主义进行争论中得到成长，最后在多方面得到扩散。当然，考虑到后面会对延展认知的整个登场和论证，以及争论进行论述，本节就不对《延展的心智》[①] 一文做过多介绍。

二、扩散中的延展认知

延展心智论是英国爱丁堡大学哲学家和认知科学家克拉克与哲学家查默斯共同提出的一个设想。这个设想一经提出就在认知科学领域引起了轰动，一开始（1998年文章的发表）只是在哲学圈内引起小范围争论。在这些争论里，有的是为这个设想进行辩护的，也有对这个设想提出质疑的，经过几个回合后，这个话题慢慢被汇聚起来。后来这个话题又逐渐扩散到神经科学、心理学、语言学人工智能和机器人学等领域。在过去的20余年中，延展心智论携同延展认知成为认知科学领域的热门话题之一。回顾这段历史也是一次非常有趣的旅行。在前一节笔者简单介绍了延展心智论的提出和受到关注的几个方面。本节笔者将检审经

---

① Clark, A. and Chalmers, D., 1998: "The Extended Mind", *Analysis*, Vol. 58 (No. 1): 7-19.

过两波发展后的延展心智论,以及它的扩散情况和影响范围,这个梳理工作对于我们理解和应用延展心智论包括为它辩护是极其有意义的。

首先,当前延展心智论所受到的关注,主要表现在以下五个方面。

第一,在神经科学领域得到的一些关注。研究者将延展心智论与神经哲学进行对照研究的有切梅罗的《问问脑袋里装有什么:神经哲学与延展心智相遇》,文中对神经科学中的还原论提出质疑,并提出神经科学应该尝试考虑大脑—身体—环境系统。[①] 马福德讨论了延展的心智在神经科学中的实践,作者看到大脑成像能够通过大脑的刺激模式以及对特定位置的匹配来假设心智和认知,神经科学家们建议把研究者的环境视为对认知处理是有贡献的,因此这样一种带有STS(科学技术学)视角的研究使作者注意到分布在人与人工物的工作,以及身体与外部环境之间的相互作用。这种实验室的人种志研究促使神经科学研究从常规的心智仅仅在大脑的边界内的视野中脱离出来。[②]

第二,在心理学引起反响的是瑞士心理学家科勒在考虑心理学以机器为范式面临的危机时,呼吁重视这一危机。作者认为,产生这一危机的原因在于机器范式不允许把心理学和行为科学整合在一起,这种不利因素自然会影响到认知科学的发展。鉴于此,作者提议用有机体范式作为替代方案,它能够将生物的特性和功能搭建在一起。毕竟,像神经心理学只对高阶的心理功能感兴趣。最后,作者通过马克思的辩证唯物论来为有机范式提供一种理论工具。[③] 随即,日本立教大学的河野哲也则对科勒的文章作出回应,认为即便是用有机体也不能表达清楚人类心智的特征,毕竟它只处在身体中。最后,河野建议通过延展心智论来为心

---

① Chemero, Anthony., 2007: "Asking What's Inside the Head: Neurophilosophy Meets the Extended Mind", *Minds & Machines* (17): 325-351.

② Mahfoud, Tara., 2014: "Extending the mind: a review of ethnographies of neuroscience practice", *Frontiers in Human Neuroscience* (8): 1-8.

③ Kohler, Alaric., 2010: "To Think Human out of the Machine Paradigm: Homo Ex Machina", *Integrative Psychological and Behavioral Science* (44): 39-57.

理学开辟新的范式,因为心智的实现既不是在大脑中,也不只是在身体中,而是在大脑—身体—环境的整个系统中,人类的心智栖居于中介的工具、人造物和人工环境的相互作用中。① 在心理学中,延展心智论得到独有的重视。当然,在这个领域中类似的讨论还有很多,笔者就不穷举了。

第三,将延展心智论与演化论进行对接的有新西兰惠灵顿大学的研究者杰法雷斯。他在《工具和心智的协同演化:在古人类世的认知和物质文化》一文中讨论了工具在塑造我们思维时的重要作用。文章指出通过考古学的证据揭示世界和我们演化的祖先的认知之间存在一条反馈回路,工具与心智的协同演化告诉我们认知能力可以通过工具作为证据揭示,认知以物质文化的变化而变化。② 伦敦政经学院的舒尔茨在《超越外延:延展心智和从演化生物学而来的论证》一文中将延展心智论与道金斯的"延展表现型"和"发展系统论"进行对接。③ 在演化论方面还值得一提的是研究者对环境对演化起到重要作用方面的重视,尤其以利基建构为主。斯特雷尼在文章《心智:延展的或脚手架式的》中指出,环境对我们认知能力的增强和扩大提供了非常重要的资源,认知主体与世界之间的利基建构使得认知工具和其他信息资源能够支撑或搭建我们智能行动的脚手架。④ 斯托兹指出,人类本性必须是被他的认知—发展的利基不可避免的产物,其包括了大量文化和符号的支撑。⑤ 因此,大致可以说,从演化的角度来看延展心智论至少有两个切入点,一条是心

---

① Kono, Tetsuya., 2010: "The 'Extended Mind' Approach for a New Paradigm of Psychology", *Integrative Psychological and Behavioral Science* (44): 329–339.
② Jeffares, Ben., 2010: "The Co-evolution of Tools and Minds: Cognition and Material Culture in the Hominin Lineage", *Phenomenology and the Cognitive Science* (9): 503–520.
③ Schulz, Armin W., 2013: "Overextension: The Extended Mind and Arguments from Evolutionary Biology", *European Journal Philosophy Science* (3): 241–255.
④ Sterelny, Kim, 2010: "Minds: Extended or Scaffolded?", *Phenomenology and the Cognitive Sciences* (9): 465–481.
⑤ Stotz, Karola., 2010: "Human Nature and Cognitive-developmental Niche Construction", *Phenomenology and the Cognitive Sciences* (9): 483–501.

智和工具的协同演化,另一条是比环境更小的单位——利基。笔者的博士论文《认知边界的哲学问题》第五章《再论认知转向》专门强调延展心智论以"做"为起点,区别于以"看"的传统为起点的认知观,而利基建构恰好是康德的建构论在生物学和演化论中的应用。这一点将在本书的第九章展开说明。

第四,从社会(认知)或社会学角度对延展心智论加以发展的相关论证相对较多。社会认知与知识论和社会对接这个主题有关。例如,较早在戈德曼的《在社会世界中的知识》一书和另一篇文章《社会认知是具身的吗?》(2009)中有所体现。除了将认知与社会结合之外,更多表现在分布式认知层面,这也是延展认知背靠最紧密的认知理论。例如,1995 年出版的《荒野中的认知》,这是一部富有创见的人类学著作,作者人类学家哈钦斯通过描述水手们在航海途中借助外部表征完成认知任务的经典案例,成就了"分布式认知"这个概念。除此之外,该书还专门讨论了文化认知。相比传统的认知主义范式下的研究来说,分布式认知和社会认知的视野更开阔。[①] 2007 年罗斯与其他几位同事编辑了《分布式认知与意志:个体的决断和社会场景》一书,收录了包括丹尼特和克拉克在内的一系列研究论文。罗斯介绍,将意志研究放在科学的背景下,是从笛卡尔开始的,但是一直以来意志被限定在大脑和身体有关的认知主体、个人、自我或心智上。罗斯希望借助分布式认知和社会动力学来拓宽对意志的研究。[②] 后来吉尔和马弗特的《分布式认知:认知和社会交汇在何处》(2013)一文对认知和社会的统合分布式认知系统做了讨论。[③] 延展认知和它们一样与传统的认知主义的区别在于更多考虑社会和文化,当然还有身体和环境。2002 年,博布里克在《心智

---

① Hutchins, Edwin., 1995: *Cognition in the Wild*, Cambridge: The MIT Press.
② Ross, D., et al (eds.), 2007: *Distributed Cognition and the Will: Individual Volition and Social Context*, Cambridge: The MIT Press.
③ Giere, R N., & Moffatt, B, 2003: "Distributed Cognition: Where the Cognitive and the Social Merge", *Social Studies of Science* (33: 2): 301–310.

的社会建构和认知科学的未来》一文中认为，认知行为所使用的记号并不仅仅依赖于心理的或大脑的（内部的）处理，还与个体心理处理的外在文化的组织相关。① 该文对我们后面梳理延展心智论的成型具有积极的意义。就在笔者考察延展心智论可能存在的一些更早的理论起点，即关注心智和社会等方面的互动的理论时，乔治·米德的《心智、自我和社会》一书进入了笔者的视野，后来在博布里克文中又进一步得到确证。

笔者在2011年的博士论文《认知的边界研究》写作过程中，已经意识到认知科学在这方面的发展趋向，本书也是对当时想法进一步研究的呈现，尤其是所强调的社会学主义。我们注意到这方面刊发出来的文章多数集中在这个时间段。例如，澳大利亚麦考瑞大学萨顿等人合作的《记忆的心理学，延展认知和社会分布式的记忆》一文，通过考察外部资源来构成认知处理，并强调延展认知和分布式认知的意义，从而提出社会记忆。该文同样对认知主义的内在主义发起了攻击。② 2012年，斯伯丁在著名刊物《现象学与认知科学》上组稿，讨论社会认知。2013年《认知系统研究》杂志以《社会化延展心智》为题组稿讨论社会认知，这是延展心智以专门形式出现在社会认知的专题里。河野哲也在2014年进一步将社会的延展心智与拉图尔的行动者网络结合起来。③ 到2017年罗茨谢弗讨论了延展心智论中思想实验的奥托是否具有延展心智，从动力系统理论和社会文化的群体选择视角给出论证。④ 从以上的论题聚集的内容来看，关于延展心智论（延展认知）与社会认知，以及

---

① Bobryk, Jerzy., 2002: "The Social Construction of Mind and the Future of Cognitive Science", *Foundations of Science* (7): 481 – 495.

② Sutton, John. (et al.), 2010: "The Psychology of Memory, Extended Cognition, and Social Distributed Remembering", *Phenomenology and the Cognitive Science* (9): 521 – 560.

③ Kono, Tetsuya., 2014: "Extended Mind and After: Socially Extended Mind and Actor-Network", *Integrative Psychological and Behavioral Science* (44), 329 – 339.

④ Rottschaefer, William A., 2017: "How Otto did not extended his mind, but might have: Dynamic systems theory and social-cultural group selection", *Cognitive System Research* (45): 124 – 144.

将心智投放到社会的视角，或者说用社会学主义的视角来看，焦点比较明显的。

第五，延展认知进入到心智哲学领域的讨论。克拉克和查默斯在《延展的心智》一文第二部分的提议就比普特南和伯吉的心智外在主义改造得更积极。普特南和伯吉认为，人们在想什么和相信什么不仅依赖于它们如何如何，而是依赖于他们物理的、社会的环境的特性。于是在此基础上，理论家们做出了心理内容的宽和窄之分。宽内容更看中环境的影响，而窄内容则不然，更看中个体内在的特性。例如，伯吉主张反个体主义即是对窄内容的反对。故此，窄内容也往往视为是个体主义的代表。可是按照传统的心智哲学，尤其是对表征的热衷而言，延展心智论实在是够不上心智哲学的这条线，毕竟它对个体表征不感兴趣，好在它借助心智的外在主义正式坐上了心智哲学的班车。

此外，克拉克在《具身性和心智哲学》一文中称："认知科学在某种意义上是心智的科学。而在近些年逐渐崭露头角的主题是关于物理的身体和本地环境间的作用，以促成适应的成效。"[1] 克拉克在文章中谈到，过去把认知看做内在的与世界相分割开的孤立主义模式虽然不断被挑战，但是反孤立主义的路子却不是很清楚。极端的反孤立主义实际上把人类看做一种后笛卡尔式的主体，克拉克在文中给出了一种相对较弱的反孤立主义论证，并认为尽管笛卡尔式的认知科学看中去耦化的推理，但是最小化笛卡尔主义能够保证认知科学不会走上孤立主义的老路，也能够将环境延展的路子与大脑、身体和世界联系起来，并延展出这个边界。克拉克的这篇文章已经暗示了即将登场的《延展的心智》一文的最初想法。

在2007年瑞士日内瓦举行的欧洲哲学和心理学学会会议上，来自

---

[1] Clark, Andy., 1998: "Embodiment and the Philosophy of Mind", in O'Hear, A. (eds.): *Current Issues in Philosophy of Mind* Royal Institute of Philosophy Supplement 43, Cambridge: Cambridge University Press, p.35.

剑桥的斯普雷瓦克做了关于《延展认知和功能主义》的报告,后来《哲学杂志》刊登了这篇文章。① 该文是相对较早地把延展认知和心智哲学中的功能主义联系起来的文章。后来德雷森专门对延展认知的过程如何能够与心智哲学取得联系展开讨论,进一步通过功能主义来对延展认知加以说明,并指出斯普雷瓦克关于延展认知的功能主义说明过于激进恐怕会导致论证失败。②

从以上五个方面,我们看到了延展认知假设已经得到重视,相比早期内部的争论已经向周边的学科辐射,其理论价值也得到了体现。不仅如此,延展认知假设也以专题的形式登场。

其次,以专题形式登场拓宽了延展心智论的影响,表现在下面四个方面。

第一,2006年萨顿在《认知处理》杂志上以《延展的心智和认知科学的基础》为题组稿刊发了两篇与延展心智论相关的文章,它们是帕舍尔的《一种演化的心智延展到环境中的认知代价》③ 和里昂的《认知的生命之源》④。同年,萨顿在《哲学心理学》杂志上组稿刊发了三篇与延展心智论相关的文章,它们是克拉克的《物质的符号》⑤、梅纳里的《向认知的边界开炮》⑥ 和罗兰茨《行动的规范性》⑦。2009年克拉克和

---

① Sprevak, Mark., 2009: "Extended Cognition and Functionalism", *The Journal of Philosophy*, Vol. 106 (No. 9): 503 – 527.

② Drayson, Zoe., 2010: "Extended Cognition and the Metaphysics of Mind", *Cognitive Systems Research*, (11): 367 – 377.

③ Parsell, Mitch., 2006: "The Cognitive Cost of Extending An Evolutionary Mind Into The Environment", *Cognitive Processing* (Vol. 7): 3 – 7.

④ Lyon, Pamela., 2006: "The Biogenic Approach to Cognition", *Cognitive Processing*, (Vol. 7): 11 – 29.

⑤ Clark, Andy., 2006: "Material Symbols", *Philosophical Psychology*, (Vol. 19): 291 – 307.

⑥ Menary, Richard., 2006: "Attacking the Bounds of Cognition", *Philosophical Psychology*, Vol. 19: 329 – 344.

⑦ Rowlands, Mark., 2006: "The Normativity of Action", *Philosophical Psychology*, Vol. 19: 401 – 419.

基弗斯坦因在《传统主题》杂志上组稿刊发了九篇与延展心智论有关的文章，克拉克为这个主题命名为：《心智的具身、延展和生成：是一家人还是几家人？》①。

第二，2010 年梅纳里在《现象学与认知科学》杂志上以 4E 认知为专题组稿刊发了 11 篇文章。② 同样是在这本期刊，2012 年第 11 卷，有两篇文章与我们这里的讨论相关。其中一篇斯伯丁的《具身的社会认知的争论介绍》一文，作者希望通过具身认知来说明社会认知，并称之为具身的社会认知，目的是说明我们的具身性如何塑造了我们关于他者的知识，以及什么构成了这种他者的知识。③ 另一篇文章《社会互动在社会认知中的作用》，作者赫施巴赫在文中谈到，生成主义把社会互动看成是社会认知，而不把情境看成社会认知，进而指出生成主义尚未分清赋能的条件和构成性要素之间的区别，这会让他们陷入延展认知所犯的耦合构成谬误的麻烦。④

第三，2013 年《认知系统研究》以《社会的延展认知》为主题收录了 10 篇文章，其中与延展心智论最直接相关的有五篇。加拉格尔的靶子论文《社会延展的心智》指出，许多习得的过程和社会实践提供了支持和延展我们认知能力的结构，由此建议将认知科学推进到社会学领域去。⑤ 梅纳里在《认知的整合、适应文化的认知和社会延展的心智》一文中认为，除了像加拉格尔一样，从社会的角度来看待认知的本性，

---

① Kiverstein, Julian. & Clark, Andy., 2009: "Introduction: Mind Embodied, Embedded, Enacted: One Church or Many?", *Topoi* (28): 1-7.

② Menary, Richard., 2010: "Introduction to the Special Issue on 4E Cognition", *Phenomenology and the Cognitive Sciences* (4): 459-463.

③ Spaulding, Shannon., 2012: "Introduction to Debates on Embodied Social Cognition", *Phenomenology and the Cognitive Sciences*, Vol. 11 (Issue 4): 431-448.

④ Herschbach, Mitchell., 2012: "On the Role of Social Interaction in Social Cognition: a Mechanistic Alternative to Enactivism", *Phenomenology and the Cognitive Science*, Vol. 11 (Issue 4): 467-486.

⑤ Gallagher, Shuan., 2013: "The Socially Extended Mind", *Cognitive Systems Research* (25-26): 4-12.

还可以选择从文化或实践的角度来看待这个问题。① 克鲁格则在《社会延展的心智的发生》一文中讨论了社会延展的心智发展和起源问题。② 卡什在《不要边界的认知:"三波"社会分布式认知和关系的自主性》一文中提出了延展认知的三个发展阶段。③

第四,随着对延展认知的研究影响不断扩大,以及它波及传统哲学中的一些话题的讨论,比如知识论领域的挑战以及相关回应,克拉克和来自爱丁堡大学的同事普理查德等在《哲学探索》上刊发了一组《延展认知和知识论》的论文。一同刊发的 11 篇文章围绕延展心智论和知识论之间关系展开了讨论。作者在导言中说:"延展认知论题在心智哲学、认知科学、语言学、信息学和伦理学产生不小的影响,但是令人惊讶的是还没有在知识论中产生影响。"④ 其实,延展心智的提出对知识论的影响在 2010 年就被研究者注意到。巴克尔的《从认知的定位到它本质的知识论》中提到延展认知对于认知延展出大脑和身体,在各执己见的过程中造成了不小的知识论困惑,这一困惑使得问题从认知在何处转化为什么是认知的知识论。⑤ 后来,克拉克又在《综合》上发表了名为《把我延展出去知道了什么》一文,把延展心智扩展到延展的知识,进而从德性知识论角度讨论可靠主义。⑥

从这四个方面我们可以看到,以认知的边界或心智的标志为起点形

---

① Menary, Richard., 2013: "Cognitive Integration, Enculturated Cognition and the Socially Extended Mind", *Cognitive Systems Research* (25 – 26): 26 – 34.

② Krueger, Joel., 2013: "Ontogenesis of the Socially Extended Mind", *Cognitive Systems Research* (25 – 26): 40 – 46.

③ Cash, Mason., 2013: "Cognition without borders: 'Third wave' socially distributed cognition and relational autonomy", *Cognitive Systems Research* (25 – 26): 61 – 71.

④ Clark, Andy., Pritchard, Duncan., and Vaesen, Krist., 2012: "Introduction: Extended cognition and Epistemology", *Philosophical Explorations*, Vol. 15 (No. 2): 87 – 90.

⑤ Barker, Matthew J., 2010: "From Cognition's Location to the Epistemology of Its Nature", *Cognitive Systems Research* (11): 367 – 377.

⑥ Clark, Andy., 2015, "What 'Extended Me' Knows", *Syntheses* (192): 3717 – 3775.

成的两派之间的争论和辩护，进一步走向延展认知和具身认知之间关系的讨论，再到心智哲学和知识论这样的传统分析哲学领域。延展的心智/认知从一个相对较小的理论争论中，走向了更宽泛的讨论。不过，即便它获得了人们的支持，但是对它的恶意或不满仍然存在的。本书除了要准确展示这一理论的发展之外，还希望从一系列辨析中为延展认知作出哲学基础上的说明，以及从演化论和控制论的角度扩展这一哲学基础。总之，延展认知自身的哲学理论基础不够牢靠，使得它在学术界的误解要多于对它的支持。

三、延展认知能实现认知科学的目标

在第一章的第四节和第五节，笔者曾尝试处理心智和认知这两个概念的关系。实际上，到目前为止，两者之间模糊的用法一直困扰着我们。例如，延展心智论是不是就等于延展认知论？因此本节一方面会进一步说明该问题，另一方面要回答一个很严肃的问题，延展心智（认知）论能实现认知科学的目标吗？为了回答这个问题，笔者打算从以下几步来做出回答：第一，有必要回顾认知科学诞生的目的是什么；第二，对于认知科学超过半个世纪以来的发展，自身是否实现了当初的目标；第三，因为在第二章第四节会讨论延展心智（认知）论所受到的批评以及它的支持者的回应，那么这里对于批评者而言，给出延展心智（认知）论能够完成认知科学的研究目标回答，视为其辩护的一个要核。

为了对认知科学再一次进行解释，我们先看看一种权威的说法。加拿大认知科学哲学家萨伽德在《斯坦福百科全书》中的"认知科学"词条中写道："认知科学是一门交叉学科，研究心智和智能，包含哲学、心理学、人工智能、神经科学、语言学和人类学。它的起源是在20世纪50年代，此时研究者在不同的领域开始提出基于复杂的表征和计算程序的心智理论。"① 在第一章第二节中介绍过,图灵的工作激发的研究兴趣,表征和计算成为当初认知科学诞生最主要的两个概念。我们可以从流行的一些著作中窥见一斑,例如冯·艾卡特在20世纪90年代出版的《什么是认知科学》一书中就花了很大的篇幅讨论计算和表征;② 另一篇同名的文章《什么是认知科学?》中,作者谈到要刻画认知科学这个庞大的领域一个方向就是从智能的行为上看计算系统的特性。③

情况确实如此,在稍早的一篇论文中,布洛克详尽讨论了认知科学中的心理图像的重要性。他说:"认知科学的首要假设是,我们的思维被编码进一个结构的系统(或一组号码系统),至少某些系统具有类似于那些相似的自然和人工的语言句法和语义。计算机以二进制原理的开关状态对此加以处理,但是没有人能搞清楚在大脑中是如何运行的。……认知科学承诺了这些描述的表征,但是它不需要否认存在非语言绘制的表征。第二个假设是存在(神经具体化的)处理器在机构的物理特性基础上操作着符号结构。要注意的是当认知科学讨论表征和处理器的时候,假设神经是实体,并且处理器被假设为操作着神经的特性。"④ 那么如何研究这些待处理的表征和处理器呢?如果能把它们实体化就再好不过了,否则沦为抽象的实体对它做出思辨的解释并不能对认知科学有进一步的贡献。所以,从工程学或实践的意义上,如果问,这样的兴趣依靠的最紧密的学科是哪个,肯定就是人工智能了。这应该可以说是计算机隐喻或机器隐喻诞生的基本原因了。

不过在认知科学的发展过程中,尤其是具身认知和延展认知被提出以前,表征和计算能够成为建立这个学科的基础毕竟是好事,但是并不

---

① 参考《斯坦福百科全书(认知科学)》,https://plato.stanford.edu/entries/cognitive-science/。
② Von Eckardt, Barbara., 1993: *What is Cognitive Science?*, Cambridge: The MIT Press.
③ Estes, William K., 1991: "What is Cognitive Science?", *Psychological Science*, Vol. 2 (No. 5), p. 282.
④ Block, Ned., 1983: "Mental Pictures and Cognitive Science", *The Philosophical Review*, Vol. 92 (No. 4), pp. 521 – 522.

代表这样的共识就能一劳永逸。例如《认知科学》1977年的创刊号上阿兰·柯林斯在《为什么是认知科学》中提出了几个问题，如知识表征、语言理解、图像理解、问题回答、推理、学习、问题求解和计划等，值得关注。① 而没过几年接任柯林斯担任编辑任务的唐纳德·诺曼在《认知科学的十二个主题》中提出了一些设想。我们不妨对其观点做部分引用：

> 认知的主流工作——包括我自己的工作——忽视了许多有生命方面的评价。或许一个原因是理论家们所说的与真实世界行动只有一点相关，就是忽视社会和文化的因素，忽视感情，以及忽视主要的一点就是，从一种人工的认知系统中区分出有生命的认知系统：要去生存、要去调节自己的操作、要去维持自身、要在环境中生存，要从一个小的、未经教育过的、不成熟的系统转变成一个成熟的、发达的、有知识的系统。（第1页）
>
> 人是一个物理符号处理系统。（第2页）
>
> 人是一个有生命的有机体，有一个生物学的基础和一段演化和文化的历史。然而人类是一种社会动物，与其他人互动，与环境互动，与自身互动。认知科学的核心已经变得忽视这方面的行为了。（第4页）
>
> 西蒙提醒我们，行为总是与环境相关，所以研究人类行为，真正要研究的是社会行为。这点我同意，但是还不够：比起社会互动而言还有更多的互动。（第4页）②

诺曼的设想很委婉地表明了认知科学当前工作的偏失，即对真实世

---

① Collins, Allan., 1977: "Why Cognitive Science", *Cognitive Science* (1): 1-2.
② Norman, Donald A., 1980: "Twelve Issues for Cognitive Science", *Cognitive Science* (4): 1-32.

界的忽视，这一偏失既撇开了社会，又撇开了文化。后面我们会进一步把这种偏失的具体运用放在有关还原论的方法论讨论上来。另外，从诺曼的话中我们还看到了，认知主体和环境中的人、工具等之间相互作用的重要性。他指出，对这种相互作用行为漠不关心，把处理的东西看成是纯粹的理智的东西，把与另一个人的交流当作逻辑的对话，并不适合真实的行为。

如果从认知科学哲学史的角度来看，诺曼委婉拒绝的那些研究内容，可以被划进认知主义的范围内，而这些研究内容从学科建立伊始，到诺曼提醒后的十余年才真正产生反应。因此，如果我们按照老的目标来衡量认知科学新的发展所面临的新任务，自然是无法满足认知科学的任务的，甚至可以说认知科学老目标已经被新发展所敌视了。

不过，危机似乎没有消除。在近期发表的一篇名为《认知科学究竟发生了什么？》的文章中，作者努涅斯（R. Núñez）等人通过文献计量学得出的数据指出，走过了半个多世纪的认知科学，从"认知革命"开始，以具有影响力的"认知是计算"为原则，通过一种多学科的努力去考察心智，但是随着该学科研究纲领共识的丧失，降低了它转变为一门成熟学科的能力，因为纲领的多样性正给认知科学带来不小的麻烦。[①] 作者可能对认知科学目前的处境有些过度担忧。按照后面将要提出的观点，认知科学纲领的多元发展，对探索人类心智的本性和认知的本性只有益处没有坏处。不过，我们也能想象，如果一开始认知科学的研究纲领不收窄一点，它的进步几乎不可能。这个进步跟计算机的登场也有着密切的关系，要说计算机是一个独立处理信息的智能体，其地位也开始受到动摇。当互联网诞生——人与人互联、人与机器互联和机器与机器互联——这种独立处理信息能力的智能体同样需要扩展它的能力。或许这时延展认知能助上一臂之力。

---

① Núñez, Rafael. (et al.), 2019: "What Happened to Cognitive Science?", *Nature Human Behavior* (3): 782-791.

就经典认知科学的研究纲领而言，可以刻画为两个方案：一个是以人为中心的研究纲领，另一个是以机器为中心的研究纲领。不过，这两个纲领一直以来都在某种程度上是混合在一起的，只要回想一下好的老式人工智能（GOFAI）一词便能理解。通过符号系统，计算机获得了程序，用算法来控制这些机器。人工智能的成功来自它能够比人更具有逻辑和精确地思考，在人类不能胜任的时候，它们更胜一筹。因此，可以这样说，人工智能试图以人为中心模拟人的认知、心智和人类智能，就这一点而言它是以人为中心而展开的。而在展开各项研究时，机器隐喻成为研究者用来比拟人的视角，从这个角度来说，它是以机器为中心展开工作的。不过，即使根本目的是研究人，但是人工智能不仅成为这项研究的副产品，而且也越来越多地走向了与人更遥远的不真实的世界中，即与真实的人身上发生的认知和智能有很大的区别。所以，回过头来再看看前面诺曼的提醒就可以发现，以人为中心的人与人的互联、人与机器互联，和以机器为中心的人与机器的互联、机器与机器的互联是不同的。或许，这是研究范式之间的区别，大概在这层意义上，努涅斯担心认知科学没有统一的共识也是有道理的。

首先，以人为中心的研究范式，有两个趋向：一个是以抽象的人作为中心，另一个是以现实的人为中心。诺曼在《认知科学的十二个主题》中就提到，过去以人为中心的研究很难说是"人"，因为他/她没有生物学的基础，没有演化和文化的历史。虽然，认知科学确实取得了不小的成就，但这显然是不够的。要研究认知行为必须看到"人类是一种社会动物，与其他人互动，与环境互动，与自身互动"[①]。而这个以人为中心，应该再具体一点，以现实的人为中心。

其次，以人为中心的研究范式，涉及有机体中心与有机体边界的关系。克拉克在强调为什么是延展认知时提道："要考虑的首要问题是，

---

① Norman, Donald A., 1980: "Twelve Issues for Cognitive Science", *Cognitive Science* (4), p. 4.

我们把达成的一种人类认知的视野当作有机体中心的认知，而不是有机体边界的认知。主张延展认知并不要求我们放弃一种坚持生物学核心的视野，这正是认知科学最为合适的研究对象。"① 因此，对于把认知限定在有机体边界内，并不等同于以有机体为中心的研究范式，而是说延展认知在提出认知向大脑、身体和环境延展时并不否认以有机体为中心。当然，在克拉克看来延展认知的真正威胁不是边界问题，"真正的威胁或许是它盲目地让我们真正地延展到了人类认知上，尽管不是有机体的边界，仍然是重要的有机体中心。为了对那种误解做出说明，我们现在来做出以下审查：以有机体为中心的认知假设（HOC）。（有时候）人类认知处理逐渐延展到有机体周边的环境中，而这个有机体仍是核心，并且在当前成为最积极的要素，即使当认知不以有机体为边界，它仍是以有机体为中心。"②

最后，以人为中心的研究范式，涉及以有机体为中心转向以机器为中心。我们生活在我们创造的世界中，尽管我们希望通过研究了解人类的心理能力来说明人类的心智生活，但是研究者仍然选择用建造一台机器的方式来实现理解人类心智生活的方式。之后，我们通过建造的机器理解自己，机器在不断进步，人类与这些创造物一起生活并和它们协同演化。"我们建造的这样一台机器，我们还以同样的方式建造我们自己。……我们希望建造机器来扮演和我们一样的心理操作和心理功能，然后我们按照那些术语来建造我们自己，即按照思维的机器执行心理功能。我们执行的功能就是机器执行的那些功能。"③ 基本上可以说，这个范式的转向为表征和计算的登场奠定了基础。当然，还存在着

---

① Clark, Andy., 2008: *Supersizing the Mind: Embodiment, Action and Cognitive Extension*, New York: Oxford University Press, p. 135.

② Clark, Andy., 2008: *Supersizing the Mind: Embodiment, Action and Cognitive Extension*, New York: Oxford University Press, pp. 138 – 139.

③ Marchetti, Giorgio., 1994: "A Mind Theory for the Human-Centredness Paradigm", *AI & Society* (4): 363 – 376.

这样的例子，例如某人问我，"你知道张三的电话号码吗？"我边拿出手机，边回答"我知道"。这是一个很古怪的回答，但是又是能够被容忍的。随着智能设备在我们生活中起着越来越多和越来越重要的作用，人与这些机器之间的关系变得越来越微妙。

如果说经典认知科学是以人为中心的研究范式，完成对人类心智和认知的本性的刻画，而延展认知并不能彻底满足这一研究范式提出的要求。毕竟，前者是一种静态的研究视角，而后者主张的是一种动态的研究视角。但是，随着认知科学自身的发展，人们也发现对于处在真实世界中认知主体的心智和认知本性的研究越来越离不开他/她生活的环境。所以，对经典认知科学研究范式提出改良并不会对它有什么害处。延展认知在这一点上更在意的是人—（环境）机器互动的范式，既不单独处在以人为中心的范式中，也不单独处在以机器为中心的范式中。而这种范式上的差异是导致它招致批评的根本原因。

四、延展认知的论证策略

作为"延展心智论"的首创者克拉克和查默斯认为，一直以来在笛卡尔哲学的影响下，哲学家们在对心智与认知作出解释时，常常把身体及外在设备对心智和认知的作用放在一个可有可无的位置。"延展认知假设"对心智与外在环境关系的重新思考意味着：一方面有必要放弃笛卡尔式的心智观，另一方面需要将外在环境作为认知和心智的一部分来对它们进行解释。克拉克在《在那里》一书中对这种笛卡尔式的心智观做出解释时说："过去将心智视为一个'档案柜'（filing cabinet）的观念将通过人工的神经网络予以纠正。这种心智的形象就像一个装满了消极语言符号一样的储藏室，等待着被中枢神经系统处理单元搜索和控制。"[①]

[①] Clark, Andy., 1997: *Being There: Putting Brain, Body, and World Together Again*, Cambridge: The MIT Press, p. 68.

这本书在1997年出版，而对这种档案柜式的心智观的存疑大概从1995年前后就萌生了。

克拉克的想法很明确，即传统上对心智的看法，通常被当作一种消极的资源，被当作一个对输入的数据进行分类和转换的器官，这种观念忽视了心智与真实世界所进行的实时的相互作用。虽说这种观念一语道破了认知科学发展中遇到障碍的原因之一，但是这种观念的受众又是极为普遍的。鉴于此，时隔十年后，克拉克又强调：“所有的思想都由大脑所产生。但是，思想的流动和合适的推理结果，现在看来是有赖于不断地和决定性地与外部资源之间进行相互作用而产生的……人类的推理能力被真实地分布到了认知的引擎上来：我们用外部资源来扮演特定的计算任务……我们将看到真实的推理引擎既不以皮肤为界限，也不以颅骨为边界。"[1] 克拉克试图通过对档案柜式的心智的否定来重新改造对心智的看法，即将心智从一种消极的储藏室的样式改造为与世界共时地去完成任务的样式，进而深化作为对那些反驳《延展的心智》意见的回应。

在2008年出版的《超尺度的心智》一书中，当时还在澳大利亚国立大学任教的哲学家查默斯为克拉克写了一篇序言，其中写道："iPhone已经成为我心智的一部分。"[2] 确切地说，查默斯认可外部的智能设备担当起了心智的一部分重任，这一点比起当年在《延展的心智》一文借助思想实验登场的奥托来说离我们的生活更近。虽说实际情况是我们可以接受的，但是"心智是什么"这个问题对于相当多的理论工作者来说，还是一道过不去的坎。如果从心智哲学来看，但凡是接受或主张这一观点的人，他一定是心智的外在主义者。但凡是否认或反驳这一观点的

---

[1] Clark, Andy., 1997: *Being There: putting brain, body, and world together again*, Cambridge: The MIT Press, p. 69.

[2] Clark, Andy., 2008: *Supersizing the Mind: Embodiment, Action and Cognitive Extension*, New York: Oxford University Press, p. ix.

人，他多半是认知的颅内主义者或心智的内在主义者。这里我们暂且不讨论心智的内在主义和外在主义之争。实际上，笔者在前面对延展心智论的源头进行清理时并没有展开讨论普特南和伯吉等人的外在主义为什么会进入到延展认知最早依靠的心智哲学。

普特南的意义外在论，以及伯吉的反个体主义主张成为心智外在主义发展的关键。细心的读者会发现这些主张的提出发生在 20 世纪 80 年代中期，这个时间段正好是认知科学（人工智能）发展的瓶颈期。虽然期间认知科学曾出现过联结主义和动力学这样的替代传统研究的方案，但是也不是很成功。而到了 20 世纪 90 年代，克拉克在《在那里》一书中已经开始使用"延展的心智"这一术语。据他本人回忆，这个想法在 1995 年左右就萌生，华盛顿大学召开的"哲学—神经科学—心理学研究"报告上，克拉克和查默斯合作以"延展的心智"为题做了报告。

1998 年《分析》杂志刊发了克拉克和查默斯合作的文章《延展的心智》，文中提出用"积极的外在主义"扩展普特南和伯吉等发展起来的心智的外在主义。[①] 其实，从现在来看，克拉克和查默斯在当时已经感觉到了，心智的外在主义不能解释越来越复杂的人类环境，而工具的辅助作用越来越大，对人类心智能力产生了积极影响。标准认知科学（或传统认知科学）中的颅内主义和以普特南、伯吉为代表的心智的外在主义已经不能满足研究者对心智的描述。为心智赋予一种新的说法，并为所谓更激进的、积极的外在主义辩护的工作从这里正式开始。

该篇文章一开始就提出了一个很古典的疑问："心智的终点是否就是世界的起点？"作者为这个说法假设了两种回复。一些人认为皮肤和颅骨的界限，或说身体之外的东西即是心智之外的东西。另一些人会论证并主张我们语言的意义"并不在脑袋里"，并认为这种关于意义的外在主义对心智的外在主义已足矣。对这两种观点，作者希望提出不同版

---

① Clark, Andy. and Chalmers, David., 1998: "The Extended Mind", *Analysis*, Vol. 58 (No. 1): 7–19.

本的外在主义，一种积极的外在主义，这种"积极的外在主义建立的基础是环境在驱动认知过程时所扮演的积极作用"①。后来梅纳里在评价积极的外在主义时认为，它可以分为两种：一种是"在大脑中，环境中的某些因果积极特征影响了认知加工"；另一种是"某些认知加工由环境中的积极特征所构成"②。克拉克和查默斯认为后者才是最好的解释，即认知加工由环境中的积极特征构成。这种构成在积极的外在主义的重要地位是通过两个论证策略实现：一个被称作耦合构成，另一个被称作均等原则（parity principle）。在延展认知发展的三波浪潮的介绍中，还有一个辩护原则称为互补性原则。以下部分（包括后面两节）将借用博士论文《认知边界的哲学问题》的工作对两个论证策略进行介绍，部分内容曾以《延展心智论题与认知的标志之争》为题发表于《自然辩证法通讯》③。最后，笔者对互补性原则进行了增补。

首先，构成是耦合系统的一种基本特征。在对积极的外在主义做出具体解释时，克拉克和查默斯说："人类有机体通过双向的相互作用和外在实体连接起来，创造了能够以其自身正当性来被视为一个系统的耦合系统（coupled system）。在这个系统中所有的部件都起着一种积极的因果作用，并且这些部件对行为的控制与通常的认知所起的作用一样。"④ 这种耦合系统构成了认知系统。也就是说，认知过程是一个系统通过"耦合"相互构成的，认知过程不完全在大脑中，并延展出大脑是因为这个系统包含了有机体与外在环境之间的相互作用的联系，这种联系不是因果作用的链接，而是构成性的链接。这种相互作用的链接就是认知加工，因此认知加工是在一个系统的耦合构成中发生的全过程。有

---

① Clark, Andy. and Chalmers, David., 1998: "The Extended Mind", *Analysis*, Vol. 58 (No. 1), p. 7.
② Menary, Richard. (eds.), 2010: *The Extended Mind*, Cambridge: The MIT Press, p. 2.
③ 黄侃：《延展心智论题与认知的标志之争》，载《自然辩证法通讯》2013 年第 1 期。
④ Clark, A. and Chalmers, D., 1998: "The Extended Mind", *Analysis*, Vol. 58, (No. 1), p. 8.

机体与环境的耦合，认知活动在这个耦合系统中形成，因此没法独断地说，认知活动在有机体的大脑中形成。不过，值得一提的是，耦合构成这一说法一开始并不是克拉克和查默斯给出的，而是由反对方总结和概括。另外，耦合构成原则用来表示积极的外在主义所强调的是系统的构成性，而不是系统的因果性。为了与（以普特南和伯吉为代表的）心智的外在主义所强调的大脑状态与外在世界之间的因果关系区别开，积极的外在主义依靠耦合构成原则进一步指出，外在环境在耦合过程中成为心智的一部分，外在环境的这部分并不在大脑中。

关于这种构成性的重要作用来自另一种解释。克拉克和查默斯说："系统中的所有部件都扮演着一种积极的因果作用，并且它们共同以认知通常的方式来控制行为，如果我们移除这种外在的部件，该系统的行为能力将会丢失，就像我们移除了其大脑的一部分那样。我们的观点是，无论它是否完全在头脑中，这种耦合的过程等同于一个认知过程。"[①] 在这个观点上，耦合构成和均等原则是通用的。例如，克拉克多次提到对于我们的认知如此重要的外部设备，一旦拿掉或被盗，后果其实挺尴尬的。当然，也可以说耦合构成实质上是对心智和认知的一种解释态度，我们将这种解释态度称之为整体论态度。简而言之，整体论视认知过程为一个系统过程，这个系统中的任何部分对于实现认知目标的系统而言都不可或缺。在第五章笔者将指出延展认知的哲学基础的要点之一是坚持方法论上的整体论。

现在让我们将目光回到克拉克和查默斯的经典思想实验。设想一名叫尹佳的女性，得知纽约现代艺术博物馆有一场精彩的演出，于是决定前往。她想了一想（通过回忆），脑海中浮现出博物馆位于第53号大街，然后往那个方向走去。请再设想另一名叫奥托的阿尔茨海默病的患者，他日常生活的一项工作就是不停地把即将忘记的事情记录在册。由

---

① Clark, A. and Chalmers, D., 1998: "The Extended Mind", *Analysis*, Vol. 58, (No. 1), pp. 8–9.

于记忆上的缺陷,当需要去完成某项任务的时候,他总是不停翻看记事本,随时从记事本上提取信息。克拉克和查默斯把奥托—记事本视为一个系统。当问及奥托和尹佳之间的差别时,克拉克和查默斯认为,记事本与尹佳的记忆实际上是一回事。这一古怪的说法,在直觉上肯定是难以让人接受的。就像前面曾笑称过,当有人问,你知道展览馆在哪里吗,尹佳?尹佳说,我知道,于是前往。当问奥托时,他翻看着记事本说我知道。这难道是一回事吗?

究其原因,主要是因为传统认知科学家在看待记忆这样的心智过程时,认为记忆只是大脑中的活动过程,尽管联结主义中的平行分布加工理论曾对这种观点提出过批评,但是它还是深得人心。而现在摆在面前需要回答的问题是:如何去解释奥托现象?难道奥托的记忆一定是一种生物性的大脑活动吗?奥托"所知道的"是他提取信息的活动与记事本共同构成的?克拉克和查默斯表示,通过对奥托—尹佳现象进行描述,它们就是同等的(on a par)。① 从解释策略上来看,克拉克和查默斯的解释态度不仅是一种整体论态度,从更深层次的意义上还暗示了一种实用主义哲学,但是作者又没有直言:实用主义哲学是延展心智论真正的老巢。包括延展认知的倡导者在内都未曾对整体论和实用主义进行过理论应用的讨论。

在笔者看来这个工作很重要,一方面因为就认知主义的挑战来说,寻找到一个辩护所依赖的哲学基础非常重要,毕竟通过分析我们可以发现,认知主义要么取自笛卡尔主义的哲学资源,要么取自康德主义的哲学资源;另一方面,因为就具身认知来说,如果把它判断为是延展认知的一家人,确实谈心智的延展的意义并不大,那么具身认知和延展认知的理论距离究竟如何判断,这个取决于对并行的现象学路数的对接。但是这个对接工作对于延展认知来说是没有价值的。因此,实用主义被视

---

① Clark, A. and Chalmers, D., 1998: "The Extended Mind", *Analysis*, Vol. 58, (No. 1), p. 8.

为一种可能选择。笔者将在第八章对此具体展开。

其次，均等原则是积极的外在主义推进的理论基础。均等原则最为经典的表述是这样的：

（1）当我们面临某项任务时，

（2）世界功能的一部分就成了一种发生在头脑中的过程，我们将毫不犹豫地将此作为认知过程的一部分，

（3）那么世界的那部分就是（我们所宣称）认知过程的一部分，

（4）认知过程并不（全部）是在大脑中发生！[1]

均等原则在论证策略上具有两个作用。作用一，是反对笛卡尔式心智观。众所周知，笛卡尔式的心智观试图通过贬低大脑以外的过程来提高心智的地位。虽然笛卡尔通过这个办法构造出了我思的自我，但是这个二元论遗产流传到认知科学中摇身一变成了大脑中的小人（丹尼特称之为侏儒）。前面说过，耦合构成的另一面与均等原则有共通之处，即把世界中与大脑中的相似部分视为一个耦合系统，它们共同构成了一个认知过程，并完成认知任务。不过正是因为论证上的不得力才导致"耦合构成"成为被攻击的靶子。所以，笔者认为要巩固防线就必须加强"耦合构成"的理论建设。而实用主义就起到了加固作用。作用二，认知过程分布在世界的哪一部分，是不是随便任何一个地方都是心智可延展的地方？它的标准何在？这一标准表现在：（1）只要一个过程具有认知功能，并且外在的这部分内容扮演着积极的作用，它就能与其他认知过程相互构成。确切地说，这种积极的作用一旦发生于认知主体与一个外在的且具有一定认知功能的设备联系在一起的地方，并完成这个认知

---

[1] Clark, A. and Chalmers, D., 1998: "The Extended Mind", *Analysis*, Vol. 58, (No. 1), p. 8.

任务，那么整个过程就成为认知过程。认知就发生在这个过程中，而简单地将它区别为颅内的和颅外的，实质上也并不足以表现认知所具有的这种整体特性，即这个过程可以身处任何可能的地方，因此，这个可能的地方主要以任务为导向而被观察到。（2）只要一个外在过程与内在过程足够相似，那么这个过程就是认知过程。于是，耦合构成和均等原则便成为积极的外在主义两个比较重要的论证策略。虽然，其论证中可能会出现诟病如亚当斯和埃扎瓦、鲁珀特分别就用耦合构成谬误和差异论证对均等原则提出过反驳。但是在心智问题上，延展认知的哲学态度较笛卡尔式的哲学态度要宽容得多，尤其表现在如何看待和描述心智的问题上。当然，如此宽容的态度，使得一些哲学家对心智怎么可能在一部手机和一台电脑上或其他东西上而大跌眼镜。

  第三，互补性原则表明，在功能上颅内的认知处理和外部设备之间是不同的，但是它们之间是互补的。互补性原则是对均等原则的修正。因为反驳者质疑一个生物性的大脑的认知处理和一台电脑会是一样的吗？基于这样的理论质疑，延展认知的支持者希望通过互补性原则来修补自己的理论漏洞。一个人使用纸和笔进行长数计算，与他用一台计算机进行复杂的数学计算，像这些非生物的脚手架对生物的大脑的认知处理起到了增强作用。一个人的记忆有缺陷，他总是手拿一个记事本，用它来记录所有的事情，而这些事情大多数人是记得住的。而克拉克认为，这个人的记忆应该被想成是包括了记事本。对于这人而言，记住某事的过程非常重要地涉及他的记事本，这个记事本就是记忆的一部分。因此，如果有人故意销毁这个记事本与这个人的记忆受损是等同的。

  延展认知在前两波的发展主要表现在这三个原则上。而进入第三波后才在真正意义上用社会的维度将这些原则统辖进来，正如我们也提示过，类似于社会的分布式认知。这个问题的进一步展开会留在第四章和第五章来讨论。

五、挑战延展认知

对延展认知论提出挑战的，主要来自两类研究者，一类是持传统观念的研究者，主要表现为所谓认知的颅内主义；另一类不完全是持传统观念的研究者，这类研究者要么认为从直觉上很难相信心智的延展，要么认为这个观点有这样或那样的瑕疵，还有就是来自不支持认知的颅内主义的其他理论家，例如具身认知或生成认知的主张者。

认知的颅内主义之核心观点是：认知是驻扎在大脑中的过程，认知过程是大脑活动的过程，同时认知过程不可能也没有遍及到身体以外的世界中的必要，因为有关认知的所有内容，例如心理（表征）或神经的反应都可以在大脑中找到。对于这些研究者来说尤其不能接受的是，当认知主体使用工具完成某项任务时，大脑内发生的过程不可能延展到工具上，也即是说，大脑具有了认知的专属权利。因为这种主张强调"认知在脑内发生"，所以也可以把这种主张理解为定位说。由于物理学主义的流行，这种定位说形而上学的味道虽说不浓厚，但是对心智占有的物理空间的要求可是非常强烈的。认知的颅内主义将大脑看作心智的驻扎地，并一再强调这是许多学科发展的基础，在认知科学的发展过程中也提出过很多衡量认知和心智的标准。对于这类学说我们不论称其为定位说也好，还是认知的颅内主义也好，其哲学上的祖先来自基础主义或本质主义，这显然是哲学的"正统"。与之相比，延展认知这一说法难免会让"正统"感到吃惊，因此受到批判也是在所难免的。第一波反对者也促成了延展心智论的第一波发展，他们包括亚当斯、埃扎瓦和鲁珀特等。

从表面上看，这场论战的焦点关键在于认知是否延展，以及向何处延展的问题。在笔者看来，实质上该问题的核心在于用怎样的哲学态度去描述"心智"。不过在笔者看来，这场论战是还原论的心智观和整体论的心智观之间的争论。

认知的颅内主义是一个相对宽泛的称呼，首先内在主义是其核心特征，例如心智的内在主义可以名列其中，认知主义也是这个列队中的一员，颅骨的生物边界是内在主义哲学的物理基础。研究者普遍接受的观点是，认知过程通常发生于大脑中枢神经系统中，心智活动就是大脑活动，认知过程只处于大脑边界内。诸如信念、记忆、感知虽然都与外在环境发生关系，但是无论是心智还是认知，都是在颅骨内产生，而不是在外部环境中形成。这种论点多少还带有一点康德主义色彩。

在延展认知成形的过程中，第一波发展浪潮是在对延展认知论的质疑声中形成，其中亚当斯、埃扎瓦和鲁珀特的批评最具有代表性。亚当斯和埃扎瓦在《认知的边界》（2001）一文中最早对延展认知提出批评，在综合了丹尼特、唐纳德和哈钦斯的观点的基础上，提出了两点质疑：第一是质疑"认知是一种'跨越颅骨的'或'外在于颅骨的'过程"，第二是质疑使用工具时，"认知延展到了大脑的边界以外"。[①] 为了对这些质疑做出更具体的解释，亚当斯和埃扎瓦提出了"认知的标志（the mark of cognitive）"重点针对"跨域颅骨的认知"的观点，并认为"认知过程不是跨越颅骨的过程"，"认知的边界必须通过找到认知的标志来决定，然后再来看在有标志的世界中有哪些过程"。[②] 我们可以把"认知的标志"与"认知的边界"看成是对同一个问题的两种说法。简单来说，假设认知是有边界的，那么这个边界首先必须通过认知的标志来确定。但是，这个标志究竟又是什么呢？我们会看到这个标志主要以表征来承担，它是由大脑生物和物理边界内完成处理。后来在"认知的边界"的旗号下亚当斯和埃扎瓦提出了耦合构成谬误，鲁珀特在前者的基础上对差异论证做出了进一步解释。他们的主要目的是提醒延展认知

[①] Adams, Fred. and Aizawa, Ken., 2001: "The Bounds of Cognition", *Philosophical Psychology*, Vol.14 (No.1), pp.44 – 46.

[②] Adams, Fred. and Aizawa, Ken., 2001: "The Bounds of Cognition", *Philosophical Psychology*, Vol.14 (No.1), p.46.

论者，认知的标志的意义，以及系统论证存在缺陷，包括耦合构成原则、均等原则和互补性原则。

从心智内容的内在属性的角度对延展认知论提出质疑是亚当斯和埃扎瓦所做的另一项批评工作。他们认为，"每个认知过程中必须涉及的派生性内容的认知状态延展了什么是不清楚的"，进而指出"认知的最首要的条件是，认知状态必须涉及内在的和非派生性内容"。① 这个条件指明了对什么是认知的和什么不是认知的必须有一个严格的标准，即将大脑的状态看作认知的，而与大脑相区别的外在世界的状态则是非认知的，这就是认知的标志。这也被视为一种标准主义的表现。当然，大脑的"计算"是认知的，如计算机这样的人工物的计算是非认知的。因为计算机的"信息加工与大脑具有很大的差别"②。当然，亚当斯和埃扎瓦区分认知的与非认知的另一个目的是针对积极外在主义的系统论证而展开的。

如前所述，延展认知论的系统论证的核心是构成性作用，而不是因果性作用。突出这一区别也意在表明，亚当斯和埃扎瓦对"系统"的反驳是一种在因果作用上的反驳。他们分别就空调系统对此做了简要说明："一台老式空调系统中的蒸发管的氟利昂产生蒸发作用，蒸发管是与压缩机、安全阀以及空调中的各种管道因果地联系在一起的。但是，蒸发并不因此延展出氟利昂的边界。所以，一个过程可能与其环境相互作用，但是并不意味着它就延展到了环境中。"③ 在亚当斯和埃扎瓦看来，一个系统应该具有因果作用。如果把心智比作氟利昂，空调系统比作大脑的神经系统，空调的制冷或制热的过程比作大脑的认知过程，大

---

① Clark, A. and Chalmers, D., 1998: "The Extended Mind", *Analysis*, Vol. 58, (No. 1), p. 50, p. 48.

② Clark, A. and Chalmers, D., 1998: "The Extended Mind", *Analysis*, Vol. 58, (No. 1), p. 75.

③ Adams, Fred. and Aizawa, Ken., 2008: *The Bounds of Cognition*, Oxford: Blackwell Publishing, p. 91.

脑产生心智的这一结论看似是可以接受的。

以上是亚当斯和埃扎瓦关于心智和认知的一种说明，而具体到生物性的大脑上又如何呢？他们给出了这样的说明。"在认知科学标准的观点中，认知过程没有必要散布到整个大脑内。首先，神经胶质细胞（glial cells）构成了大脑的一部分。事实上，神经胶质细胞要比神经元的数量要多出好几倍。但是它们并不支持被通常假定为认知过程所构成的特定的某种信息处理。相反，神经胶质细胞可能对神经元起到一系列支撑作用，就像绝缘神经元群（insulating neuronal groups）和突触连接（synaptic connections），生成使细胞轴突绝缘的髓磷脂（myelin），以及在神经损伤或消亡后去除掉这些残留物（debris）。所以，严格来说，我们主张正统的观念：在认知科学中认知过程并不是必需发生在整个大脑中的，但是或许仅仅在一个神经元构成大脑的子集中。"① 实际上，这与非派生性表征的陈述极为类似，大脑中的某一个神经元在想象中已经成为认知的核心部分。当然，这种具有还原论色彩的语调是无情的，也是无力的。在第五章将对这种无情的还原论态度在系统的部分与整体的关系上做出进一步说明。

实际上，鲁珀特作为认知边界的支持者，他的观点和亚当斯、埃扎瓦的观点很相似。他认为"区分有机体的边界给认知科学的研究提供了大量有力的经验性框架"②，也就是说，认知的边界从某种意义上就是有机体的边界。在另一位延展认知假设的支持者罗兰茨对记忆进行回答时，这样说："至少，对于现代人所掌控的记忆系统来说，不存在合理的理论原因去为内在的记忆过程和对这个过程的外在帮助之间建立一套二分法。"③

---

① Adams, Fred. and Aizawa, Ken., 2001: "The bounds of cognition", *philosophical psychology* (Vol. 14, No. 1), p. 17.

② Rupert, R. D., 2004: "Challenge to the Hypothesis of Extended Cognition", *The Journal of Philosophy* (Vol. 101, No. 8), p. 407.

③ Rowlands, Mark., 2004: *The Body in Mind: Understanding Cognitive Processes*, Cambridge: Cambridge University Press, p. 121.

实际上这种二分法即内在和外在的划分。鲁珀特对此质疑道："延展的'记忆'状态（过程）的外在部分与内在的记忆（回想的过程）之间有明显区别，两者应被区别对待。"① 罗兰茨在看待鲁珀特的批评时称之为"差异论证"②。差异论证的意图很明确，一方面要将内在的过程和外在的过程做出区分，另一方面还要区分出构成性作用和因果性作用。对于后一点，鲁珀特曾举过这样一个例子，某人要了解纳粹德国侵占波兰的那段历史，德国的经济条件是其中一部分，但是并不意味着德国的经济条件是入侵波兰的一部分。鲁珀特指出，"每当对 A 的一种全面理解包含了它与 B 之间关系的某种认知范围（cognizance），B 就是 A 的部分论的（mereological）一部分"，这完全是错误的。因为对于克拉克和查默斯来说，"A 与 B 的认知范围之间的关系对于我们理解 A 来说是息息相关的，因此我们应该安置一个系统——A—B，以此为一个独立的研究单元"。③ 鲁珀特言下之意是指奥托—记事本这样的系统并不能支持延展认知。

综上所述，亚当斯、埃扎瓦和鲁珀特对传统的观点进行辩护可以归结为三点：（1）认知的标志——认知的与非认知的，有机体的边界；（2）系统谬误——耦合构成不支持积极的外在主义；（3）记忆和信念是大脑的活动，它们不向外延展。正如我们后面看到的，延展心智论者在进一步回应这些批评时，加速了对该理论的聚集效应，这也使得认知的颅内主义的基本信条表面上看起来与它们是相左的。由此构成了延展心智论的第一波和第二波的发展。

---

① Rupert, R. D., 2004: "Challenge to the Hypothesis of Extended Cognition", *The Journal of Philosophy* (Vol. 101, No. 8), p. 407.
② Rowlands, Mark., 2004: *The Body in Mind: Understanding Cognitive Processes*, Cambridge: Cambridge University Press, p. 2.
③ Rupert, R. D., 2004: "Challenge to the Hypothesis of Extended Cognition", *The Journal of Philosophy* (Vol. 101, No. 8), p. 396.

六、认知边界与心智的标志

让认知的颅内主义者不安的问题来了：为什么在使用工具的时候，人类的心智可以被认为延展到工具上？为此，亚当斯和埃扎瓦曾表示，延展心智论题之所以承认心智能够延展到工具上，完全是因为延展心智论题缺少一个对认知的边界以及心智的标志的理论。于是，心智能够延展出颅骨这样的说法就能自由地设想，或相信任何与心智产生因果相互作用的东西，都能够成为一个认知活动的部分或基础，甚至是认知过程。就算跨越颅骨的认知在逻辑上是说得通的，亚当斯和埃扎瓦还是认为，在实际生活中找不到认知过程从大脑和身体向外延展到世界中的例子。[1] 因此，有必要为认知的颅内主义进行辩护。[2]

甲：亚当斯和埃扎瓦认为，区分"认知的（cognitive）"和"非认知的（non-cognitive）"意义重大，通过这种区分，它既告诉我们认知是怎么发生的，又能告诉我们那些活动不能被视为认知。因此，工具作为世界的一部分是与心智是截然有别的，两者之间有明确的边界，对这个边界的界定必须树立认知的标志，这个标志就是"认知的"与"非认知的"。这样说，均等原则和耦合构成原则就没法为延展认知假设提供可靠的辩护了。

首先，通过对"认知的"与"非认知的"进行区分，可以明确人脑的活动和外在环境的界限，尤其是这种区别能表明什么样的活动可以被理解为认知，以及认知在什么地方发生。例如，一个人在玩俄罗斯方块游戏，摆弄着游戏手柄，游戏中的方块随着他的摆弄不停地调换方位，最后落在合适的位置上。在举这个例子的时候，克拉克会说，瞧！他通

---

[1] Adams, Fred. and Aizawa, Ken., 2008: *The Bounds of Cognition*, Oxford: Blackwell Publishing, p. 26.

[2] Adams, Fred. and Aizawa, Ken., 2001: "The Bounds of Cognition", *Philosophical Psychology* (Vol. 14, No. 1), p. 43.

过摆弄游戏手柄,将自己大脑中对选择一个合适的位置来安放方块所进行的大脑活动表现在了屏幕上,这不就表明了心智延展到了手柄、电脑上吗?认知过程不就是人脑、手、手柄和电脑一起进行活动的过程吗?①亚当斯和埃扎瓦认为此种观点荒唐至极,并反驳道:如果认知过程或心智延展到手柄和电脑上,那么当我们播放音乐的时候,我们的心智不就延展到了 DVD 上了吗?很显然,认知仅发生在脑内,心智的活动不可能是一个外在环境活动的过程。即使认知通过与外部世界的链接发生相互关系,认知主体与外在环境的因果链接,也不同于生物的、化学的或物理的链接。因此,认知是心智的或大脑神经的活动过程。

其次,提出"认知的"与"非认知的"区分还在于表明认知所涉及的是非派生性表征,以及个体的信息处理机制。② 这里的非派生性表征实际上所涉及的是非派生性内容。亚当斯和埃扎瓦解释道:"非派生性内容产生的条件是不依赖于独立的或在先的(prior)其他内容、表征或意向性的认知主体而存在的。"③ 也就是说,认知过程涉及非派生性表征,它的产生不依赖于像路灯、汽车仪表盘这样的派生性内容,它是独立地包含了思维、经验和感知的非派生性内容。对派生性内容和非派生性内容的区分主要是为了表明心智中的非派生性表征具有基础性地位。但是,我们这里实际上也注意到了,所谓的非派生性表征还有一种先天性的色彩。④

既然认知的过程涉及非派生性表征,那么非派生性表征就是认知的

---

① 克拉克和查默斯对吉尔斯和马格里奥的实验做了延展认知式的解读。Cf. Kirsh, David. and Maglio, Paul., 1994: "On Distinguishing Epistemic from Pragmatic Action", *Cognitive Science* (18), pp. 513–549.

② Adams, Fred. and Aizawa, Ken., 2008: *The Bounds of Cognition*, Oxford: Blackwell Publishing, p. 31.

③ Adams, Fred. and Aizawa, Ken., 2008: *The Bounds of Cognition*, Oxford: Blackwell Publishing, p. 32.

④ 先天是指不能一部分一部分地构想,而应当一下子就被把握为某一不可分解的本质的东西。参见梅洛-庞蒂:《行为的结构》,第 255 页。

源头，所以它是认知的，而不是非认知的，它和信息处理机制都在大脑中产生。然而，克拉克和查默斯通过否认认知源于非派生性表征，将人脑的信息处理与外部设备对信息的处理视为是一致的，从而将心智理解为世界的一部分或工具的一部分。于是，心智可以被延展这样的观点就得以成立了。在二人看来，玩俄罗斯方块游戏的人，他的认知在大脑、手、手柄和电脑形成的系统中形成，并共同完成翻转方块的任务。但是，实际情况却不是这样。因为玩游戏的人在脑子里浮现出如何翻转方块的心智内容才是他的认知过程，至少屏幕上的方块不停地变化方位也能被视为认知或心智的一部分。这在认知的颅内主义看来是值得商榷的。

乙：亚当斯和埃扎瓦认为，认知系统与耦合系统的确构成了人脑与工具的耦合，但并不意味着心智等同于工具。即使心智与工具处在一个耦合系统中，认知也只能在大脑中发生，如果将这个系统中的所有部分都视为是认知的，那就等于说手柄、电脑是认知的，就连数据线也是认知的。如果系统耦合假设是成立的，那么在一个声音播放系统中的任何一个地方都可以发出声音。当然，这样的情形并不会发生，毕竟声音由播放系统前的人所发出。很明显，克拉克和查默斯的论证并不够充分。因此，这种耦合系统论证被亚当斯和埃扎瓦看成是耦合构成谬误。为此，亚当斯和埃扎瓦表示："对于我们而言，跨域颅骨的认知理论吸引了那些接受有关认知的行为准则的人，他们（克拉克和查默斯）认为任何行为均等的认知系统必须是一个认知系统。"[1]

很显然，认知的颅内主义认为，由于不用考虑认知的标志，同时还将认知过程视为一个包括认知主体与环境的耦合过程，所以在使用工具的时候，自然而然地将使用工具的过程理解为认知过程，这是所谓的耦合构成谬误。

---

[1] Adams, Fred. and Aizawa, Ken., 2001: "The Bounds of Cognition", *Philosophical Psychology*, Vol. 14 (No. 1), p. 63.

亚当斯和埃扎瓦进一步通过区分延展认知系统假设和延展认知假设来强调，延展心智论题的论证是很弱的，尤其表现为延展认知系统假设要远远弱于延展认知假设。为了澄清这一点，让我们再回到奥托和尹佳的思想实验上来。在克拉克和查默斯看来，尹佳的信念和记忆，以及患有阿尔茨海默病的奥托在记事本上进行书写，最终都找到了目的地，说明了记忆与书写在认知过程中是相等的，它们有着相同的功能或相同的功能作用。而对于奥托而言，脑、笔和记事本就是他的认知过程，书写的过程等于认知过程。尹佳大脑信息处理的过程等于奥托用笔在记事本上进行书写的信息处理过程。可是，亚当斯和埃扎瓦认为，尹佳通过正常记忆，与奥托使用记事本去完成一项认知任务，为什么能被视为是等同的并没有得到详细论述。另外，将奥托使用记事本等同于认知过程也是有问题的。而把尹佳和奥托身体的、生理上的相似性与认知过程等同起来，对于提出认知的边界不构成威胁。相应地，把信念和认知状态当成一回事也不能说明心智是被延展的，因此这样的论证还太弱。

综上所述，延展认知论要求破除认知固守在大脑内的看法。认知的颅内主义认为，即使人使用了工具，认知也仅仅只能在大脑中发生，更不用说心智。笔者认为，两者之间的争论焦点实际上是围绕着心智和工具的关系而产生的。

第三章 延展认知与具身认知辨析

在第二章笔者梳理了延展认知的发展以及所受之质疑。质疑方主要以认知的颅内主义为代表,他们在认知的边界问题上,反对延展认知论松散地将认知放在脑内又放在脑外的观点。本章将认知的颅内主义这一术语放在认知主义名下,而认知主义把心智当作一个抽象的问题进行解释,利用表征和计算谋得了它的学科地位。

认知科学中外在主义运动的兴起一方面拓展了认知科学发展的空间,另一方面削弱了认知主义在认知科学中的地位和作用。在此,不妨将这一运动诞生的产物称为后认知主义,其主张身体—环境在塑造心智时发挥中心作用。① 从对认知主义的态度上来看,具身认知、情境认知和延展认知均可以算作这种外在主义的成员。由于研究的需要,笔者把情境认知和生成认知统一到具身认知上,目的是把精力放在具身认知路数与延展认知路数的区分上,从而表明后认知主义下的具身认知主义和延展认知论各自的理论兴趣。笔者曾在前面反复说明过,延展认知论试图将认知限定在大脑的认知理论向身体以外的世界扩展。但是需要注意的是,延展认知论并没有完全否认大脑对于表征处理和符号计算等的基础性作用。延展认知论力图否定笛卡尔式的本体论承诺,例如"定位

---

① 关于后认知主义这一称号,可以参考黄侃:《认知主义之后:从具身认知和延展认知的视角看》,载《哲学动态》2012 年第 7 期。

说"和"占有说"。

"定位说"突出的是皮肤和颅骨在认知边界中的优越地位，而"占有说"表明的是心理特征或认知的本性与外部事物无关，或根本上独立于外部环境。在这个意义上，延展认知和具身认知可以说是一条战壕里的兄弟，它们之间的差别并不是很大。既然我们的主题是讨论延展认知的哲学基础，因此在考虑延展认知论的独特之处时，必须注意延展认知论想表达的是，皮肤和颅骨不足以作为限定认知发生的标志。由于一直以来研究者受到笛卡尔式心智观偏见的束缚，导致认知科学把皮肤和颅骨，尤其是大脑视为一个存储器。这台存储器的计算能力曾经在早期人工智能领域得到追捧，不过后来当人们进一步质疑"人是会思考的机器"这一说法时，在解释人类如何与一台电脑、一部手机和一个记事本，乃至人类所处的智能环境之间的联系时，困难便产生了。另外还需要注意的是，具身认知更多是强调以身体为中心的行动—环境对心智的作用，与延展认知的区别是显而易见的，所以本章尝试对延展认知和具身认知做出必要的辨析。但是，在做出辨析前，需要在第一节和第二节说清楚具身认知的工作。在第三节将进一步对具身认知与延展认知进行比较。

一、具身认知的两个版本

具身认知和延展认知常被混为一谈，最直接的表述是，既然具身性已经将认知活动从身体内部拓展到身体以外了，为什么还要多此一举来一个延展认知。当然，这种局面与克拉克本人的论述多少有些关系，他最初对延展心智假设展开讨论时，就一直在借用具身性这个术语。但是，他本人没有对具身性与心智的延展之间的区别做出严格的界定和解释。这样很容易让人误解为，当我们在说具身心智时，是在说延展心智。为此，对这二者做出一定的区分，可以帮助我们弄清楚它们之间在工作原则上的差别。

具身认知有两个版本，温和版和激进版，在汉语里后者常被译为"彻底的"也是可以的。例如在有关心智是否需要处理表征这个问题上，机器人专家布鲁克斯就提出，要彻底断绝传统心智把表征放在中心位置的哲学。这种彻底断绝表征的关系也可以说是激进的具身性表现。因此，从（温和的）具身认知到激进的具身认知，再到延展认知究竟发生了什么故事实在需要梳理一番。

讨论具身认知需要注意两个方面，一个是机器人技术，另一个是哲学。笔者在前面借助德雷福斯对人工智能早期思路提出的批评，说明了认知主义作为理论纲领在指导认知科学发展时所存在的难题，在解决这一难题的过程中，具身认知进路的确发挥了非常重要的作用。受到具身认知进路的启发，布鲁克斯提出新人工智能的想法力求克服这一困难。他对这一新进路提出工作要求时指出，建立智能的控制系统是把每个个别的模块都直接与机器人的行为联系起来，而不是把知觉模块化，把世界模型化，要以计划和执行的方式设计智能系统。在这个新的智能系统中，系统所控制的是这种被称为"行为产生的模块"，而这种行为产生的模块可以通过两种观念来解决，但是它们有细微的差别：一种是情境性，另一种是具身性。

"情境性：机器人被情境化到世界中——它们并不处理抽象的描述，而是通过处理此时此刻直接受环境影响的系统行为。具身性：机器人具有身体并直接经验世界——这些行动是世界的一种动力学的一部分，并且这种行动对机器人自身的感觉具有中介的反馈作用。"① 从对这两个特性的描述上来看，一个机器人要能够自如运动，它的工作原则按照传统认知主义研究路数来设计，具体表现为：心智被视为一种抽象的信息处理器，在理论上它与外在环境之间的联系是可以不用考虑的，这就是没有情境的设计。同样，心智被隔绝到与环境无关的大脑内也相当于一个

---

① Brooks, Rodney., 1999: *Cambrian Intelligence: The Early History of the New AI*, Cambridge: The MIT Press, p.60.

没有身体的机器人。已故美国心智哲学家福多就持类似的观点。他认为知觉的和运动的过程都是由被信息封装插入所提供的有限输入和输出来完成。① 克拉克在对智能的本性进行介绍时曾说:"我们想象着把心智看作一个与装满了数据的一种逻辑推理装置耦合在一起,这是一种把逻辑机器和储物柜组合在一起的装置。但是我们忽视了这样的事实,即心智涉及让事情发生。最紧要的是,我们忽视了心智是一个生物的器官,它控制着生物的身体。……心智并不是非具身的逻辑推理装置。"② 布鲁克斯的实践为具身认知贡献了绝好的实践案例。

认知主义将认知过程视为以大脑为基础的信息处理,并认为认知过程就是心智过程。与这种基本假定不同,具身认知路数认为,心智过程不仅是由大脑的过程构成,而且还由它与更广的身体结构和过程组合而成。③ 有人把认知主义归结为笛卡尔的遗产,也有人把它视为康德的遗产。虽然两者在理论分析方法上有出入,但是对于导向认知内在主义的影响是一样的。众所周知,笛卡尔对心智(当年笛卡尔称之为灵魂)和身体的理论二元性的讨论做出过重要贡献。对笛卡尔而言,身体和灵魂在本体论上是有区别的,但是能够取得与世界的联系,则是认识论上的联系。笛卡尔的本体论论断需要通过认识论来实现,但是对于认识而言,身体扮演的作用既必要,又不能被纳入认识活动中。由此,身体和心智被划分开来。另外,笛卡尔又表示,动物是一个物理的自动机,它缺少思维,最主要的原因是它们缺少语言。这就涉及否认在世界中感觉和行动需要用思维来完成,于是将思维与高阶推理和语言使用统一在一起,就自然成了笛卡尔哲学的核心。而这种立场正是在认知主义的实际应用中得到体现。认知主义看重的是心理表征以及将事物形式化和将思

---

① Cf. Fodor, Jerry A., 1983: *The modularity of mind*, Cambridge: The MIT Press.
② Clark, Andy., 1997: *Being There: putting brain, body, and world together again*, Cambridge: The MIT Press, p. 1.
③ Rowlands, Mark., 2010: *The New Science of the Mind: from extended mind to embodied phenomenology*, Cambridge: The MIT Press, p. 53.

维规则化。

具身认知路数的代表人物瓦雷拉曾指出，认知是具身的行动，而当人们脱离笛卡尔式的哲学后的那种焦虑无言以表。这一路数力图向"认知本质上是表征"这一认知科学的核心观念发起挑战。① 对应于此，具身认知的核心观点是：认知是在情景化的和具身的行动中知道如何巧妙地运用技能。② "认知结构和认知过程从循环的感觉运动那里涌现出来，控制着在自主的和情景化的认知主体中的知觉和行动。认知作为知道如何的技能并不能还原为提前设定的问题求解，因为这种认知系统摆出和设定了什么样的行动需要用来解决这个问题的姿态。"③ 具身认知（心智）的提法在20世纪90年代开始流行起来。

在一本同名且具有总结意义的《具身认知》一书中，作者夏皮罗归纳了具身认知的三个特性。第一个是概念化：一个有机体的身体性能，限定或限制了一个有机体所能够获取的。换句话说，当一个有机体所依赖概念去理解其周边的世界时，取决于其所具有的身体，因此那是一个有机体与其他身体不一致的地方，它们会在如何理解这个世界的时候有所不同。更确切地说，是用身体的空间去换取概念的理解，例如当我们说"前面"或"上方"时。第二个是取代：一个有机体的身体在与环境发生相互作用的时候，将认知的核心脱离不了表征过程的想法取而代之。因此，认知并不取决于对符号表征的算法加工，而是可以当作一般的认知本性，并在人工智能的反表征路数中得以实践。认知发生于不包含表征状态的系统中，并且可以不用诉诸计算的过程或表征状态来解释。第三个是构成：在认知处理中身体和世界的关系是一种构成性关

---

① 〔智〕瓦雷拉等：《具身心智：认知科学和人类经验》，李恒威等译，杭州：浙江大学出版社2010年版，第xxi页，第8页。
② 〔智〕瓦雷拉等：《具身心智：认知科学和人类经验》，李恒威等译，杭州：浙江大学出版社2010年版，第xxi页，第8页。
③ Thompson, Evan., 2007: *Mind in Life: Biology, Phenomenology, and The Science of Mind*, Cambridge: The Belknap Press of Harvard University Press, p.11.

系，而不是一种因果性关系。讲求因果性关系是机械论时代的产物。同样，根据这种构成性的说法，身体或世界是认知的一种成分，而不是一种因果影响。①

夏皮罗从瓦雷拉等人对有机体的色彩经验的研究，以及拉考夫和强森的隐喻研究中看到，不同类别的有机体会产生不同的世界，身体的性能决定了某些概念的获得，这足以表明了具身认知进路与认知主义之间的区别。② 在具身认知进路看来，认知不取决于对计算—表征的加工③，这一观念还被成功引入新人工智能的工作原则中。这种放弃计算—表征的方案，试图从现象学、生物学和动力学的角度来理解认知和心智本性。

此外，汤普森 2007 年出版的《生命中的心智》一书中指出，生成进路与《具身心智》一书中提出的"生成"这一概念是相关的。当年与瓦雷拉合作《具身心智》时大家就想把"生成"这一概念统一到"具身"上。按照这条路数，生命体被解释为一种自主的认知主体，它能够积极地产生和处理自身。认知是在情景化和具身的行动中知道如何巧妙地运用技能。④ 在《具身心智》中曾有过这样的表述，"我们建议以'生成的'为名，旨在强调一个日益增长的信念：认知不是一个既定心智对既定世界的表征，它毋宁是在'在世存在'所施行的多样性动作之历史基础上的世界和心智的生成。"⑤ 从某种程度上来说，生成认知和情

---

① cf. Shapiro, Lawrence., 2011: *Embodied cognition*, London: Routledge.

② cf. Shapiro, Lawrence., 2011: *Embodied cognition*, London: Routledge. p. 112.

③ 认知是心智计算—表征加工的过程，是心智的计算理论的基本预设。它经常被替换为心智的表征理论。一般的解释是表征是具有语义特性的一种对象。计算—表征主义是指心理表征具有表征或意向的特性。从还原论的角度说，心理内容是由内在的认知状态和过程所构成，计算的心智理论通常持有这个观点。宽泛的解释认为，心理表征成为一个哲学话题实际来自"认知革命"（即推翻了行为主义的理论假设，重启了对心智活动的兴趣），进而形成了心智的表征特性即计算的观点。本文将持该观点的理论统称为计算—表征主义。计算—表征主义被视为认知科学早期的研究纲领。

④ Thompson, Evan., 2007: *Mind in Life*, Cambridge: The Belknap Press of Harvard University Press, p. 15.

⑤〔智〕瓦雷拉：《具身心智：认知科学和人类经验》，李恒威等译，杭州：浙江大学出版社 2010 年版，第 8 页。

境认知都可以由具身认知所统合。因此，从这两点的论述上就能区分出认知主义和具身认知进路。（见图3-1）

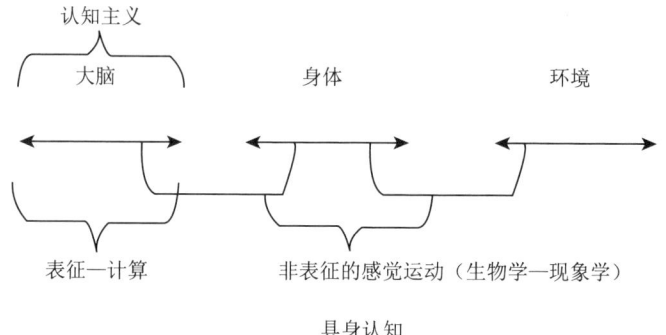

图3-1 认知主义和具身认知区别图

简而言之，认知主义将注意力集中在大脑与心智之间关系的解释上，试图通过表征—计算的模式来解释大脑如何产生心智和认知过程的形成。具身认知路数则将注意力集中在有机体的环境动力学考察上，并认为认知就是以行动为导向的感觉运动技能获取如何行动的过程。但是，具身认知和延展认知是否与表征—计算的解释策略断绝了关系，以及是否需要断绝这层关系，是促成激进版具身认知登场的原因之一。

激进版具身认知径直认为，必须以动力学的立场为自己这条路数进行辩护，在方法论上承诺知觉、行动和认知的动力学解释，以及不用顾忌表征。[1] 这种反表征的动力学理论反对把信息处理当作特定内在状态和过程所起的内容包含作用提供证明。克拉克将这种认为结构的、符号的、表征的和计算的认知观是错误的观点称为激进的具身认知，并指出具身认知就是这种以动力学系统理论为工具，通过非计算的和非表征的观念进行研究的典范。这种激进的观点还在以西伦和史密斯为代表的发

---

[1] Chemero, Anthony., 2009: *Radical Embodied Cognitive Science*, Cambridge: The MIT Press, p. xi.

展心理学、以布鲁克斯为代表的机器人技术和以范·盖尔德为代表的动力学理论等领域涌现出来。① 克拉克认为，重要的是动力学理论实际上是可以和表征理论互补。② 另外，他认为只考虑大脑、身体和世界相互作用，以及对内在表征和计算的放弃只算得上简单版本的具身认知。真正的激进版应当是"把认知系统常常误导分解为一系列内在神经的或功能的亚系统，这遮盖住了我们去选择的可能性以及更多的解释，并把传统意义上的大脑、身体和世界分成一个一个的"③。就此，可以简单说一句，激进版的具身认知是彻底的反表征主义，而它与非表征主义之间是有区别的。

切梅罗曾将延展认知视为一种具身认知的激进版本。相对于这种激进版本的具身认知，我们暂且称为温和版具身认知。这里似乎有一种错觉，面对这几个概念会让人不知所措，例如具身认知、温和版具身认知和激进版具身认知。温和版具身认知这个说法来自戈德曼。他曾表示，具身认知可以与传统认知科学相容，从它对身体—图式和大脑的再使用等概念的提出就是最好的例子。④ 如果说仅仅从对待"表征"的态度来看，瓦雷拉和布鲁克斯式的具身认知都可以算作反对表征主义的具身认知，在这个意义上，具有激进的意思。但是就一般意义上的具身认知而言，例如在克拉克那里，他并不认为具身认知一定要和表征主义划清界限，在这个意义上，具身认知甚至和延展认知还有一定的共同点：没有大脑的符号操作，认知又何从谈起。实际上，区分两种版本的具身认知主要目的是将延展认知与它们之间做出区别。在某种意义上说，延展认

---

① Clark, Andy., 1997: *Being There: putting brain, body, and world together again*, Cambridge: The MIT Press, p. 149.
② Cf. Clark, Andy., 1997: "The dynamical challenge", *Cognitive Science*, vol. 21 (4), p. 462.
③ Clark, Andy., 1999: "An embodied cognitive science?", *Trends in Cognitive Science*, vol. 3, pp. 345 – 351.
④ Goldman, Alvin I., 2012: "A Moderate Approach to Embodied Cognitive Science", *Review of Philosophy Psychology* (3), pp. 71 – 88.

知是认知主义的一种改进的版本,而具身认知则一开始就没有打算和认知主义为伍。

切梅罗在对心智理论进行划分后,提出了一种具身认知的激进版本。根据切梅罗的说法,激进版具身认知具有两项积极的主张和一项消极的主张:

主张 1. 表征的和计算的具身认知观是错误的。

主张 2. 具身认知通过一种特殊的工具 T 进行组合,工具 T 中包含了动力学的系统理论。

主张 3. 在这组解释工具 T 中不做心智表征(mental representation)的假设。①

切梅罗指出,主张 2 和主张 3 构成了激进版具身认知科学,这种认知科学不需要心智的体操,并且这种激进的主张与具身认知所信奉的内容是不同的,要分清这两种具身认知,最好回到具身认知的历史争论中。

切梅罗将心智理论分为取消主义和表征主义。它们是具身认知两个版本的源头。(1)在取消主义的名下划分出反表征主义——否认将心智作为一种自然的镜像来理解,它们分别是美国式的自然主义——以杜威为代表。在美国式的自然主义名下又划分出行为主义和以吉布森为代表的生态心理学。(2)在表征主义名下划分出计算主义,在计算主义名下又继续划分出具身认知科学和老式有效的人工智能(GOFAI)。(见图 3-2)②

---

① Chemero, Anthony., 2009: *Radical Embodied Cognitive Science*, Cambridge: The MIT Press, p. 29.

② Chemero, Anthony., 2009: *Radical Embodied Cognitive Science*, Cambridge: The MIT Press, p. 30.

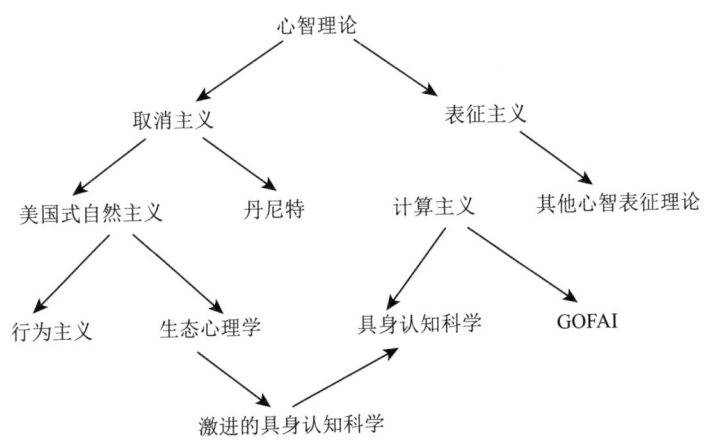

图 3-2　激进的具身认知科学演进图[1]

切梅罗认为，具身认知科学信奉具身的必要性以及动力学解释的价值，但是又把它们与心智的计算理论结合在一起。而激进的具身认知科学是取消主义的一种形式，它根植于美国式的自然主义，是反表征主义的。另外，切梅罗还指出，激进的具身认知科学是延展认知科学的一种，它对认知的解释是一种动力学的解释，并且明确反计算主义，包括宽计算主义。[2] 但是，切梅罗将激进版具身认知视为延展认知的一种类型。因此，在具身认知与延展认知之间还有许多需要澄清的地方。但是，笔者认为它们之间的区别是很明显的，如图 3-3。

由上所述，我们对具身认知与认知主义的一些差异，以及它的两个版本做了介绍。实际上，因为"计算"一词使延展认知的倡导者克拉克也陷入具身认知的版本之争中。当然，如果没有具身认知的激发，也不可能有后来的延展认知。然而，具身认知比延展认知更具有说服力的地方在于，它在工程实践领域被成功地应用，即在人工智能领域的应用。

---

[1] 参见 Chemero, *Radical Embodied Cognitive Science*, p. 30。
[2] Chemero, Anthony., 2009: *Radical Embodied Cognitive Science*, Cambridge: The MIT Press, p. 31.

至少，这是说服人们相信具身认知具有可取之处的一方面原因，而延展认知恰好缺乏类似的现实成功案例的支持。不过，我们会在本章的第五节里看到，通过讨论智能增强来给出延展认知在智能社会这个现实场景中的应用，以及在最后两章进一步加强延展认知在现实场景下的具体表现。

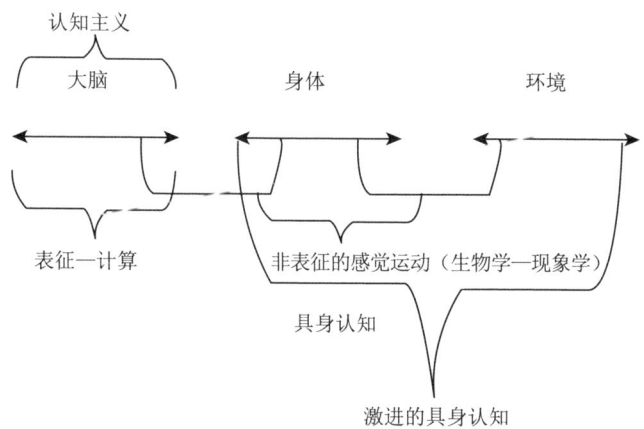

图 3-3　认知主义、具身认知和激进的具身认知区别图

二、具身的人工智能

20 世纪 50 年代，认知科学诞生于心理学、人类学、哲学以及其他一些前沿学科，如生物学、人工智能和计算机科学的跨学科的合流中。研究者发起一场对行为主义的讨伐，后人将这场运动称为"认知革命"。经过二十年余的发展，认知科学终于在 70 年代正式登场，认知主义成为领衔的研究范式，但盘旋在研究者上空的笛卡尔式二元论思维方式仍然是难以驱散的幽灵。直到 80 年代认知科学在认知主义教条的指引下获得相对成熟的学科地位，并且研究的主题开始稳定下来，研究范式也被固定下来，但是暴露出不少问题。

此时，一些不和谐的声音在经典人工智能领域若隐若现，随着德雷福斯等一些哲学家批评的出现,这个领域中的一些小群体开始将注意力和科学的研究兴趣转向对生命有机体根本原则的探讨上。然而,在好的老式的人工智能(GOFAI)经典教条中,生命有机体问题却长期被忽视。到了 1990 年,明斯基也开始承认,人脑在进化过程中形成了许多求解问题的不同办法和结构,用建立在公理化和形式化基础上的数学和逻辑的办法来描述认知与智能本性已经行不通了。表征计算和平行分布都是唯理论哲学的遗产,研究者都尝试用物理学的模型对真实世界的认知系统做出简单而又漂亮的描述。如果真的希望对认知科学有所帮助,并有实质性的突破,那么必须放弃唯理论哲学,转而从生物学中寻找灵感和启发。① 这预示着通过物理学主义在解释人类认知的问题上遇到了障碍,同时在哲学上的"笛卡尔式焦虑"也涌现出来。② 于是,生物学成为替代物理学的解释模型的方案,以及用现象学研究方案来代替"笛卡尔式的认知科学"方案。③

1991 年 4 月的布鲁塞尔迎来了一场会议,人工智能专家和生物学家希望在会上的讨论,达成新的研究范式共识。与会者普遍认为是时候为人工智能寻找一种新的范式了。当然这也引起了人们的怀疑,认知科学家对这种怀疑做出了纠正。他们认为:"范式转换不仅意味的是新观念,而且还是对构成什么样的新问题、用什么来证明一个结论进行转化。"④ 在这次会议上,哲学家瓦雷拉提出了"具身"这一概念,并认为该概念提供了一种新的范式。⑤

---

① 参见刘晓力:《认知科学研究纲领的困境与走向》,载《中国社会科学》2003 年第 1 期。
② "笛卡尔式焦虑"是瓦雷拉对基础主义和本质主义的一种调侃,同样也表现在克拉克所谓的"表征饥渴"上。瓦雷拉的具体论述参见:〔智〕瓦雷拉等:《具身心智:认知科学和人类经验》,李恒威等译,杭州:浙江大学出版社 2010 年版,第 113 页。
③ Cf. Wheeler, Michael., 2005: *Reconstructing the Cognitive World*, Cambridge: The MIT Press, p. 285.
④ Steels, Luc. & Brooks, Rodney., 1995: *The Artificial Life Route to Artificial Intelligence: Building Embodied, Situated Agents*, New Jersey: Lawrence Erlbaum Associates, Inc, Publishers, p. 1.
⑤ Steels, Luc. & Brooks, Rodney., 1995: *The Artificial Life Route to Artificial Intelligence: Building Embodied, Situated Agents*, New Jersey: Lawrence Erlbaum Associates, Inc, Publishers, p. 2.

具身认知进路是在经典人工智能尤其是在机器人技术研究中遇到障碍时，用来替代认知主义的方案。在经典人工智能的研究中，研究者们认为对通过人工智能高阶认知行为的研究可以模拟或解释人类的思维，如电子计算机如何应对国际象棋高手、如何进行逻辑推理以及熟练地解决问题，等等。另外，由于受到认知主义范式下语言学等的影响，研究者们常常使用句法学在机器人上进行实践。实际上，最主要的或核心的问题是有关表征的问题。按照笛卡尔式的原则，人工智能的研究者认为，他们的工作应该围绕建立一个先天的中心化的表征系统，通过这种强调抽象和符号推理的表征系统来提取抽象概念，这是形式化过程中最重要的一步。也就是说，"大多数的经典人工智能研究者早已嵌入到一种强工程传统（strong engineering tradition）中，在这样的传统中，设计者们事先分析可能发生的情境，然后将这些情境加以分类，再提出对这些情境的解决方案，最后试图应付各种可能的干扰。"[1]分类的结果就是让机器人在可以预计的情形下完成特定任务。克拉克曾对这种把事先准备的逻辑运算处理放进认知环节表示怀疑。在对丘奇兰德的视觉研究进行评价时，克拉克说把"纯粹的视觉"搭建起来，再放进人工智能的行动计划中，很明显就已经把世界抛诸脑后了。[2] 换言之，经典人工智能为自己设定了一个一般的、形式的、逻辑的和有所限定的方案，这个方案预先计划好了解决问题的未来图景。然而，当需要回答知识和认知是什么的时候，经典人工智能就不得不将所有答案通过抽象的方式来回答。但是，当机器人在面对一个突如其来的环境变化所带来的难题时，机器人程序中预先设计好的知识和认知却无法自如地解决实际问题。如此一来，问题求解便成了一个抽象环境中的问题，而不是一个实际环境中的问题。

---

[1] Steels, Luc. & Brooks, Rodney., 1995: *The Artificial Life Route to Artificial Intelligence: Building Embodied, Situated Agents*, New Jersey: Lawrence Erlbaum Associates, Inc, Publishers, p. 4.

[2] Clark, Andy., 1999: "An Embodied Cognitive Science?", *Trends in Cognitive Science*, Vol. 3, p. 345.

不久以后，经典人工智能研究者就会发现自己的理论捉襟见肘。

再说具体一点，具身认知进路从生物学家的研究中得到启发，针对人工智能在面对具体情况时应该如何是好而提出应对的方案。瓦雷拉举了一个很生动的例子："像一只移动的螳螂，只有极少的几种基本的行为样式：站立、缓慢爬行、快速行走和奔跑。尽管如此，这些基本的行为使得这些动物可能在任何像我们所谓的自然的或人造的星球环境中游刃有余地生活。生物学家的问题就是：这些动物的运动行为在一个给定的环境中是如何进行的？它们行为的选择如何使得行动变得游刃有余？这些动物是如何获得这些进入到一个给定环境中的常识的，以及把它解释为要求与慢慢爬行相对的奔跑？"[1] 正是这些经典人工智能无法解决的问题，才让新人工智能力图去探讨与感觉运动的智能相联系的低阶能力成为可能。新人工智能企图打造出不通过事先给定一组程序指令来控制行为的机器人，前提是让这个机器人为一个认知主体[2]。那么，一个认知主体首先要考虑感觉运动的能力和环境的关系，然后再对此做出的反应——与世界发生相互关系所形成的表征，通过它来产生一种合适的行为。因此，新人工智能需要找到一种"组织的机制和设计原则，它们能使认知主体自身去处理真实世界中持续不断出现的新情形"[3]。瓦雷拉试图将这种经典人工智能向新人工智能的转向视为从笛卡尔式到后笛卡尔式的跨越，后来有人将此视为认知转向。对认知转向的其中一种描述认为，认知研究者是以实践哲学为底层思考逻辑，关于这个问题将在本书第七章详细论述。

瓦雷拉认为，新人工智能发展的当务之急就是要提供一种解释：一

---

[1] Clark, Andy., 1999: "An Embodied Cognitive Science?", *Trends in Cognitive Science*, Vol. 3, p. 15.

[2] 关于认知主体英文 agent 的翻译，浙江大学的李恒威和复旦大学的徐英瑾将其译为"智能体"（参见《科学学研究》2007 年第 5 期和《逻辑学研究》2011 年第 2 期）。但是，这里我更倾向于使用"认知主体"这一译法。

[3] Steels, Luc. & Brooks, Rodney., 1995: *The Artificial Life Route to Artificial Intelligence: Building Embodied, Situated Agents*, New Jersey: Lawrence Erlbaum Associates, Inc, Publishers, p. 4.

个认知主体如何能合适地对环境做出实时的反应。他将这个要求总结为"常识化的突显"（commonsensical emergence），即"一种合适的自主结构的姿态"，"一个生命系统，在它自身的资源之外，在它做出下一步行为的瞬间找到合适行动的路径，这是自主的关键"。① 再如，一只在水里滑行的鱼，在正确的时间对环境做出合适的反应，是一种当下的判断。这一点很难可以用抽象的原理来解决。当然，与这种观点相对立的经典人工智能并没有把这些因素考虑进去，所以遇到困难也就在所难免。于是，自主的机器人就成为攻克经典人工智能难题的一项基本任务。

不过，像早先的明斯基等人认为，心智是由许多能力受到严格限制的认知主体所构成的：每一个认知主体仅仅能处理小规模和玩偶的问题。② 而在瓦雷拉看来，在设计上必须让认知主体处于一个很小的范围中才能完成某项指令，因此"这个问题必须是一种小规模的，因为当它们的规模被扩大时，对于一个单一的网络而言，它们就变得无法控制了。这一点正是认知科学长期以来所没有注意到的"③。同样存在的问题还在于："心智模式是一种从神经学的细节中以及从湿润的生命或生存经验中抽象出来的认知结构模式。"④ 当然，这种抽象的认知结构模式在经典人工智能实践中的具体体现就表现在：认知主体并非是实体上的或物质上的过程，它们是抽象的过程或功能，或简单地说就是信息处理过程。于是，认知就被视为一种不在实体上和物质上发生的过程，就像大脑的抽象功能一样。明斯基是对这一观点持赞同的态度的研究者之一。

---

① Steels, Luc. & Brooks, Rodney., 1995: *The Artificial Life Route to Artificial Intelligence: Building Embodied, Situated Agents*, New Jersey: Lawrence Erlbaum Associates, Inc, Publishers, p. 15.

② 这里的玩偶主要是指，完成的指令或接受的任务相当小，就像在摆弄一个玩具一样。明斯基将心智看成是由很多这样接受小指令的小玩意儿所组成。

③ Steels, Luc. & Brooks, Rodney., 1995: *The Artificial Life Route to Artificial Intelligence: Building Embodied, Situated Agents*, New Jersey: Lawrence Erlbaum Associates, Inc, Publishers, p. 12.

④ Steels, Luc. & Brooks, Rodney., 1995: *The Artificial Life Route to Artificial Intelligence: Building Embodied, Situated Agents*, New Jersey: Lawrence Erlbaum Associates, Inc, Publishers, p. 12.

而在瓦雷拉看来,与明斯基等提出的抽象的认知模式不同的是,认知应该是活生生的认知,对这种活生生的认知的具体要求就是：将认知主体和身体化耦合在一起的感觉与行动之间联接的细节凸显出来。而它们中间的联接点在明斯基他们那里是被忽视的,这也是前述的经典人工智能与新人工智能之间的鸿沟的具体体现。

确切地说,经典的人工智能与新人工智能之间的鸿沟通过具身认知进路得到了一定程度的弥合。为了弥合这一鸿沟就需要对研究范式进行转换,而范式转换就意味着所参与的学科会发生一些改变。例如在经典人工智能的研究中,参与研究的诸学科包括计算机科学、心理学、哲学和语言学,然而在新人工智能的研究中,所涉及的学科除了计算机科学和哲学之外,还包括工程学、机器人技术、生物学和神经科学。值得注意的是在新范式下,语言学和心理学已经失去了过去的核心学科的地位。语言学和心理学地位的丧失也标志着研究范式从对高阶的信息处理状态研究,转向对低阶感觉运动过程的研究。经典人工智能向具身人工智能之间的转向,具身认知进路起到了范式转换的作用,而其中范式转换的哲学意蕴要远远大于技术性的修正。

三、具身认知与延展认知

本节的任务是从延展认知和具身认知的比较中找出延展认知的主要特征。对于延展认知和具身认知不仅克拉克没有严格把它们区别开,就连反对者亚当斯和埃扎瓦也把两者放在一个合并号中来看待。[1] 但是基于对延展认知辩护的需要,首先我们需要回答,延展认知如何理解心智的。稍加追溯,我们可以发现联结主义是除具身认知进路外另一个对认

---

[1] 作者将具身认知和延展心智连在一起使用,EC-EM。Cf. Adams, Fred. & Aizawa, Ken., 2009: "Embodied Cognition and The Extended Mind", in Symons, John. (et al): *The Routledge Companion to Philosophy of Psychology*, New York: Routledge, pp. 193–213.

知主义不满的理论。从联结主义那里得到的启发看出,延展认知进路和具身认知进路或许都持某种整体主义态度,并反对孤立主义,但是延展认知进路并没有抛弃计算和表征,在这点上延展认知的心智理论的包容性更大。其次,从具身认知和延展认知热衷于借用生物学隐喻做出的论证来看,具身认知进路更偏重于生态学 + 心理学,而延展认知进路更倾向于将心智视为一种生物 + 技术的混合体。正因如此,本章第五节会从智能增强上讨论这个加号。

克拉克在《在那里》一书中承认,正因为德雷福斯这样的怀疑主义者对经典人工智能提出质疑,才激发了他去探索一种替代性的计算模式——联结主义或并行分布处理进路。[①] 在本章第一节对温和版具身认知进路和激进版具身认知进行比较时认为,这种所谓的后笛卡尔式的认知观放弃了计算—表征的解释策略。可以这么说,具身认知的解释策略是反表征主义。但是,我们同样也强调过,延展认知论并没有彻底反对表征主义的解释策略。如果在这一点上,把具身认知进路与延展认知进路区分开来是成立的,那么至少延展认知会承认一种修正版本的表征—计算主义解释策略,只是说这种策略既兼顾了大脑的一部分属性,又兼顾了注重身体与环境相互作用的一种外在主义主张。但是,更需要强调的是延展认知进路并不否认认知的具身性。从延展认知进路的基本设想上——认知是生物性的心智与技术的混合体——可以反映出它与认知主义、具身认知进路和激进的具身认知科学之间的区别。这种区别可以简单用下图(图 3-4)表示。

首先,从联结主义对延展认知进路的启示上看。20 世纪 80 年代,联结主义和具身认知进路成为替代认知主义的研究方案。两者都试图对经典认知科学的认知主义纲领提出挑战。在经典人工智能时代,心智被描述为一种逻辑推理的装置。这样一种心智观被视为一种知识的存储

---

① Clark, Andy., 1997: *Being There: Putting Brain, Body, and World Together Again*, Cambridge: The MIT Press, p. xvii.

器。认知就是一种对内在世界模式——表征—操作—计算的过程,它将心智作为一种内在模式与外在环境分割开。克拉克将这样的解释策略为一种孤立主义。

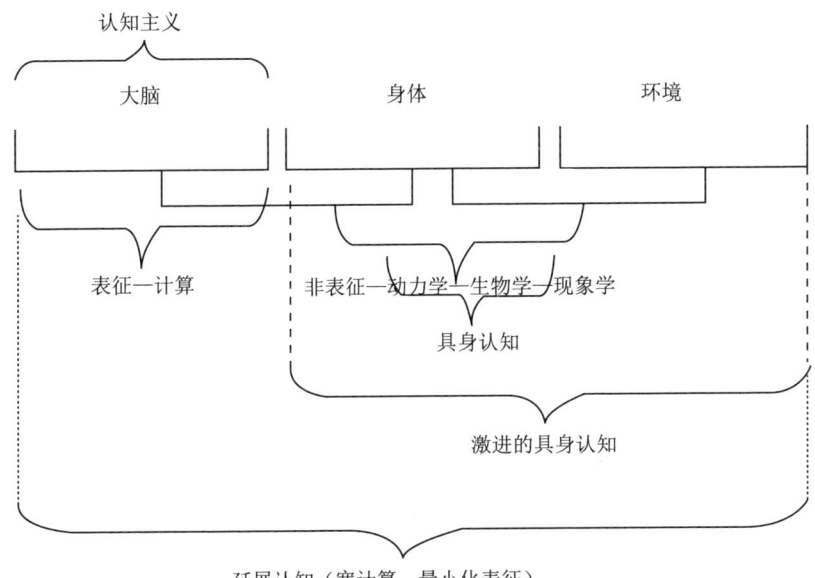

图3-4 认知主义、(激进的)具身认知和延展认知的区别图

从西蒙和纽厄尔的"物理符号系统"、费根鲍姆的"专家系统",再到明斯基的"微观世界"的框架皆是这种孤立主义解释策略的不同表现。从根本上来说,诸策略之所以会受到挑战,究其原因在于其忽视了心智是一种控制生物性躯体的器官。同样,如果具身认知路数选择了一种后笛卡尔式的路数来展开的话,那么它可以算作反孤立主义的一种版本。但是,反孤立主义并不一定需要否定或否认内在模式和计算—表征。克拉克认为,后笛卡尔式的认知主体无须借助内在表征,对内在过程,如知觉、认知与行动,以及心智、身体与世界做出区分。但是,反孤立主义并不一定需要成为一种反表征主义,而是一种最小化的笛卡尔

主义。① 因为，从生物学基础对认知与环境相互作用做出解释的话，以环境离线的去耦化推理对认知做出解释是不够的。对此，克拉克称，"实际上我相信，锻造一种纯粹的具身的、环境嵌入的认知主体的认知科学，确实是按照更强的表征化的媒介形成适应性行为密切地耦合在一起为目标的。"② 所以，心智可以不再被认为是非具身的逻辑推理装置。如果对这句话加以改造，并按照延展认知进路来看，心智可以被理解为是一种具身的逻辑推理装置。克拉克的反孤立主义版本将具身性与联结主义的计算解释策略结合起来，于是心智既具有了具身性，同时大脑作为生物性的认知基础，它的神经网络对表征的分布式计算，从某种程度上否定了大脑对孤立的表征符号进行操作——计算。前面我们对在线思维和离线思维进行过论述和比较，结合这里延展认知的操作思路，将在线与离线孤立开也是不可取的。

其次，以动力学的解释策略来看待心智，并非表明了动力学理论会排斥"表征"。受动力学解释策略的影响，对计算和内在表征的怀疑主义开始盛行起来。但是，克拉克认为，动力学与表征性的工具并非是两种竞争的解释策略，它们之间实际上是互补的。③ 在克拉克看来，这种相融性主要表现为，在使用一种弱的表征的时候，可以解释生物性的认知，而运用动力学对有机体—环境相互作用进行解释，也未必就支持了对强表征的（非具身的逻辑推理装置）反驳。因为，根据生物性的认知来看，有机体和环境的相互作用还涉及内在表征和环境输入中介之间的去耦。但是，当具身认知进路大力提倡去关注大规模的生态重要样式、

---

① Cf. Clark, Andy., 1998: "Embodiment and the Philosophy of Mind", in O'Hear, A. (eds.), 1998: *Current Issues in Philosophy of Mind* Royal Institute of Philosophy Supplement 43, Cambridge: Cambridge University Press, p. 37, p. 45.

② Clark, Andy., 1998: "Embodiment and the Philosophy of Mind", in O'Hear, A. (eds.), 1998: *Current Issues in Philosophy of Mind* Royal Institute of Philosophy Supplement 43, Cambridge: Cambridge University Press, p. 45.

③ Clark, Andy., 1997: "The Dynamical Challenge", *Cognitive Science*, Vol. 21 (4), p. 462.

内在的神经组织构成与身体和环境因素之间或多或少是相等的时候，实际上仍然存在认知主体与环境相互作用的离线处理表征的过程。① 对此，笔者会专门就动力学展开对认知的动态性进行论证。

将延展认知路数与具身认知路数做出区分，目的是想强调延展认知论主张在宽计算意义上的使用表征。作为宽计算的另一位提出者威尔森认为："至少某些计算系统使得认知达到了有机体边界的限制以外了。"② 从这个角度来看，这种宽计算主义基本上符合了克拉克对宽计算主义、最小化笛卡尔主义或最小化表征的要求，毕竟宽计算主义所强调的相互作用的过程——跨越大脑、身体和世界——并不与动力学理论相抵触。对许多内在的表征状态的调用立即产生，又转瞬即逝，它们巧妙而短暂地成为使绝大多数其他内在和外在的资源密切耦合的关键。延展的系统或许包含了将运动行为耦合为处理设备，并且将较为静态的环境结构作为更长期的存储和编码设备。所以，人类认知的机制逐渐渗透到了身体和世界中。③ "经过以激进地转化人类思维和推理空间的方式的延展网络，这种人类认知的计算回路因此就飞出了脑袋。"④

在延展认知路数得到了以外在主义倾向为主的研究者的支持之后，也相应诞生了诸如环境主义、整合主义、外在工具主义和宽计算主义等方案。这些方案对延展认知做了各种版本的解释，侧重点各有不同。总的来说，延展认知论试图去考虑认知主体与外在环境互动过程中，尤其是在一些特殊情况下，例如人类如何在使用工具的时候，以及身处一种智能化的技术环境下，更有效地完成认知任务。或者，从更深的意义上

---

① Clark, Andy., 1997: "The Dynamical Challenge", *Cognitive Science*, Vol. 21 (4), pp. 461–481.

② Wilson, Robert., 2004: *Boundaries of the Mind*, New York: Cambridge University Press, p. 165.

③ Clark, Andy., 2008: *Supersizing the Mind: Embodiment, Action and Cognitive Extension*, New York: Oxford University Press, p. 70.

④ Clark, Andy., 2002: "Towards a Science of the Bio-technological Mind", *International Journal of Cognition and Technology* (1: 1), p. 26.

去理解人类作为人与技术的共生者：人类思维和推理系统的心智和自我被散布到了生物性的大脑和非生物的回路之中。[①] 当然，对于这些问题还将在第四章和第五章中进一步讨论。

四、延展认知系统

让我们回到奥托和尹佳的经典思想实验中来。奥托是一位阿尔茨海默病患者，在没有使用记事本的时候，他的认知过程没有延展到记事本上，而当他使用记事本查询路线的时候，他的认知过程就延展到了记事本上了。于是，我们会问：在使用工具的时候，心智与工具应该具有什么关系？克拉克和查默斯的思想实验只对使用记事本的奥托进行论证，而没有对这两种情况下奥托的心智是如何变化给出一个详细的解释。另外，克拉克和查默斯认为，不仅在使用工具的时候心智延展到了工具上，而且认知就是心智与工具混合的过程。他们通过耦合系统论证与均等原则对此进行了辩护。然而，延展心智论题的确存在以下几方面的问题：

第一，从认知的能力上看，延展认知论还有不足之处。笔者将奥托的思想实验中的情形表达如下（甲）：

(1) 记事本与奥托的心智有因果上和信息上的关系；
(2) 记事本赋予了奥托心智认知能力，奥托不能没有记事本；
(3) 因此，记事本就是奥托心智认知功能的一部分。

只要足够细心，就可以发现（3）是无法从（2）中推导出来的。至少，从这一点来看，延展认知进路的论证不够完善。为此，克拉克和查

[①] Clark, Andy., 2003: *Natural-Born Cyborgs: Minds, Technologies, and the Future of Human Intelligence*, New York: Oxford University Press, p. 3.

默斯应该给出更为详尽的论证。不过，这仅仅是问题的一个方面而已。

而另一方面，同样继续推导如下（乙）：

(1) 奥托依赖于自己的认知能力，得知展览馆的方位；
(2) 当奥托不再或无法使用其认知能力，并依赖于记事本来完成认知任务；
(3) 奥托通过记事本得知展览馆的方位，奥托的认知延展到了记事本上。

在（乙）中是否存在问题呢？奥托究竟知道了什么？以及他的心智延展到了何处？笔者认为，（乙）只是谈到通过使用工具或设备去获取信息。确切地说，当一个可靠的记事本告之奥托展览馆的方位时，看似奥托知道了展览馆的方位，但是记事本并没有用到奥托的认知能力。所以，根据认知能力的观点来看，延展心智论题是存在问题的。这里应当注意，对于认知而言，如果认知主体没有启动其认知能力，严格意义上而言就不能称之为认知，甚至认知过程。换言之，知识（知道展览馆的方位）的形成源于认知能力。然而，当人们没有调动这种认知能力，并依靠外在的事物告知你某个"知识"的时候，这种所谓的"认知"并不能视为认知。所以，克拉克和查默斯所谓的"认知过程"在很大程度上而言，与传统对认知的理解有些出入。其实对这两个方面的讨论正是前面笔者设问过的问题：当有人问，奥托你知道展览馆在哪儿吗？奥托拿出记事本回答，与我知道一样。

第二，从心智与外在环境的关系看，延展认知进路还存在疑点。"人类的心智可以通过文化和技术的纽结被真正地延展和扩大，或者心智只是那个与使用了新式工具一样的老式的心智而已吗？"[①] 克拉克对自

---

① Clark, Andy., 2008: *Supersizing the Mind: Embodiment, Action and Cognitive Extension*, New York: Oxford University Press, p. 39.

己提出的这个问题解释道:"比起简单的以知识为基础的使用,外在的和非生物的信息处理资源,也适合暂时的或长期的增进与合作。无论这里坚持什么样的延展,我们不只是身体的和器官的,而是可渗透的认知主体。但是,在使用工具的例子中,我们现在可以指出各种不同的可见的神经变化,它们伴随着真正的汲取了工具的或新的身体的结构,很难弄明白在心智与认知的常规例子中要寻找什么。"① 此处,克拉克将工具理解为外在的和非生物的。这一点并没有任何问题,问题在于,为什么"生物—社会—技术的混合体"② 能被视为认知的或心智的?虽然延展认知进路注意到了计算在认知过程中的作用,这些过程包括记忆、信念等人脑的机制,但是它激进地认为,在一个认知系统中的大脑计算与在外在环境中的计算是相等的,人脑的计算(内在计算)与非认知(外在的工具)之间在完成一项认知任务时,它们的作用是一致的。这一点是值得进一步讨论的。当然,这种怀疑其实忽视了一种二元论造成的孤立主义主张,此前笔者曾批评过这种基于二元论划分的孤立主义。同样,这一点也发生在生物与非生物的分立上。

第三,延展认知进路将均等原则建立在生物性论证基础上的观点也有待说明之处。这一点在《超尺度的心智》一书中表现得较为突出。首先,克拉克认为,所举的例子试图说明:无论是个体还是群体的世界结构和行为,都在以不同寻常的方式改变着我们生物性的大脑。它与世界的交往源于信息的流入。而单纯的内在计算和内在表征已经不足以解释人类的思想,因此就没有必要把心智像蛋糕一样切割为内在和外在的部分。同样,也无须把人类所有的认知过程看做是大脑中发生的。其次,克拉克在"生物"一词的使用上,通过提出"生物外在的"和"非生物的"两个概念来为心智与工具的关系作出解释。例如,在为自己的

---

① Clark, Andy., 2008: *Supersizing the Mind: Embodiment, Action and Cognitive Extension*, New York: Oxford University Press, pp. 39 – 40.
② Clark, Andy., 2011: "Finding the Mind", *Philosophical Studies* (152), p. 457.

《超尺度的心智》所写的评论《寻找心智》一文中,克拉克继续强调:

>　　奥托的思想实验意在让读者相信,在特定条件下,一个生物外在编码的粗陋功能作用,对于一个内在的持续编码所发出的处理命令是非常相似的,这说明了作为物理机制的一部分的非生物的资源真正构成了一个主体的某种心智状态。①

　　这里克拉克使用"生物外在的"和"非生物的"两个概念来表示大脑外部的工具设备等,它们虽然不具有人的生命形式,也有别于人这样的生物形式,但是这种非生物性(机械性)的资源对于人类的认知而言是非常重要的。这是因为像人脑这样的生物性器官极好地装备上了外在结构,并且通过这种方式解决了不少问题。

　　很显然,这里克拉克除了表现出生物性论证倾向之外,还表现出功能主义的倾向。但这种倾向不仅没有区分出前面所言的认知的与非认知的,还在"功能"的意义上将生物与非生物合二为一。也就是说,只要能够在认知系统中产生作用就能产生某种信息,这种信息就正好能被人脑所接受。于是,生物性的大脑就与非生物性的工具组合起来。所以,在克拉克看来,人已经不是纯粹意义上的人,而是半机器人即心智、身体(神经)和环境(技术化工具)的混合体。

　　众所周知,随着技术人工物或(智能化)工具的出现,人类的认知情境发生了巨变。例如当我们需要拨打某人的电话时,手机上的电话本代替了大脑记忆电话号码的功能。此时,我们会发现,日常信念驱使我们去相信使用工具对日常生活所发挥的作用。但是,我们的信念又无法告诉我们,当通过手机上的电话本拨打电话时,心智竟然变成了手机的一部分。然而,回忆一个电话号码,或从手机菜单里调出电话号码,两

---

① Clark, Andy., 2011: "Finding the Mind", *Philosophical Studies* (152), p.448.

者的区别在于,提供信息的源头不同。可是,当获知一个电话号码,在这两种情形下,电话号码在大脑中的表征却是相同的。克拉克仅仅是将认知的过程理解为认知,并将外部世界参与到认知过程中的部分理解为认知过程的一部分而已。

这里需要强调的是,在这里生物性与非生物性之间能不能结合的问题,实际上是问人的心智从生物性的大脑中产生,它如何能被视为一个非生物的东西?比如一部手机。笔者认为,延展认知进路之所以会承认手机成为心智的一部分,原因在于它只强调手机的某种功能对大脑的替代作用。虽然,大脑可以不再记忆冗长的电话号码,但不意味着它不能记忆。换言之,即使大脑的部分功能或者身体的部分功能被替代,至少在大脑中还存在着最为根本的产生心智内容的能力。然而,延展认知进路中似乎没有强调这种能力,或者强调得不够充分。最后,笔者认为无论工具与心智处于何种关系,由于人类心智的这种能力才使得认知成为可能,因而心智是工具所不能替代的。不过,从演化论的角度来看,如果脱离环境来谈认知,脱离人类使用工具谈心智就会成为否认演化论的主张。现在关键是在为延展认知进行辩护的过程中扩充我们对生物和非生物讨论的空间。为此,我们不妨从智能增强谈起。

五、从延展认知到智能增强

目前,随着人工智能得到各国商业界的重视和市场的追捧,乃至上升到国家战略高度,智能增强成为令人瞩目的焦点。相比智能增强而言,认知增强出现得更早一点。例如一个结绳记事的古代人,一个把与野兽搏斗惊心动魄的故事画在石壁上的洞居人,这两个被记录下来的东西,成为他/她与自己沟通,与其他人沟通并借以扩大自己所见所闻,保存自己的记忆,以便增强自己认知能力的最佳办法。然而,今天我们认为,虽然智能和认知是人类表现的不同方面,但是智能仍被看成比认知更高一个级别的术语。当我们说心智的机器、会思维的机器时,说的就是这个机器有心智有思维,其中暗示了这个机器因为具有心智和思维就具备了智能。

本节的任务是进一步推进延展认知成为一种可能的理论,以及用其解释一些实际上的应用。从应用方面来说,人们对具身认知的反对并不强烈,原因在于它从哲学的现象学方面得到理论上的支持,同时又在工程学的机器人技术方面得到应用上的支持。本研究的总任务是为延展认知找到哲学上的支持,并希望通过智能增强为延展认知在应用上找到对应的支持。

智能增强是指对人类智能的增强,然而学术界对智能的定义却不是很确定,即便从认知科学诞生之日起,人们对有关智能本性探索的文献多如牛毛,也没有减低对智能究竟是什么的疑虑。为此,克拉克曾就一种奇怪的文化提出过质疑,比如20世纪50—60年代的科幻小说和科学报刊上四处可见人造心智的新闻。但是人们却对"智能的"人造物闭口不谈。一个原因就是我们把智能的本性给弄错了。我们把心智想象成了一个与装满了数据的逻辑推理装置耦合在一起的东西,这是一种把逻辑机器和储物柜组合在一起的装置。但是我们忽视了这样的事实,那就是心智涉及促成事情的发生。关键是我们把心智是一个生物的器官这事给忽视了,它控制着生物的身体。……心智并不是非具身的营造机器人逻辑推理装置。[①] 克拉克所指的这种文化,被布鲁克斯描述为寒武纪式的智能。这里要说明一下,寒武纪式的智能是指一种关于智能的低端认识,是人工智能发展最早的阶段。布鲁克斯出版的一本名为《寒武纪智能:新人工智能的早期历史》的书,是他多年来(1985—1991)关注机器人的行为研究的心血之作。书中表达了对一个机器人是应该像好的老式人工智能那样来营造,还是以行为为基础的路子来营造的疑问。布鲁克斯虽然在正文中并没有对寒武纪智能做出任何解释,但是从他的整个

---

① Clark, Andy., 1997: *Being There: Putting Brain, Body, and World Together Again*, Cambridge: The MIT Press, p.1.

研究来看，寒武纪智能大概描述的是早期的人工智能，即好的老式人工智能，它涉及特定的表征以及布置如计划和问题求解这样的高阶认知能力。但布鲁克斯对这个路数并不看好，因为在他看来这并不能确凿无疑地说就是智能，相比这种自上而下的路数，更应该考虑自下而上的路数——一种不祈求于表征，重视行动的路数。很显然克拉克描述的这个文化也是豪格兰德给早期人工智能取的外号——好的老式人工智能。

这种按照具身性来对经典 AI 提出批评外，布鲁克斯认为新人工智能要搞定机器人的情境性和具身性，而基础问题是质疑一个认知主体如何能搞明白抽象符号在真实世界中的意义，而对认知内容的理解一定来自认知主体的具身经验和身体特征。然而，不论是寒武纪的智能也好，还是好的老式人工智能也好，它们的哲学远亲来自笛卡尔主义，近亲就是认知主义。

受笛卡尔主义的影响，心智和身体成为两个实体，同时因为物质主义的介入，人们把心智视为大脑物理活动的一个产物。因此，当有人说，我在做一组长运算题，我用笔和纸做出了这道题，如果单凭我的心算那可是要命。所以，用笔和纸这些人造物成了我的认知"支架"，心智延展到纸和笔上。比起纸和笔来说，今天的计算机也起到了同等作用，它们是人们问题求解的好帮手。这也使得人和机器的话题进入了新一轮的讨论范围。

一把锄头是农夫的体能增强物，一架太空望远镜是人类视觉的增强物，一部手机的记事功能和电话本是人类记忆的增强物。随着人工技术的发展和广泛应用为文明社会的成长提供了很好的机遇。但是，整个社会规则的制定却以"机械论范式"为基础而建立。笛卡尔生活在机械论兴起的早期，心智和身体之间占有重要地位的是心智，它是控制和理解世界的中心。在康德那里，先天的认知结构也是保证我们理解外部世界的根基。一般研究者会把从现代哲学开创的哲学看成主体哲学，也可以说成是人类中心式的哲学，它们都是机械论时代的产物，因此称之为

"机械论范式"一点不奇怪。不过,有研究者认为,以人类为中心的哲学根本没到来。例如马切蒂对人工智能的发展路径做出分析时发现,人工智能一直以来以机械论为范式,而不是以人为中心的范式。① 在此,或许读者会产生这样一个疑问,既然现代哲学是一种人类中心式的,例如笛卡尔和康德的哲学被成功引入到经典人工智能,那么按理说经典人工智能应该是一种以人为中心的范式。但是,马切蒂为何会说以人为中心的范式还没登场呢?这个问题或实际情况应该从另一个角度看。

如前文所述,图灵试图考虑让一架机器如何才能够具有思维,最初的研究目的是人是如何思维的。如果能从机器身上发现一些踪迹,那无疑对人类的思维是如何运作的理解将有巨大贡献。计算机在这个意义上诞生,可以说20世纪后半叶是计算机的时代。哲学上的计算机隐喻就是一个很好的例子。恰恰因为这个隐喻,研究者似乎已经忘了当初产生的这个研究热情的初衷是针对人而不是机器。当然,随着计算机的问世,初衷很自然地转移发生,就是随着商业和社会生活的需要,研究者更希望开发出越来越好的计算机器,把一个机器造得跟人一样,而不是从机器身上找到理解人类智能的本性,人工智能也就在这个背景下诞生。

对于从机械论范式转向人类中心范式的要求,马切蒂说道:"如果我们想要继续建构、发展和全局范围内实现'人类中心范式',这将引导我们不可避免地分析人类心理行为,为如何理解我们不可思议的宇宙、心智机器运作提供一种模型;定义我们的心智在建造意义和思维,精神世界和物理世界的功能,更一般而言,所有这些人类通过假设不同的态度阐释世界和情境。"② 不过对于机械论范式在全球经济中的实现而

---

① Marchetti, Giorgio, 1994.: "A Mind Theory for the Human-Centredness Paradigm", *AI & Society* (4): 363–376.

② Marchetti, Giorgio., 1994: "A Mind Theory for the Human-Centredness Paradigm", *AI & Society* (4), p.364.

言，马切蒂认为，它们表现为排除社会而青睐一种纯粹逻辑的益处，对新技术、新管理和产业技术的研究到了白热化程度，只顾及保证市场纯粹需求的安全性，而不顾他人之安危，把学院式学科和职业化学科替换为跨学科性，把文化的"或"改成了"和"，而这些都是基于实现全球经济的逻辑而制定的。在指出人类中心是什么时，马切蒂借用了吉尔的话说："'人类中心是一种新的技术传统，它把人类的需求、兴趣、技能、创造性和潜能放在人类组织和技术系统设计行为的中心位置'，一种技术'促进合作和多方面理解，并被设计来服务于所有人的需求和渴望，而不是为了工业国家的经济实现。'"[①] 马切蒂的核心要旨在于，所有技术和人工工程系统都应该按照人类的需求为中心。但是他所批评的机械论范式难道不是以人为中心吗？

由上可见，不论是机械论范式还是人类中心范式，重要的问题是人的位置问题。这一点其实很像前面所讨论，认知主义和延展—具身认知主义如何看待人类认知与心智的本性之间的差别，即到底以什么为中心的问题。是以（甲）人（逻辑—运算，符号加工）为中心，还是以（乙）人（身体—感觉运动技能）为中心，还是以（丙）机器为中心，这三个方面如果放在人和机器的架构中，形成的理论是明显不同的。当然我们可以继续问，人—机为中心可能吗？这涉及智能增强的理论指导方向问题。如前所述，（甲）和（丙）作为机器隐喻贯穿在认知科学的早期，（甲）人应该被视为一种机械论范式的产物，（乙）是具身认知的主张，三者各自有其独特的理论价值。这里笔者尝试按照延展认知的理论倾向提出主张（丁）：人—机为中心范式。下面笔者将简要论证人—机中心范式。

首先，从机器范式说起，它可以是（丙），可以是（甲），也可以是（甲）+（丙）。瑞士心理学家科勒表示，在心理学和行为科学中一直潜

---

① Marchetti, Giorgio., 1994: "A Mind Theory for the Human-Centredness Paradigm", *AI & Society* (4), p.364.

藏着对机械论和因果性为主导的机器范式,这一范式不能提供细节上的观察,会导致心理学作为科学知识的危机。因此,科勒提议用有机的范式来取代机器范式。"一种有机的范式应该包含从知识的主观和客观两个方面获取知识的可能性。第一种是关于个人的经验感知及其机场的过程,第二种是关于从其他方面看到人类的身体和行为特征。"[1] 机器范式在心理学和人工智能的待遇变得相似,在21世纪它们越来越多被研究者放弃。因此,无论是这三种情况的哪一种,它们都不能指导研究者对认知、心智和智能本性的理解。

其次,从人—机为中心范式来看,"中心"其实是一个不妥当的词汇,因为任何反中心论都是某种中心论。如果是这样的话,笔者只有勉强使用这个词汇,因为没有更好的替代词汇。用延展心智论介入人类增强的讨论,必须注意的一个问题是,一个人和一台计算机的相互作用,是(甲)(乙)(丙)中的哪一类?(甲)+(丙)是纯正的机器范式。另外,还有一种具身式的表达式:(甲+丙)+乙,假设其中的(乙)是中心,(甲)和(丙)很容易被放进一个不重要的位置。这和把人放进一个不重要的位置是等同的。如果这两种方案都不可取的话,我们设想下把(甲+丙)和(乙)放在天平的两端的样子,这个样子就是延展心智论提出的均等原则。再用一个等式来表达:机器认知(丙)+人的认知(甲+乙)=延展认知。

因此,当我们谈智能增强,一定不能回避延展认知的模型。所谓的智能增加,就是对智能的放大。假设一个认知主体T是一个自然的或人工的智能体,对T的增强有两个途径,一个是在T′体内做增强手术,假如智能是像脂肪一样,医生通过注射脂肪,T的智能得到增强。另一个途径是在T″体外进行增强手术,就像奥托一样,拿着一个记事本,随时想用,随时可以查看里面的信息。当你生病了也不想立即就医,你通过

---

[1] Kohler, Alaric., 2010: "To Think Human out of the Machine Paradigm: Homo Ex Machine", *Integrative Psychological and Behavioral Science* (44), p. 45.

网络查找相关合适的药方。哲学家们虽然相信 T′ 做智能增强术有一个前提是，确保智能是一个物质性的东西，就像人们在怀疑延展心智论时常常会问，心智难道从颅骨流到了手机上了吗？如果情况不是这样，那么心智如何延展呢？如果在 T′ 体内植入一个智能体 I，假如它是一个木盒子，或假如是一块只有指甲大小的硅芯片，那么按照物理身体的生命政治观，T′ 会排斥木盒子，而接受硅芯片 I。在这个意义上，我们可以说这是一种智能增强。

如果 T″ 将 I 拿在手中或架在脖子上，T″ 只要一有认知任务就调用 I，这是延展心智论最常用的模式。我们都知道，人类演化已经学会制造 I 来帮助自己完成当下面临的难题。借用安德森的说法，这是一种杠杆智能，从字面上很好理解，要把一块大石头撬动，使用杠杆比用手抬省力得多。演化的历史让我们相信，人类智能的力量中天然地或被设计拥有着一部支架，但是这个支架通过和经由我们使用的计算机器来加强人类认知，在很大程度上一种过时的、可能是不正确的认知本性观点下被设计出来。[1] 而这种杠杆智能实际上就是利用外部的一个装置来增强主体的智能，也就是所谓的人机互动。

---

[1] Anderson, M. L., 2003: "Embodied Cognition: A field guide", *Artificial Intelligence* (149), p.121.

第二部分

搭建延展认知的哲学基础

第四章　寻找延展认知的本体论基础

众所周知，本体论是哲学上重要的词汇，是指哲学上探究世界的本原或基质的一种思想活动。从历史上看，本体论的样式和形态随着哲学理论的发展而在发生变化。从方向上看，大致本体问题可以分出两个方向，一个是本体—逻辑的，另一个是本体—历史的。在《从本体—历史的观点看》一文中，盛晓明教授指出，前者主要指各种形式的实在论，后者可以追溯到黑格尔和马克思，还有新老实用主义等有着社会学倾向的理论家。这种本体—历史的观点主要表现是："科学知识是如何来自产业和技术实践的，或者说知识产生于什么样的文化环境……科学是如何塑造了社会制度和人的文化实践的，以及制度与文化实践如何反过来重构着科学本身，等等。"① 虽然这种观点的表达是用来指示一种与以往科学哲学不同的理论传统，但是既然是一种理论传统，因此笔者尝试把这种理论传统引入到认知科学哲学中来，用它来理解认知主义和后认知主义。

另外，盛晓明教授还区分了物理学主义和社会学主义两种不同的观点，物理学主义的传统主要体现为本体—逻辑观，社会学主义则体现在认识—历史的观点。虽然盛晓明教授认为持本体—历史观点的理论家不

---

① 盛晓明：《从本体—历史的观点看》，载《哲学研究》2012年第4期。

会接受社会学主义，但是出于本文的写作需要，笔者将社会学主义视为后认知主义中延展认知论的本体论基础，使延展认知论可以在本体—历史的观点下得到解释。《认知边界的哲学讨论》曾尝试对物理学主义和社会学主义进行划分，指出物理学主义和社会学主义都隶属于自然主义。[①] 此外还需要澄清两个概念：第一，社会学主义通常会被作为社会学的专业词汇使用，不过在科学哲学领域首次进行论述的是《从本体—历史的观点看》，该术语在国内被应用到认知科学哲学领域是笔者的博士论文《认知边界的哲学问题》和发表的名为《认知边界的哲学讨论》的文章；第二，从国内哲学界来看，Physicalism 在心智哲学中通常被译为物理主义，出于对使用社会学主义（Sociologism）这一术语的需要，笔者将其译为物理学主义。

本章第一节试图从本体论逻辑的和历史的两个方向进行分析，指出本体—历史的观点在延展认知里有所体现，这种体现与强调本体—逻辑的认知主义之间存在区别。通过这种分析，我们可以清楚地看到延展认知的工作原则。第二节试图说明的是延展认知在本体论上仍是一种自然主义立场，这种立场从社会学主义身上得到体现。这里将指出物理学主义更青睐于还原论，而社会学主义则体现为整体论。因此，该节主要论证社会学主义是否违背自然主义的工作原则，并对这种具有整体论色彩的社会学主义加以扩展。在对认知主义所归属的物理学主义工作原则进行分析的基础上，第三节将论证还原论所导致的孤立主义将使得认知主义脱离对认知所处的场景和社会文化的依赖，而延展认知是对这种工作原则缺陷的有效填补。

一、延展认知的"本体—历史的"分析

科学哲学中有四类理论框架，盛晓明教授在针对这四类理论框架时

[①] 黄侃：《认知边界的哲学讨论》，载《哲学分析》2013年第8期。

指出，(1) 本体—逻辑的，主要指各种形式的实在论观点；(2) 认识—逻辑的，覆盖了维也纳学派的波普的逻辑主义；(3) 认识—历史的，包括库恩的观点等。这三者作为一种理论传统发端于康德，后来成为20世纪科学哲学的主流。因为与第二种理论传统没有共同的语言和交集，第二种理论传统的代表是 (4) 本体—历史的，它来自黑格尔、马克思和新老实用主义，他们看重知识生产的社会文化环境等。① 如果说从理论传统上来看，认知科学的发展源头与 (1) 和 (2) 相似，这种在本体论上的约定，决定了传统认知科学以注重符号逻辑处理—表征计算为己任。这种以表征计算为纲领的研究范式我们将其统称为认知（内在）主义。

这种内在主义路数，以柏拉图到笛卡尔构造的"本体—逻辑的"哲学为代表，本体论上追求稳定的基础，在哲学上也获得了另一个称呼，叫作基础主义或本质主义。而在认知科学领域可以表现为各种各样的"定位说"或"位置说"，像笛卡尔就认为心智活动的位置来自松果体，丹尼特对这种认知观评价表现为他对大脑中的小人（侏儒）操作着表征的批评。但是在这条路线上，因为柏拉图更多倾向于神秘主义，而不像笛卡尔机械论的哲学态度，后人很少将"定位说"或"位置说"和柏拉图的理念拉上关系。因此，这种"本体—逻辑的"观点相近于笛卡尔主义或者个体主义。这些理论之间的相关性构成了20世纪认知科学图景的一部分。丹尼特在评价人工智能对人类心智和认知本性的理解时谈到，像图灵式的"机器能思考吗？"是一个迷惑哲学家数年的问题，而图灵的灵感或许来自笛卡尔。② 前面笔者也曾讨论过，按照原计划研究者希望通过机器对人的模仿来获得对人类智能本性的理解，但是后来没有人在这个计划中获得成功。倘若一架机器能感受到自己在思考，人们

---

① 盛晓明：《从本体—历史的观点看》，载《哲学研究》2012年第4期。
② Dennett, Daniel C., 1998: *Brainchildren: Essays on Designing Minds*, Cambridge: The MIT Press, pp. 5–6.

就可以描述机器对于世界的感受。换言之，按照笛卡尔式的表述，假如我在思考，那么我一定能感受到我在思考。如果思考是一种高阶活动，感受是一种低阶活动，那么两个阶段并非分开进行。

内在主义的另一个表达形式出现在康德哲学中，由于康德更重视主体认识活动的产生，按今天的话来说，康德关心的是认知如何形成，它的通道在哪里，以及使得认知成为可能的东西在哪里等问题。黑格尔曾说："康德哲学的观点首先是这样：思维通过它的推理作用达到了：自己认识到自己本身是绝对的、具体的、自由的、至高无上的。思维认识到自己是一切的一切。除了思维的权威之外更没有外在的权威；一切权威只有通过思维才有效准。所以思维是自己规定自己的，是具体的。"① 笔者将康德的工作规划在"认识—逻辑的"路数上。

如果说在笛卡尔这里本体论和认识论在"自我"概念中被纠缠在一起，那么康德则希望在认识论上建立一个"自我"王国。"康德给出了一种新的认识论策略，它是由下述两个相关而又不相容的主张构成的：一是表象主义，指这样一种观点，知识要求表象与其所表达（或代表）的对象相关，通过分析表象与对象的关系就能知道外部世界；二是建构论，意思是说，知识要求主体把所认识的对象作为认识的一个条件来建构，说得直白点，我们建构了自己所知道的东西。"② 康德版本的内在主义和笛卡尔版本的内在主义的区别在于，前者强调认知通过处理表征被建立起来，而这些表征实际上是认知主体自己构造的。因此，在康德这里的主体通过反思性和重构性所实现。而后者是一种对人类心智本体论意义上位置和定位上的刻画。所以今天很多对认知科学批评的哲学家更关注笛卡尔版本，而少有对康德版本的内在主义感兴趣。

要说这两者的进一步的区别则表现为在笛卡尔版本的内在主义那

---

① 〔德〕黑格尔：《哲学史讲演录》（第四卷），贺麟、王太庆译，北京：商务印书馆1983年版，第256页。
② 盛晓明：《从本体—历史的观点看》，载《哲学研究》2012年第4期。

里，所要表达的是我们之所以能够认识外部世界，原因在于我们有来自心智的知识。与之不同的是，"首先，康德认为，先天知识所提供的并非是知识从大脑产生的问题，或从外在环境中产生的问题。先天知识只是认知的一种结构而已，这种结构是心智与外在环境相互作用的产物，它在相互作用中产生，并不断发生变化。当然，这样一种变化和相互作用是以一种先天的推论为起点的。其次，康德认为，智能本身不是知识，相反，它们是知识的潜能。只有外在世界通过智能加工（认知过程）时，智能才能够表现出来。康德式的相互作用论看来要比笛卡尔高明许多，因为它在肯定了心智能力的同时，还肯定了外在环境的作用。当然需要注意的是，这种肯定仅仅是从观念论角度来强调的。"① 这里要说明的是，与笛卡尔相比，康德看到了环境相对心智产生的作用，但是从康德的表述来看，环境的作用只是一个次要角色，是为了配合心智而存在的东西。另外，这个环境不是一种现实的环境，而是一种为了满足先天认知结构所需要的环境，这种环境是相对于现实的一种理想的或观念的环境。虽然康德比笛卡尔多走出去了一步，但笛卡尔的内在主义版本很容易诞生个体主义和孤立主义，而康德的内在主义版本实际的用处却体现在早期人工智能的框架问题等方案中。因此，"本体—逻辑的"代表着笛卡尔版本的内在主义，"认识—逻辑的"代表着康德版本的内在主义。

以上四种类型的理论观点，笔者分析了其中两类（1）和（2），值得注意的是（2）和（3）也存在重合的地方，这一点主要表现为它们会过问与知识相关的问题，区别在于（3）"认知—历史的"不看重逻辑在知识中的地位，相当于说，我们只需要搞清楚知识如何被生产，即使我们要回答知识是什么，也不会依赖于逻辑符号—表征计算，而倾向于把知识放在历史的条件下来考察。这样来说，（4）"本体—历史的"和

---

① 黄侃：《康德式认知哲学的特征及困境》，载《山东科技大学学报（社会科学版）》2013年第6期。

（3）"认知—历史的"的重叠之处在于看重历史。宽泛的理解历史，包含两点：一是时间，二是演化。

在"认识—历史的"观点上，库恩是一个主要代表人物。众所周知，他在康德意义上，通过达尔文主义对科学知识的生产做出了扩充，被冠之"后达尔文的康德主义"。在《结构之后的路》一书中，库恩表达了自己的立场。① 从演化的角度看，在笛卡尔版本的内在主义那里是找不到任何与演化论相关的论述和倾向。但是从库恩的表述中我们可以发现，这种演化论的倾向，特别是看到环境对于心智构造的重要性，多少说明了库恩把康德判断成具有演化论色彩的哲学家。"康德对先天认知结构的构造是从环境而来对认知主体的建构，在这个过程中存在一个在先的条件，就是认知必须具有一系列条件的集合。当然，这个集合中的各要素是不稳定和变化的，但是其结构本身是确定的。……正是从这种集合的不稳定变化中，库恩才看到了认识是'历史的'，而不像康德只注意'逻辑的'，这样才允许他把康德的先天认知结构与达尔文的思想结合起来。"② 康德的天才思想在达尔文以前就已经具有了演化的影子，"最适合演化论的传统哲学，是康德阐明的"③。当然我们还知道，对历史的真正重视是从黑格尔算起，而在另一位常被忽视的哲学家歌德那里也带有比康德更多的演化论色彩。实用主义哲学家因为重视黑格尔和演化论也是我们需要密切注意的一个环节，这一点笔者会在第九章专门展开。

从（3）"认识—历史的"和（4）"本体—历史的"的对比中，我们看到了历史—演化的影子。历史在黑格尔那里被提升到了本体论的高度，人类在演化的历程中，从个人来说是个体在特定时间和空间中完成

---

① 〔美〕库恩：《结构之后的路》，邱慧译，北京：北京大学出版社2012年版。
② 黄侃：《康德式认知哲学的特征及困境》，载《山东科技大学学报（社会科学版）》2013年第6期。
③ 〔美〕莱文森：《思想无羁：技术时代的认识论》，何道宽译，南京：南京大学出版社2003年版，第9页。

自身的认知任务;人类漫长的演化之路,物质生产是敦促我们形成各种对策去完成认知任务的原因。因此可以这样说,心智和认知,包括人类智能在内,是物质生产过程中的副产品。有机体并非是为了智能而演化出智能来,也并非是为了需要一颗心智而演化出心智,也不是为了去认知而演化出认知来,它们是自然而然的产物。不过我们当然也没有为此就放弃对这种副产品的认识和理解。然而,只是用副产品这一说法,我们没法专门去做一件是认知的事,这个意思大概用黑格尔略带讽刺意味的话来形容一番比较合适:"考察认识能力就意味着认识这种能力。因此,这种要求等于是这样的:在人认识之前,他应该认识那认识能力。这和一个人在跳下水游泳之前,就想要学习游泳是同样的[可笑]。"① 黑格尔这句话是用来批评康德在认识论上的举动,一方面指出像认知这类东西我们没法在它发生之前搞清楚它是什么,当然在康德这里认知的发生不需要一个实际的时间,康德虽然通过这种办法获得了普遍客观性的保证,但是却丢掉了认知的真实性——实际的时间。另一方面指出的是,像考察认知这类活动如果不能像跳下水游泳一样去获得游泳的知识,我们如何能在游泳之前获得如何获得游泳的知识呢?换句话说,考察认知、心智和智能的本性如果不在一个实际的场景中,不借助实践是没法理解它们的。所以,黑格尔除了看到了实践的重要性,而这种实践与认知活动并非对立;他还看到了现实的重要性,正是基于这一点,演化的实际意义就在于活下来。因此,"从本体—历史的观点看……科学的本质不在于表征世界,而在于介入、重塑世界"②。

回到延展认知的基本论证上来看,它试图脱离传统认知主义视认知、心智和智能为一个装在大脑这样一个保险柜里的观点,认为应该把认知和心智视为一个从大脑、身体跨入到环境中的设备之过程。首先,

---

① 〔德〕黑格尔:《哲学史讲演录》(第四卷),贺麟、王太庆译,北京:商务印书馆1983年版,第256页。
② 盛晓明:《从本体—历史的观点看》,载《哲学研究》2012年第4期。

认知是发生在一个实际的时间中的，不像经典人工智能那样，一个机器通过信号的输入和输出能够处理指令，但是却没法处理真实的时间。这里真实的时间就像黑格尔的游泳隐喻一样，不是设想一个游泳的时间（场合），而是实际在一个真实的世界中发生。因此，延展认知所谈到的不仅仅是实际的时间，还包括实际的世界。其次，认识是发生在一个实际的世界中的，像一个饥肠辘辘的原始人，他要做的是尽快弄到吃的，而不是想怎么才能弄到吃的，他可能随手捡拾一个大石块砸死了刚从身边跳过的野兔。生活在真实的世界中意味着会面临突如其来的难题。在漫长的演化历程中，我们已经熟练地掌握了生存的技能。

从这个意义上，延展认知既不能依靠本体—逻辑的观点，因为它会导向笛卡尔版本的内在主义；也不能依靠"认识—逻辑的"观点，因为它会导向康德版本的内在主义[①]；如果依靠"认识—历史的"观点，又会与"本体—历史的"观点发生冲突。如果（1）和（2）需要舍弃，那么（3）和（4）能够对延展认知构成支持吗？对这个问题的回答我们尝试从本章第二节和第三节找寻答案。

二、社会学主义不违背自然主义原则

本节笔者将先回答社会学主义是否违背自然主义的原则这个问题。为此，不妨先看看《斯坦福百科全书》中"自然主义"词条关于自然主义的解释：

> 自然主义在今天的用法诞生于杜威、内格尔、胡克和塞拉斯等称为自然主义者的哲学家，他们的目标是把哲学和科学联系得更紧密。他们强调，实体被自然耗尽，不包括"超自然的"，并且科学

[①] 延展认知和认识—逻辑的观点的不相容，具体论述可以参考黄侃：《康德式认知哲学的特征及困境》，载《山东科技大学学报（社会科学版）》2013年第6期。

的方法也要用来观察所有实体领域，包括"人类精神"。……本体论这部分主要关注实体的内容，断言实体中是没有"超自然的"或"幽灵般的"这类实体的位置。……本体论的自然主义者对心理的、生物的和其他"特殊的"对象采取一种物理学主义态度。他们主张不存在心理的、生物的和社会范围的东西，有的都是物理实体。①

按照这个词条的解释，自然主义有两个关键的内容需要注意：一个是本体论拒斥具有"超自然的"和"幽灵般的"实体，另一个是本体论主张除了物理的事物之外，别无其他。从某种意义上说，自然主义等同于物理学主义。如果照这种观点来衡量自然主义又未免太窄，这方面笔者较为认同盛晓明教授的观点："如今所谓认识论的自然化，很大程度上就是康德哲学的自然化，就是在所有表象中取缔任何具有特权地位的表象。它产生了两种结果，首先，导致了物理学主义在形而上学中占支配地位的局面。这是一种本体—逻辑的观点，期待着把一切现象概念都还原到心理学，乃至神经生理学，最终还原到物理学，因为物理学已经或者至少有可能穷尽一切支配世界的法则。其次，它也导致了社会学这样一种认识—历史的观点，赋予某种社会意向以特权地位。"② 简单来说，自然主义分化成了物理学主义和社会学主义，前者重还原论，而后者重整体论。然而，物理学主义存在着无法使用整体论来介入对认知活动进行研究的情形。所以，本书一直倡导对认知做出社会学主义的解释。

如若借助社会学主义为延展认知提出一种辩护方案，不妨先回到延展认知的"耦合构成"原则的讨论上。在前面的讨论中曾指出，构成性在具身认知和延展认知这里是通用的。通过构成性，二者与认知主义所

---

① 参见《斯坦福百科全书》中"自然主义"词条，https://plato.stanford.edu/entries/naturalism/。
② 盛晓明：《从本体—历史的观点看》，载《哲学研究》2012 年第 4 期。

强调的因果性相区别开来。虽然，在延展认知论的文献中也有把因果性和构成性混淆的情况，但是这不是致命的。对于延展认知来说，强调构成性具有重要意义。原因在于，延展认知在强调大脑—身体—环境的系统构成人类认知的过程这一看法，正是对一种认知的孤立主义的拒斥。认知的孤立主义首先拒绝构成性在解释人类智能（大脑—身体—环境）作为一种整体论的解释态度。另外，延展认知借用动力学的系统理论并不排斥大脑的计算和表征对解释人类认知的作用。因此，笔者暂且将区别于孤立的本体论的这种整体论称为动态的本体论。

借用动态的本体论一词主要想表明：人类智能在大脑—身体—环境的系统中具有一种生物—技术的属性。当把大脑—身体—环境视为一种本体论关系，就排斥了相互之间的孤立特性。还有一点需要强调的是，在肯定演化的作用时，纳入生物学隐喻也具有重要意义。这种重要性在于其视人类智能为一个动态的过程。不过，这种解释仍然存在一定的问题，那就是当人们在强调一种认知主体的生物学特性时，会陷入一种生物中心主义或自我中心主义。[①] 因为，在应用生物学隐喻时，它的某些版本一旦过度强调有机体自身的特质如自治的、自组织的或自创生的等特性时，就会忽视大脑—身体—环境之间整体论关系。因此，对人类智能的影响的解释方案的主要目的在于：人类在形成认知的过程中的目标是什么。当然并非是为了认知而形成认知。

因此，这里我们需要肯定的是，延展认知在为自己寻找辩护路径时，一定要注意防止陷入一种生物中心主义。从这个角度来看，身处一个动态的系统中，人类认知就不再局限在认知主体的有机体边界范围内。由于所设想的这样一个生态系统是具有弹性的系统，所以在这个系统中认知的实现也是有所伸缩的。从另一个方面来说，这种伸缩状态决

---

① 关于生物中心主义或自我中心主义在哲学上可以在康德那里找到支持，在《康德式认知哲学的特征及困境》一文中，笔者曾对此有过论述和分析。参见黄侃：《康德式认知哲学的特征及困境》，载《山东科技大学学报（社会科学版）》2013 年第 6 期。

定了认知主体存在着与环境之间实现一种随机的认知过程，这种具有机会主义色彩的认知样式或许是解释人类智能的一个视角。当然，因为缺少一个有机体的边界，很容易触碰到生物中心主义者的红线。但是这完全是一个误解，不局限于有机体的边界是指认知主体的认知边界是无所限定的，并不是说这个边界消失了，而只是说这个边界会随认知主体选择的机会发生一种增减或变化。设想一块石头扔进平静的水面激起的涟漪，它的扩散过程从宏观上看是一个圆形，而从微观上看，它并不是严格的圆形，当其中一个位置遇到障碍，这个圆形水波就发生了新的变化。因此，笔者认为这样一种圆形水波状的延展认知，是一种形态学上时时准备变化，处处准备应对新环境的认知类型。所以，人类智能的演化固然是一个自然演化的产物，但是更确切地说，它是社会演化的产物，说它是社会的产物意味着人类最首要的目标不是为了智能而被演化，而是为了生存。社会学主义的认知与物理学主义的认知在这里被区分开，这一区分的目的是想进一步对生物—技术的心智做出解释。

之所以这里选择社会学主义作为一种视角来解释人类智能，是因为社会学主义存在着某些合理的假设。实际上，在这里社会学主义的认知仅仅是整体论解释态度的一种表达而已。

首先，在一般意义上，社会学主义认为："社会学必须解释社会事实，而社会事实则是另一些社会事实的结果；换言之，社会事实只能通过社会事实来解释，而不能像生物还原主义和心理还原主义那样，将其还原到个体的生物和心理水平去解释。"[①] 在这里引用的这句话的目的是想说明，本文使用的"社会学主义"不隶属于社会学的文献范畴，也不是希望借助社会学的研究方法，而仅仅是假设我们所有人类的认知都是基于社会的交互活动而产生。因此"社会学主义的认知"这一概念想表

---

① 周晓虹：《社会学主义与社会学年鉴派》，载《江苏社会科学》2003年第4期。

达的是一种整体论的解释态度。

第一，按照社会学主义的创始人迪尔凯姆对社会的理解，社会不是一个社会组成者简单的总和，"社会是一个现实的存在，它不能被还原为其组成部分。因为社会固然是由个人组成的，但是当个人一旦组成社会之后，社会就有了个体所不具备的突生性质"①。第二，按照社会学主义的理解，社会先于个体。当然，按照这种思路来理解人类的认知活动，它就不仅是一个现实的活动，而且这个活动不能被还原到其组成的部分上，例如神经元、大脑皮层、手、纸和笔。也就是说，当我们将这些组成认知活动的部分理解为一个集合时，认知活动就发生在一个先于认知主体的认知系统中。第三，社会学主义的认知主张一种认知的动态性。这种认知的动态性的详细论证是第九章的任务。在延展认知论比较热衷举出的案例里，比如利用纸和笔计算一组长数，大脑—身体—环境构成了个体所无法完成认知任务的一个系统。因此，不能说大脑完成了计算任务，也不能说笔在纸上书写完成了计算任务，而是它们共同完成。当然，这也并不是主张完成一项计算长数的任务是大脑、身体、纸和笔的简单的加法叠加。它体现的是人类认知凸显的本性，而且在解释上也具有不可还原的特性。

其次，社会学主义的认知更多是强调认知的实践。认知的实践将认知视为一种通过行动获取知识的行为。按照杜威的说法，实际上这种行为具有两种维度，一种是社会维度，一种是心理维度；社会是个人的社会，个人始终是社会的个人。个人无法独立存在，他生存在社会之中，为社会而生存，并通过社会而生存。②然而，对于强调认知的实践而言，社会维度和心理维度并不需要像社会学家和心理学家所做的研究那样，将两者分隔开来。因为，认知的实践在根本上面对的是一个现实的问

---

① 周晓虹：《社会学主义与社会学年鉴派》，载《江苏社会科学》2003 年第 4 期。
② 〔美〕杜威：《杜威全集 中期著作 第五卷（1908）》，魏洪钟等译，上海：华东师范大学出版社 2012 年版。

题,而不是一种抽象的问题。杜威在《知识问题的意义》中表示:这意味着抽象地讨论远离日常实践的知识只是一种形式,而不是现实。这也意味着,知识的问题并不是一个内在有着其本源、价值或命运的问题。这种问题是一个人在社会生活中,在人类有组织的实践中必须面对的。①

因此,社会学主义的认知这一提法是想通过一种社会学主义的角度来看待人类的认知行为。而在笔者看来,这种认知的行为是一种实践行为,或者说人类的认知从根本上而言,是一个针对现实问题而产生的活动,它所立足的是认知主体所处的社会生活和文化场景。稍后我们将在图4—6中看到这种应用。

在杜威那里,他提出对知识在社会维度和实践维度的理解完全是为了反对那种将感觉和思维、主观和客观、心智和环境对立起来的观念。这种想法也是笔者在前面强调:反孤立主义时想表达的意思。杜威强调:"知识的可能性问题无非是知识与行动、理论与实践关系的一个方面。"② 很显然,在杜威看来哲学家所构建的各种对立模式,"并未奏效,而只产生一些简单的、浓缩的公式"③。如果说,物理学主义将认知视为一种表征性认知,这种表征就意味着认知是大脑完成抽象任务的过程。同样,马克思在对思维和存在的关系问题进行讨论时也表示,将客观真理是否能归因于人类思维的问题,并不是理论问题,而是一个实践问题。因此,有关思维是否存在的问题就成了一种与实践相孤立的纯粹经院哲学的问题。所以,这里想借用这种认知的社会学主义视角来说明,人类认知除了是一种大脑中的抽象活动之外,它更是一种实践活动。实

---

① 参见〔美〕杜威:《杜威全集 早期著作 第五卷(1882—1898)》,杨小微等译,上海:华东师范大学出版社2010年版,第4页。
② 〔美〕杜威:《杜威全集 早期著作 第五卷(1882—1898)》,杨小微等译,上海:华东师范大学出版社2010年版,第4页。
③ 〔美〕杜威:《杜威全集 早期著作 第五卷(1882—1898)》,杨小微等译,上海:华东师范大学出版社2010年版,第4页。

际上，笔者在讨论传统认知科学，尤其是经典人工智能的时候已经发现了这种孤立主义的物理学主义视角存在的问题。下面我们不妨从马克·德·梅的四阶段说来对此做出分析，从而从另一个侧面来解释社会学主义的认知是什么样，同时强调将情境添加进认知主体又会是什么样。

德·梅曾在《认知的范式》一书中对人工智能的发展做出四类认知观的划分，分别是以下四个阶段：（甲）原子阶段、（乙）结构阶段、（丙）情境阶段（contextual）和（丁）认知阶段。在这四个阶段存在着不同的认知观、世界观或解释模式。①

首先，在（甲）原子阶段，知识和信息被理解为原子式的，人工智能在这一阶段的样式，或将知觉理解为一种模板匹配。在语言的处理和交流上，主要涉及的是词与词之间的翻译。经典的实证主义或科学主义是这种认知观的代表。这种认知观表现在人工智能领域就是一种符号表征操作的认知观，它以原子的方式把信号处理为原子的集合。例如一张写有字母 A 的图片，当它经过处理器进行处理后，就形成了一种数字表征或者说模板。只要认知主体能够将字母 A 做出匹配任务，认知就算实现了（图 4-1）。但是，当如图 4-2 的情形出现时，原子式的认知观就出现问题了。处理器要对前一个似是而非的字母 A（H）进行表征加工处理，处理器在接受程序指令要做出选择时，困难立马就出现了。究竟是选择去匹配字母 A 呢，还是选择去匹配字母 H 呢？

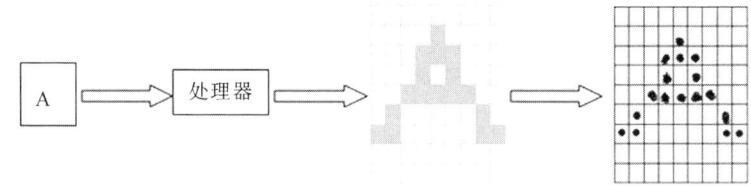

图 4-1②

---

① De Mey, Mac., 1992: *The Cognitive Paradigm*, Chicago: The University of Chicago Press.
② De Mey, Mac., 1992: *The Cognitive Paradigm*, Chicago: The University of Chicago Press, p. 6.

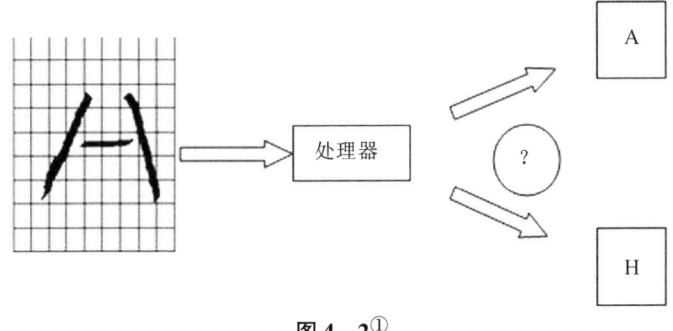

图 4-2①

其次，在（乙）结构阶段，知识和信息被理解为结构式的，人工智能在这一阶段的样式，或将知觉理解为一种特征分析。在语言处理和交流上主要涉及的是句法分析。逻辑原子主义是这一阶段的典型代表。特征分析是把模板很好地匹配到它可以把多余的那些用法，以及那些异常结构排除掉为基础的可能解释。这个阶段主要关注的是语言的形式或语言的逻辑构造，知识就是语言的意义。乔姆斯基是这个阶段的代表人物。人工智能领域对程序语言设计的取向也是这一阶段的代表。

第三，在（丙）情境阶段，知识和信息被理解为情境式的，人工智能在这一阶段的样式，或将知觉理解为一种情境分析。在语言处理和交流上主要涉及的是索引表达。德·梅指出："情境分析所使用的信息并不是在信号（字母的）意义上，而隶属于更大的整体，而字母仅仅是其中的一部分。"② 如图 4-3。

THE CAT

图 4-3③

---

① De Mey, Mac., 1992: *The Cognitive Paradigm*, Chicago: The University of Chicago Press, p. 7.

② De Mey, Mac., 1992: *The Cognitive Paradigm*, Chicago: The University of Chicago Press, p. 8.

③ De Mey, Mac., 1992: *The Cognitive Paradigm*, Chicago: The University of Chicago Press, p. 8.

但是在德·梅看来情境仍然是有问题的，因为"情境的问题有太多太多可能性了，而且它没有被很好界定的边界"①。例如，图 4-5 可以解释为 FELIX THE CAT，也可以解释为 CAT-Clyinder Head Temperature。

在最后一个阶段，（丁）认知阶段，知识和信息被理解为先决条件的知识，将知觉理解为从分析到综合。在语言处理和交流上主要运用的是世界模式。德·梅将这种世界模式理解为库恩意义上的"范式"。

众所周知，范式在库恩那里有很多种解释。但是，范式所刻画的实际上是一个共同体所具有的共同的心理结构，或者说是认知结构和社会结构的集合。也就是说，共同体是一组为了完成认知目标而构成的条件的集合。实际上，共同体已经包括了科学家和设备，等等。同样，范式也类似于维特根斯坦意义上的"语言游戏"。说话者实际上是说话者与听者形成的一个条件的集合。因此，认知阶段实际上已经包含了前三个阶段。

我们都很清楚，认知主体在执行认知任务时，能够深切体会到难易程度上有高低。例如在（甲）阶段就是很好的例子，表征处理器轻而易举将外部世界的符号与内部的信息处理器构造的表征成功符合或匹配，认知任务就算完成了。但是我们要清楚，像这样的例子在认知主体的现实生活中仅仅是冰山一角，甚至说是一种非常理想化的阶段。要知道，认知主体处理环境中不可预计的因素实在太多。例如在（乙）阶段，当外部世界的对象与心理操作的符号之间的符合和匹配度降低时，认知上的困难就会出现。因此，往往在这个阶段认知主体如果不做出新的选择，他将在这项认知任务中举步维艰。于是，请求通过情境来理解这些符号就变得重要了。这就是（丙）阶段引入情境认知的意义所在。说到这里，我们不妨看看发生在汉语世界的情形。

图 4-4 是我们日常再熟悉不过的两个物品，一个是方便面，一个是饼干。因为印刷的原因图片呈黑白色。但是我们能够想象现实生活中

---

① De Mey, Mac., 1992: *The Cognitive Paradigm*, Chicago: The University of Chicago Press, p. 8.

的这两个物品，方便面是红色的背景包装，饼干是蓝色的背景包装。如果一不小心，我们会误以为是"康师傅"和"奥利奥"。笔者曾在课堂上用这两个物品做过实验，在幻灯片一闪而过的时候，大家都表示看到了"康师傅"和"奥利奥"。不过，当幻灯片再一次出现在同学们眼前，他们顿时发出了惊讶的叫声，并哄堂大笑。假设我们让一个机器人执行购买一盒康师傅和奥利奥的任务，超市货架上如果摆放的是"康帅博"和"粤利粤"，那么这个机器人肯定会无功而返。假设执行购买任务的是自己呢？我们是不是会买下图上的这两个物品呢？如此情形下，在我们执行认知任务的过程中，从符号操作的原子阶段到情境阶段，人类既可以依赖情境做出最优的判断，但是有时也可能依赖情境做出最差的判断。当然，在我们说社会学主义的认知时，一部分内容指的就是依赖于情境化做出的决策和认知任务。

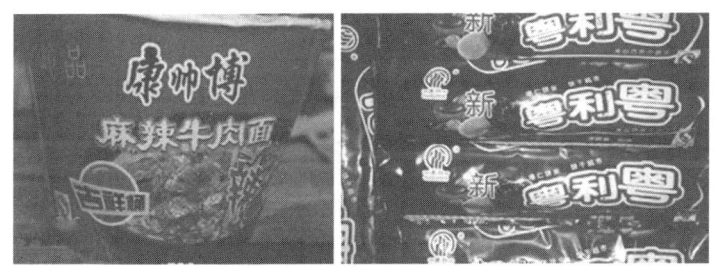

图 4-4

在笔者看来，从某种程度上认知阶段就是社会学主义的认知，区别于物理学主义的那种经院式的、公理式的认知。社会学主义的认知强调认知主体的文化、社会和环境与身体、大脑共同构成了认知。布鲁诺·拉图尔对科学知识生产过程中科学家的行动进行了考察，[1] 以及哈钦斯对甲板

---

[1] 拉图尔的行动者网络理论认为，视科学（或者说认知行为，包括社会的和技术的）为一个人类力量与非人类的力量共同作用的网络。在这个网络中，人类的力量与非人类的力量交织在一起，使得两者共同演化。参见〔法〕拉图尔：《科学在行动》，刘文旋、郑开译，北京：东方出版社2005年版。〔法〕拉图尔：《实验室生活》，刁小英、张伯霖译，北京：东方出版社2004年版。

上船员认知系统的社会学和人类学调查和描述,正是这种社会学主义认知观的体现。① 最后强调一点,社会学主义这一术语的使用是为了与物理学主义的还原论的哲学相区分开来,社学会主义的整体论是保证我们在理解人类认知活动时要注意到认知主体与环境交互作用,是为了达成认知目标构成的条件的集合。因此,大脑不是一个简单的计算表征的工具,心智能力自然具有与环境打交道的能力。如果采用物理学主义我们将看不到认知发生和发展过程中的动态性,即使我们承认了物质主义前提。

三、物理学主义应用上的困境

如前所述,延展心智论之所以遭到反对,与这种一样观点有关,即心智是从大脑延展到身体,又延展到外部世界。一方面出于位置说的考虑,心智在脑内有着确切的位置,我们的意识活动在有机体的内部。另一方面,在物理学主义看来,心智在心理上的表现都有物理上的效果。这种因果律则告诉我们物理的效果有物理的因。按照这两种观点来看,心智延展到外部世界,它的具体位置在什么地方,同时这种物理学主义的因果理论继续告诉我们,心智延展到外部世界,它的因也是因为大脑中的某个功能。但是,令人怀疑的是,延展心智论真的持物理学主义观点吗?如果是,它就必须回答位置说和因果性这两个基本问题。本节希望借助孤立主义来指出物理学主义在延展心智论的使用上存在的问题。

国内学术界关于认知科学与自然主义和物理学主义之间讨论的相关文献并不多。但是2011年何静在《具身心智的物理主义困境》一文中注意到具身心智在使用物理学主义工作原则时会遇到的麻烦。文章指出物理学主义的观点认为,认知是一个在认识上独立存在的客观属性之过程,这样具身的认知观将面临对此无能为力的困境。② 既然具身认知无

---

① 〔美〕哈钦斯:《荒野中的认知》,于小涵等译,杭州:浙江大学出版社2010年版。
② 参见何静:《具身心智的物理主义困境》,载《自然辩证法通讯》2011年第3期。

法逃离物理学主义的困境，那么延展认知的命运又如何呢？假设延展认知也难逃一劫，社会学主义会不会是一个替代方案呢？另外，2017年赵博在《认知的具身性——自然主义哲学的一个潜在困境》一文中指出，出于认知观需要自然化的目的，要求知识与客观世界的对应关系是确保科学知识有效性能够被理解的基础，但是在这个问题上具身性又难以实现这个要求。① 根据这两篇文章的讨论，以及本节的讨论，笔者进一步指出如果物理学主义不能满足延展认知的要求，那么切换成社会学主义是否能让延展认知能继续确保受到自然主义的保护，恰恰在这一点上社会学主义能够担保完成自然主义的基本要求。

内格尔曾在《心智与宇宙》一书中指出："人类沉迷于一种终极猜想的希望中，但理智的谦逊要求我们抵制诱惑，以为我们现在所拥有的各式各样工具原则上足以理解整个宇宙。指出这些工具的界限是哲学的一项任务……如果这些限度能被辨认出来，也许最终可以发现新的科学理解形式。"② 读到这句话，似乎很快让人联想到两个问题：物理学主义真的能为我们提供完备的关于心智和认知本性的解释吗？假设物理学主义是一个可以突破的界限，那么通过社会学主义可以得到新的关于心智和认知本性的解释吗？

内格尔希望发展出一套特殊的自然主义世界观，它假定那些科学对象之间有一种层次关系，通过它们的统一来解释宇宙万物，从原则上讲是完备的。《心智与宇宙》的一个核心论点是说明物质主义的还原论在解释心智与物质或心智与身体（心智、大脑和有机体行为之间的关系）的问题上存在缺陷。这种物质主义的还原论主要来自物理科学和化学。根据《斯坦福百科全书》中"物理学主义"词条解释："物理学主义的观点是所有事物都是物理的，或如今天哲学家有时把它看成是所有随附于物

---

① 参见赵博：《认知的具身性——自然主义哲学的一个潜在困难》，载《科学技术哲学研究》2017年第6期。
② Nagel, Thomas., 2012: *Mind and Cosmos*, New York: Oxford University Press, p. 3.

理的事物。……物理学主义有时被理解为'物质主义（materialism）'。事实上，按照今天的用法，'物理学主义'和'物质主义'是可以互换的。"① 物理学主义在心智哲学中表现为还原的物理学主义和非还原的物理学主义，前者认为心智可以通过还原实现物理的、化学的或生物的实体，在神经科学中它是一种极端的主张，而后者认为特定的心智并不是在类型上同一于任何严格的特性，而只是随附于它们。

  关于还原论、非还原论和反还原论之间的区别将在第五章详细讨论，这里仅做简单说明。物理学主义最核心的支柱是还原论，通过这种还原实现了一个层次到另一个层次关于事件与属性之间的因果认识。非还原的物理学主义即使不赞同还原论，但是因为它所持的物理学主义的主张会让随附性变成相对较弱的关于心智与世界关系的解释。而反还原论相对来说更激进。如果我们按照传统心智哲学和认知科学的观点，表征处理是理解心智本性和认知本性的关键，无疑这种表征主义就是某种还原论的产物。在康德那里构造的表征主义就将表征和对象的关系定格为外部世界对表征的符合上。经典人工智能处理的核心问题就是符号表征和计算，像布鲁克斯对这种工作原则的反对直接激发了反表征主义。因此从某种意义上说，反表征主义等同于反还原论。但是具身认知所持的反还原论，又与延展认知所持的非还原论不一致。所以要为延展认知奠定理论上的基石，非还原论可以是一个选择，但是选择非还原并不代表一定要选择非还原的物理学主义。笔者的建议是从社会学主义角度来考虑，它即是自然主义的也是非还原的。

  借助内格尔的表述，我们尝试证明物理学主义并不适合延展认知。对于内格尔，他首先声明自己的心智哲学立场要表明，把心理活动做出物理的还原是失败的。"生物学中的物理—化学还原论是正统观点，对它的任何抵制都会被视为不仅在科学上不正确，而且在政治上也不正

---

① 参见《斯坦福百科全书》中"物理学主义"词条。https：//plato. stanford. edu/entries/physicalism/.

确。"至于为什么怀疑这种还原论的观点或物质主义解释,内格尔认为,"长久以来,我发现我们和我们的有机体是如何存在的唯物主义说明是难以置信的,包括演化过程如何实施的标准版本。我们对生命的化学基础和遗传密码复杂性的了解越多,标准的历史说明就越难以置信。"根据传统"关于心智与物理世界之间关系的全面理解的备选项中,我相信证据偏向于支持某种形式的中立一元论,胜过物质主义、唯心论和二元论等传统方案"。"心智与其他事物如何联系起来,依赖于宇宙的物理、化学和生物演化所导致的生命有机体的产生和发展。"① 内格尔想弄明白这种依赖关系为什么通过心理—物理的还原论是错误的,但是要指出这种错误等同于某种不正当。

来自生物学或演化论中的声音,像道金斯、索伯和福多等人认为达尔文将演化视为是自然选择的产物是一种错误。② 内格尔说:"生命是一系列物理事件和自然选择机制的结果,这看起来难以置信。"③ 不仅大量的研究者反对从自然选择来解释人类演化,还反对一种设计论。社会演化论推行者爱德华·威尔逊在为道金斯的《盲目的钟表匠》一书封底推荐词里说:"钟表匠由18世纪的神学家威廉·佩利(William Paley)提出。他提出了一条非常著名的创世说论证:就像一块钟表如此复杂和如此功能以至于通过偶然的方式把弹簧置放到存在之中,所以全部的生命植物通过它们更大的复杂性被有目的地设计出来。它是查尔斯·达尔文聪明发现当作谎言来提出这些论证的。但是只有达尔文能够作出这样针对创世说有说服力的机敏回答。自然选择——无意识、自动、盲目的,但是本质上非随机的过程是达尔文的发现——不是有心为之。如果它能

---

① Nagel, Thomas., 2012: *Mind and Cosmos*, New York: Oxford University Press, pp. 4–5.
② Dawkins, Richard., 1986: *The Blind Watchmaker: Why the evidence of Evolution Reveals a Universe Without Design*, New York: W. W. Norton & Company, Inc.; Sober, Elliott., 2011: Did Darwin Write the "Origin" Backwards?, New York: Prometheus Books; Fodor, J. and Plattelli-Palmarini, M., 2010: *What Darwin Got Wrong*, New York: Farrar, Straus & Giroux.
③ Nagel, Thomas., 2012: *Mind and Cosmos*, New York: Oxford University Press, p. 6.

够被说成是在自然中扮演着钟表匠的角色，那么它就是盲目的钟表匠。"① 就内格尔而言，道金斯的演化论观点将演化视为盲目设计的结果，但是内格尔一方面坚持认为生命的起源，无法通过自然选择来解释；② 另一方面，生命起源的智能设计论也是值得重视的。智能设计论来自宗教视角，但是用物理学定律基础上的还原论援引某一超越的存在者时也会遇到同样的麻烦。因此内格尔认为，取代这种世界观的同时唯物论也无法提供很好的证据。"生命从僵死的物质中产生，经偶然的突变和自然选择演化到目前的样子，只涉及物理律则的运作。这是一个支配科学事业的假设，而不是一个得到充分证实的科学假说。"③

假如关于生命的起源和演化要用还原论来解释，就必须解释两个问题：(1) 自我复制的生命形态产生的可能性到底有没有；(2) 生命演化中变异的来源是什么，偶然的物理事件导致基因突变的可能性有没有。因此针对这两个问题，内格尔认为反还原论是一个方面，另一方面是提出两条制约：第一条世界是非偶然的；第二条找到自然秩序，它统一万物。

笔者和内格尔一样深信物理科学和生物科学取得巨大的进展是通过把心智驱逐出物理世界而实现的。"这允许人们对世界有一个定量的理解，用永恒的、数学公式表达物理律则。""如若物理学和化学不能完全解释生命和意识，那么如何将其大量真理与其他要素结合，以致改成可容纳生命和意识的扩展的自然秩序观呢？"④ 但是，倡导一种自然秩序观为何能够将还原论看成是需要抵抗的理论呢？内格尔首先指出："科学的自然主义与各种形式的反还原论之间的冲突是新近哲学的主要内容。一方面，人们希望一切事物都能在最基础的层次通过物理科学，扩展到

---

① Dawkins, Richard., 1986: *The Blind Watchmaker: Why the evidence of Evolution Reveals a Universe Without Design*, New York: W. W. Norton & Company, Inc..
② Nagel, Thomas., 2012: *Mind and Cosmos*, New York: Oxford University Press, p. 10.
③ Nagel, Thomas., 2012: *Mind and Cosmos*, New York: Oxford University Press, p. 11.
④ Nagel, Thomas., 2012: *Mind and Cosmos*, New York: Oxford University Press, pp. 7 – 8.

包括生物学在内来解释;另一方面,有人怀疑是否可以把我们世界的种种真实特征,比如意识、意图、意义、目的、思想和价值等等,纳入一个最基础的层次,仅仅由物理事实所组成的宇宙,无论这些事实多么复杂,都可以用物理科学来揭示。"① 在这场冲突中,内格尔划分出两派,一派是物质主义,另一派是反还原论。就物质主义者来看,虽然他们不会把自己看成是还原论的支持者,但是对于怀疑者来说,"心智与相关的现象全部纳入这种世界观的种种尝试,似乎都是要把真实的实在还原在一个不够丰富的共同基础上"②。对这种观点的反对,内格尔将其统称为"反还原论"。

为了反对还原论,内格尔打算首先要探讨还原论失败的原因。他说:"如果某人怀疑心理的还原性,同样所有其他事物都与心理一样,比如价值和意义,可以还原为物理的东西,那么就有理由怀疑一种还原的物质主义是否可以应用于生物学,因此有理由怀疑物质主义给出一个足够的说明解释物理世界。"③ 内格尔通过两步来说明:

> 假设一:我们和其他具有心智生活的生物是有机体,我们的心智能力显然依赖于我们的物理构成。
> 疑问(1)若能解释我们这样的有机体存在,也必须能够解释心智的存在。
> 疑问(2)但如果心智的东西本身并不仅仅是物理的,那么就无法通过物理科学来解释它。
> 假设二:我们由物理构成的那些带来心智现象的方面也无法用物理科学来充分说明。
> 疑问(3)如果进化生物学是一种物理理论,那么它就无法解

---

① Nagel, Thomas., 2012: *Mind and Cosmos*, New York: Oxford University Press, p. 13.
② Nagel, Thomas., 2012: *Mind and Cosmos*, New York: Oxford University Press, p. 14.
③ Nagel, Thomas., 2012: *Mind and Cosmos*, New York: Oxford University Press, p. 14.

释意识和其他不可作为物理还原的现象的出现。

疑问（4）如果心智是生物进化的产物，如果带有心智生命的有机体并非奇迹般的反常，而是自然的一部分，那么生物学就不可能是一种纯粹物理的科学。①

假设一和假设二，可以被视为物质主义的核心观点：心智的东西可以还原为物理的东西。通过疑问（1）（2）反对物理学—生物学能解释心智。通过疑问（3）（4）认为心智并非是物理定律的结果、附带效应（内格尔语）。结论：物质主义以物理学和生物学为基础是不足以解释心智的，所以注定了物质主义的自然主义会走向失败。对此，内格尔认为，对物质主义的自然主义的否定"不能永远是纯粹否定的"，而是要找到取代它来作为解释心智的更好方案。内格尔为这个方案列出了一个条件："如果有某种方案能够真正取代还原论纲领，它必须能够解释心智和与之相伴随的一切事物是如何内在于宇宙的。"② 这个条件也就成为将心智纳入自然秩序的原因，解释心智是内在于宇宙的。

为了取代物质主义的自然主义，内格尔认为首先应该取代物质主义，而对于还原论并没有那么强的反对意愿。他说："物质主义援引还原论；因此还原论的失败需要有一种方案来取代物质主义。我的目的与其说是反对还原论，不如说是研究拒斥它会导致什么后果，而不是提出解决方案。"③ 拆除物质主义会导致什么后果呢？这一点内格尔并没有讨论，但是他认为拆除物质主义的原因如下：

（1）物质主义的自然主义导致还原论的野心，因为这看起来是不能接受否认所有那些初看起来不是这物理事物的实在性。（否认不是物理

---

① Nagel, Thomas., 2012: *Mind and Cosmos*, New York: Oxford University Press, pp. 14–15.
② Nagel, Thomas., 2012: *Mind and Cosmos*, New York: Oxford University Press, p. 15.
③ Nagel, Thomas., 2012: *Mind and Cosmos*, New York: Oxford University Press, p. 15.

（2）但如果不可信的还原是可用的，并且如果否认心智的实在性继续不被接受，那么这表明物质主义的自然主义的起始前提就是错的，并不是边角上的错误。（在没有可信的还原论可用的前提下）

（3）继续否认心智的实在性是不可接受的。

具体来说，"物质主义的自然主义这一初始前提是错误的，而且不是边角上的错误"①。因此，对于心智的一般看法，内格尔说："心智并不只是一种事后的，或一种偶然的或附加的东西，而是一种自然的基本方面。""心智无疑与自然的秩序有关。"心智与自然秩序有关，意味着否认"心智可以被视为物理秩序的一种高度特异的生物附带效应"。虽然这种观点不被内格尔认可，但是物理学和化学的成功进一步证明了"物质主义概念进展的伟大步伐朝着演化论是完备的理想前进，后来生物学和 DNA 的发现又巩固和丰富了演化论"②。这种进步主要表现在以下三方面，这三方面也具有如下疑问：（1）生命的存在和发展如何能仅仅是粒子物理学方程的另一个结论；（2）生命的出现是受物理定律支配的化学过程的产物；（3）此后的演化就像化学突变和自然选择一样只不过是物理原理超级复杂的结果。

17 世纪科学革命的直接结果就是对客观物理实在这个概念的划分驱动了现代心智和身体问题。关于心智的位置问题，起源于笛卡尔的二元论将心智和物质看成两个相互作用的实体，但是又无法相互还原。"根据这种二元论观点，物理科学是通过把心智从物理科学的物质主题中驱逐出去而得到界定的。"观念论在对这种观点的抵抗中形成，也是还原论的基本雏形，即"认为心智是终极的实在，物理世界在某种程度上可以还原为心智"。内格尔认为，克服笛卡尔的二元论想法的努力从贝克

---

① Nagel, Thomas., 2012: *Mind and Cosmos*, New York: Oxford University Press, p. 15.
② Nagel, Thomas., 2012: *Mind and Cosmos*, New York: Oxford University Press, pp. 16 - 19.

莱就开始，一直延续到逻辑实证主义。"他们把物理世界当成一个由感觉材料构造出来的东西来分析。"而到了20世纪，分析哲学则沿着这种从相反思维物理的东西进行分析的方向来取代观念论。"物质主义认为，只有物理世界是不可还原的实在，心智这种东西如果存在，也必须在物理世界中找到位置。"① 第一，行为主义的策略将心智纳入物理世界，心理现象等同于行为。第二，受维特根斯坦启发，内格尔在《心的概念》中明确表示心智现象不能等同于物理的东西，也不能等同于非物理的东西。"心智概念应按照它们应用的可观察行为条件——行为标准或可断言条件来解释，而不是行为的真实条件来解释。"② 对于这两种观点，内格尔认为它们在分析心智时都有缺陷，"因为它们忽略了某些本质的东西，这种东西超出了外在可观察的基础，而把心理状态归于别的东西，声称心智现象是从第一人称意识主体的内在观点那里得到证据的：比如对于你尝到糖的味道，或看到红色，或感到愤怒，所有这些看似都不只是行为的反应和辨别能力的经验解释。行为主义遗漏了内在心智状态本身"③。

"到了20世纪50年代，非分析的进路取代了物质主义进路，其中一条就承认心智是某种内在于我们的东西，外在可观察的行为只是一种它的一种表现（manifestation）。这就是普莱斯和斯玛特提出的心物同一论。"④ 心物同一论认为，心理事件是大脑中的物理事件：心理事件和神经中枢系统中的物理事件。就内格尔看来，同一性理论的问题在于这种二元的回答是唯物主义不能接受的，因为物理事件之所以是心理事件"是因为除了生理属性之外，它还是一种非物理的属性"⑤。所以要为同一性理论辩护就不会依赖于概念分析而不得已回到分析的行为主义上，

---

① Nagel, Thomas., 2012: *Mind and Cosmos*, New York: Oxford University Press, p. 37.
② Nagel, Thomas., 2012: *Mind and Cosmos*, New York: Oxford University Press, p. 38.
③ Nagel, Thomas., 2012: *Mind and Cosmos*, New York: Oxford University Press, p. 37.
④ Nagel, Thomas., 2012: *Mind and Cosmos*, New York: Oxford University Press, p. 38.
⑤ Nagel, Thomas., 2012: *Mind and Cosmos*, New York: Oxford University Press, p. 39.

以此来回避二元论。"他们主张，使大脑过程成为一种心理过程的，并不是一种附加的内在属性，而是一种关系属性——一种对于物理行为的关系。"① 取消的物质主义认为，心智事件根本不存在。

在对还原论做进一步说明时内格尔指出："如果心理—物理的还原论的可能性被排除，这将影响我们对宇宙的整个自然主义理解，而不仅仅是我们对意识的理解。"② 另外，"还原论者相信，心智的某种功能性或因果作用的分析已经为唯物论世界概念的完备性扫清了道路，包括所有的意识内容。对那些行为能力和功能的本性和起源的一种生物学的——演化的——解释，通过参考能被分析的意识之后，提供与更基础的物理科学的终极联系"③。因为不仅是物理—化学对于心智的还原论是值得怀疑的，而且它援引演化论来为自己服务也是值得怀疑的。就此，内格尔强调："如果有一个问题是关于物质主义如何能说明此类有机体的存在，它尤其不会与意识有任何瓜葛，而是演化论是否真能为一个生物学还原到化学和物理学提供基础的问题。"④ 既然内格尔不相信纯粹的物理学能够解释意识问题，主要疑问来自有机体的层次上的解释，即使包含了演化论，貌似能说明有机体的表现，但是这样的说明也并不物理地适合于环境，而且是有意识主体的环境。因此，内格尔对援引演化论提出了要求："如果演化论是一种纯粹的物理理论，那么它可能在原则上为复杂的动物有机体具有中枢神经系统的行为表现提供一种物理解释框架。可是主体意识都不能还原到某种物理的东西上，这个问题就根本谈不上了。"⑤ 所以还原论几乎对主观意识的解释束手无措。"因为物质主义解释做不到这点，所以物质主义版本的演化论就不能穷尽真相。"⑥

---

① Nagel, Thomas., 2012: *Mind and Cosmos*, New York: Oxford University Press, p. 39.
② Nagel, Thomas., 2012: *Mind and Cosmos*, New York: Oxford University Press, p. 43.
③ Nagel, Thomas., 2012: *Mind and Cosmos*, New York: Oxford University Press, p. 43.
④ Nagel, Thomas., 2012: *Mind and Cosmos*, New York: Oxford University Press, p. 44.
⑤ Nagel, Thomas., 2012: *Mind and Cosmos*, New York: Oxford University Press, pp. 44-45.
⑥ Nagel, Thomas., 2012: *Mind and Cosmos*, New York: Oxford University Press, p. 45.

显然，在内格尔看来，"像我们这样的有机体具有意识不是碰巧之事，因此其至那些有机体的物理特征的解释都无法胜任，就更谈不上对它们的心智特征做出解释了。换言之，物质主义作为一种物理世界的理论是不完备的，因为物理世界中还包含着最抢眼的居住者意识的有机体"①。这里内格尔认为，既然物理学无法对意识主体做出完备的解释，还原论的错误在这中间体现出来，但是毕竟心智还是一个生物现象，心理的内容无法还原到物理的东西上，所以，"如果要通过有机体生命做出任何自然主义意味的解释，就必须在我们关于产生生命的自然秩序的概念上做出某种基础性的改变"②。那么有关生命有机体的自然秩序的概念就要解释意识的发展，内格尔选择了反还原论。反还原论的目标是，让自然秩序的物理概念能够解释有机体不光是物理的有机体，还在于"动物的意识表现足以证明它是生物演化的结果，但这是经验事实的支持而不是一种解释，或者说不能解释为什么这个结果是意料之中或它是如何产生的。"首先，"一种解释通过建立在物理的适者生存的基础上的自然选择是不充分的"；其次，"为什么物理的繁殖适应性的选择会成为有机体表现出事实上具有意识，以及观察到不同种类的意识的有机体，没有给出物理的解释，甚至没有给出任何其他我们所知道的解释"③。这样，对于选择演化论来对意识做出自然主义的解释"就要说明为什么意识有机体出现了，而且不只是行为上复杂的有机体"④。如果说意识是一个物理世界的附带现象，那么这种观点不能解释意识有机体是如何出现的。另外，像索伯认为的意识是功能性生物学特征的侧面（附带）效应，以及古尔德和勒旺廷的拱肩现象（拱肩是建筑过程中一个附带现象），诸如此类的观点实际上也没法解释"为什么意识有机体是存在

---

① Nagel, Thomas., 2012: *Mind and Cosmos*, New York: Oxford University Press, p. 45.
② Nagel, Thomas., 2012: *Mind and Cosmos*, New York: Oxford University Press, pp. 45 – 46.
③ Nagel, Thomas., 2012: *Mind and Cosmos*, New York: Oxford University Press, p. 46.
④ Nagel, Thomas., 2012: *Mind and Cosmos*, New York: Oxford University Press, p. 48.

的"。在内格尔看来,解释意识要把演化的故事套用进来就需要做到两点,"(1)为什么特定的有机体具有意识生命,(2)为什么意识有机体产生于地球的生命中"。对于(1)而言从意识的非历史理论来解释这项任务很好完成。但问题是这种非历史的理论要和纯粹的物理理论联结起来,最后的结果就是无法解释意识的表现,所以任务(2)就无法完成。"它仍然会把意识的表现处理为一种偶然的和无法解释的某种东西的随附之物。"①

从非历史的角度对意识如何从复杂的物理系统中产生做出说明,内格尔称之为"构成性说明",历史的说明就要解释"这个复杂的物理系统如何在宇宙起初就产生于其中"②。非历史的构成性说明往往会出现两种情形:一种是还原的,另一种是涌现的。"一种还原的说明完全会按照它们的基本构成的性质解释复杂有机体的心理特征,而且如果我们假设心理的不能还原为物理的,那么将意味着组建起来的基本构成的这些东西就不是物理的。……相反,一种涌现的说明通过将心理状态和过程与那些有机体的物理复杂功能(在人类和生物相像的情况下,尤其中枢神经系统)联系起来的特定原则来解释复杂有机体的心理特征。与一种还原论说明不同的是,当这个原则不能把心理的还原为物理的时候,它们指定的心理的和物理的联结就是高阶的。它们只涉及复杂的有机体,并且不需要在排除那些有机体组成要素的物理概念上做出任何改变。一种心理的涌现说明是与一种物理的还原的说明在生物系统中涌现出心智是相融的。"③ 内格尔认为,涌现说明也只是对没有心理事件或状态随附于有机体复杂的物理状态。但这不是最终的解释。"如果涌现完全正确,那么它暗示了心理状态在有机体中或在它的中枢神经系统中呈现为一个整体,而不用靠任何构成有机体的要素为基础,除非那些要素的物理特

---

① Nagel, Thomas., 2012: *Mind and Cosmos*, New York: Oxford University Press, pp. 50 - 51.
② Nagel, Thomas., 2012: *Mind and Cosmos*, New York: Oxford University Press, p. 54.
③ Nagel, Thomas., 2012: *Mind and Cosmos*, New York: Oxford University Press, pp. 54 - 55.

征允许它们被安排进复杂的形式中，根据这种高层次理论，物理的与心理的关联起来。这些纯粹的物理要素，当以一种特定的方式结合在一起时，应该会产生一种整体的状态，即使高阶心理物理的依赖性是非常系统的，这种状态不是由这些特性和物理部分仍看起来是奇迹一样的关系所构成。"①

在对涌现说明做出的另一条不可靠的证明中，涌现论做出了历史说明，但是当涌现论试图认为与还原论相融时，用历史的解释来说明"心理要素的涌现起到了一种独立的因果作用，并且不只是副现象时，这个因果过程就不再是严格的还原"②。因此，涌现说明要对心智的涌现加以说明就需要完成物理还原的因果历史假设，并指出心理物理涌现是发生在中枢神经系统还是比中枢神经系统更早的地方。当然如果"一种物理的演化历史解释与一种非历史心理物理理论结合起来能真正解释意识的表现，我认为除非物理历史和心理物理理论之间有进一步的联系，否则这是无法得出可理解的结果的，即使它在因果上是准确的。这种解释会让意识呈现出一种神秘的生物演化的侧面效应。要解释意识，一种物理的演化历史不得不揭示出像它那样的这种有意识的有机体为什么会产生"③。

在反还原论立场上的论证和结果。"意识呈现出一个问题，因为演化的还原论不可还原主观的特征。""我假设把知识归因于一台计算机是一种隐喻，并且高层次的认知能力仅仅被一种存在也即有意识的东西所掌控（先把意识的训练是否有时候是无意识这个问题搁置一旁）""这已经意味着那些能力不能通过物理科学单独被理解，并且它们的存在不能通过一种物理还原版本的演化论来解释"。内格尔认为，知识是一种计

---

① Nagel, Thomas., 2012: *Mind and Cosmos*, New York: Oxford University Press, pp. 55 – 56.
② Nagel, Thomas., 2012: *Mind and Cosmos*, New York: Oxford University Press, pp. 59 – 60.
③ Nagel, Thomas., 2012: *Mind and Cosmos*, New York: Oxford University Press, p. 60.

算机隐喻，这种高层次的认知能力不能只通过物理科学来解释，尤其是物理还原版本的演化论无法解释这种认知能力的存在。它们还需要做的是说明"这些能力的本性和把我们置放在世界中的关系"。"当我们思考有关什么样的情况是我们自己正在做或我们如何行动于某事时，不能与一种还原的自然主义相调和，原因在于蕴含了意识的不可还原性。这里呈现的一个问题并不只是思维的主观性，而是其能力超越了主观性，并发现了什么是客观的这种情形。"①

"思维和推理（reason）的正确与否凭借独立于思维者信念的某种东西，甚至独立于思想者隶属的共同体。我们把自己具有的能力来构成关于我们周围世界，关于逻辑和数学的永恒领域，关于做正义之事的真信念。我们不会把这些能力当作绝对可靠的，但是在一种客观意义上我们认为它们通常是可靠的，并且它们给予了我们知识。这种自然的内在生活姿态假设存在一个真实世界，不论是事实问题还是实践问题，都有正确的回答，并且如果我们遵循思维的规范，将引导我们通向这些问题的正确回答。它假设遵循那些规范就正确回应了我们所理解的价值和推理。数学、科学和伦理学建立在这些规范的基础上。"②

"问题是如何把心智在所有感官中理解为一种自然的产物，毋宁说，如何把自然理解为一个能产生心智的系统。"③ 要保留演化论而不诉诸物质主义是要考虑的一个问题。内格尔说："我现在想陈述的问题是，我们的认知能力是否能够置放到一种演化论的框架中，而这个框架不再以完全物质主义来解释，但是还保留达尔文式的结构。它是一个假设的问题，因为可能不存在这样一种理论。但是我会把它当作似乎存在的。"④

"如果存在一种能被假设为理性的这种特定东西，那么第一，存在

---

① Nagel, Thomas., 2012: *Mind and Cosmos*, New York: Oxford University Press, pp. 71-72.
② Nagel, Thomas., 2012: *Mind and Cosmos*, New York: Oxford University Press, p. 72.
③ Nagel, Thomas., 2012: *Mind and Cosmos*, New York: Oxford University Press, p. 72.
④ Nagel, Thomas., 2012: *Mind and Cosmos*, New York: Oxford University Press, p. 74.

客观的独立于心智的不同类的真理：关于自然世界事实的真理包含了科学的律则、逻辑和数学的永和必然真理，以及价值和道德真理。第二，从事物一开始显示给我们的方式起，我们能集体地使用理性来实现对有关某些那种客观真理的信念辩护，尽管某些信念很可能会是错的。第三，那些信念组合起来能够直接影响我们所做之事。第四，这些发现和激励的过程，虽然是心理的，但与有机体中的物理过程是不可分割的。"①

无疑，如果存在有理性能力的有机体，那么这个有机体有理性的这种可能性从一开始就存在。但是如果我们相信一种自然秩序，那么某些关于世界最终产生了理性的存在就必须解释这种可能性。此外，要解释的不只是这种可能性，而是理性存在的实在性，这个世界必须具有使它们呈现出不是一种完全偶然的特性：以某种方式这种可能性必须早就潜藏在事物的本性之中。因此，我们总是既需要一种构成性解释来说明什么样的理性会存在于其中，又需要一种历史的解释告诉我们它是如何产生的，这两种解释必须与我们的存在和其他物理有机体相一致。对生物有机体和它们的演化历史的理解就得以扩展，并调和折中了附加的解释，正如我说言，它必须从物质主义扩展到适合意识的解释。

这样一种解释能完成追求可理解性，但通过解释自然秩序如何倾向于产生出能够理解它的存在，又困难重重。鉴于理性的显著特征，很难想象什么样的自然主义解释得了它，无论是构成性的还是历史的。前面讨论一种意识的还原论说明，是基于某种普遍一元论或泛心论。"这是按物理的还原受分子生物学激励来炮制的，但是有一种扩展的形而上学基础，其中物理的和心智的是本体上不可分割的。虽然它成为一种彻底违背占支配地位的唯物论自然观，一元论需要一种还原，但是不是物理的还原论的意识说明看起来至少也是可行的。在回答构成性问题时，意识的一个复杂的主体的观念或许由最小的元心理要素搭建起来，这些

---

① Nagel, Thomas., 2012: *Mind and Cosmos*, New York: Oxford University Press, pp. 85 – 86.

要素以某种方式同时被统一到足以潜藏在应予考虑之事一个有机体或一个自我中。考虑到对一种同样具有变相的在物理组织高层次涌现的一种替代，尽管关于心理部分—整体关系的严重问题，它看起来相对可信"。①

然而，一种理性的还原说明，完全按照有机体构成要素来解释，比起一种意识的说明更难想象。理性甚至比意识看起来更像一种整体意识主体功能的一种必然，甚至更难思辨地想象为有无数的微小理性的原子所组成。把心智比喻为一台计算机由庞大的一群侏儒所建是解决不了问题的，因为它省掉了对于理性来说重要的思维和行动的根据。它可以说明行为的输出，但是不能对行为有所理解。由于这些缘故，整体论或涌现对构成性的回答变得比一种还原论的回答更相似，就像我们从物理有机体上升到意识、理性。这表明理性是存在于高等动物中完全成型的意识心智的不可还原的能力中，而且它不能以感官所形成的那样分析为心智的前心理部分。诸如意识和大脑之间令人如此费解的关系，今天的哲学家们不会主张用超自然或神圣的办法来处理这个问题。内格尔在《心智与宇宙》中一开篇就表示，哲学的一个正当任务是考察当代科学知识的限度。而对于理解宇宙，虽然我们现在拥有的工具多了，但是也不足以说明这种理解就是能实现的，哲学的任务就是指出这些工具的界限。"如果认识到这些限度，也许最终可以发现新的科学理解形式。"② 内格尔声称要发展出一种特殊的自然主义世界观，它假定那些科学对象之间有一种层次上的关系。然而，我们这里并不认为非还原的物理主义是能等同社会学主义的，如果本体—历史的观点符合一种社会学主义解释方案，那么显然本体—逻辑的是一种物理学的还原主义。同样，按照超自然的办法处理心智问题，与按照物理学主义的还原论进路处理心智问题都会存在缺陷。

---

① Nagel, Thomas., 2012：*Mind and Cosmos*, New York：Oxford University Press, pp. 86 - 87.

② Nagel, Thomas., 2012：*Mind and Cosmos*, New York：Oxford University Press, p. 2.

第五章　寻找延展认知的方法论原则

第四章从本体论的立场对认知科学进行了考察，主要以社会学主义和物理学主义两个版本对认知科学的发展倾向进行了说明。在这些说明中，暗示了社会学主义在方法论上表现为整体论的理论态度，而物理学主义之所以受到主流认知科学的追捧，主要源于对方法论的还原论的青睐。我们都知道，还原论是物理科学发展的重要立场，也是它具有统治地位的原因所在。但是在对延展心智论进行辩护时，选用还原论作为辩护策略并不理想，所以需要从整体论和还原论的角度做出分析。本章的主要任务是对认知科学的方法论做出辨析，对不同的学派之间做出方法论上的区分。为了划清延展认知论与认知主义和具身认知主义的界限，本章设定一个核心论题：延展认知论所坚持的非还原论策略与认知主义并没有直接的竞争关系，而是一种扩充。但是，延展认知论与具身认知主义所坚持的反还原论策略之间存在明显差异。[1] 笔者将从三个层面对该论题展开说明：第一节将解释还原论的认知科学的基本样式；第二节将以表征概念为起点，梳理认知科学在研究方向上发生的变化，从而揭

---

[1] 这里关于非还原论的认知科学的定位上，肖恩·加拉格尔在《现象学与非还原论的认知科学》中认为，具身认知主义采用的第一人称的现象学进路是非还原论的主要特征。但是，本文则将具身认知主义定位在反还原论的阵营中。参见 Gallagher, S., 2010: "Phenomenology and Non-reductionist Cognitive Science", in Gallagher, S. and Schmicking, D. (eds.): *Handbook of Phenomenology and Cognitive Science*, New York: Springer.

示反还原论和非还原论在看待和使用"表征"这一概念时的差异;第三节将通过比较反还原论和非还原论的主张,说明非还原论主张仍然是值得重视的,并且在表征一词的使用上与还原论主张具有相融之处。

一、还原论是认知科学发展的必经之路

在20世纪认知科学建立之初,计算—表征主义研究纲领曾盛极一时,几乎可以说统治着认知科学,后来人们称其为认知主义。作为该学科主流的研究范式,认知主义的主要代表福多是该阵营的最著名的旗手之一,后来在21世纪初,该阵营被亚当斯和埃扎瓦等进一步扩大。在2001年的一篇名为《认知的边界》的文章率先对延展心智论提出质疑,认为认知活动应该以颅骨为边界,认知的颅内主义就成了这一阵营的代名词。经过21世纪十余年的发展,该学科涌现出了一批针对上述主流研究范式进行批评的学派,例如具身认知主义、情境认知主义以及延展认知主义等。其中,具身认知主义认为摆脱传统研究范式是诞生新方案的必要前提。因此,抛弃旧范式就成了该派旗帜性的标志。移动机器人专家布鲁克斯、生物学哲学家瓦雷拉和哲学家切梅罗等是主要推崇者。另外,延展认知论则希望对传统研究方案作出某种必要的扩充,该派主要以哲学家克拉克、罗兰兹、梅纳里、萨顿为代表。但是,由于他们的工作与具身认知主义多有重叠,又被认为是对具身认知多余的补充。对于这种情形,萨伽德在《心智:认知科学导论》一书中暗示了认知主义正遭到后两派的挑战。[①] 表面上看,新旧两派之间存在着竞争关系,但是它们之间是否还存在一座可以沟通的桥梁,对于理解这些挑战意义重大。按照萨伽德给出的思路,多数研究者认为老派的认知主义与新派的具身认知主义和延展认知主义是直接

---

① 萨伽德指出:"认知科学的中心假设是:对思维最恰当的理解,是将其视为心智中的表征结构以及在结构上进行操作的计算程序。"对心智的计算—表征理解,本文将它放在认知主义的意义上来理解。参见,Thagard, P., 2005: *Mind: Introduction to cognitive science*, Cambridge: The MIT Press, p. 10.

对立的两种研究范式。

如前所述,在 20 世纪中叶,受图灵的影响,研究者力图揭示一台机器如何操作和使用内在表征状态,并为心智的内在状态是如何运行的提供一些说法。在此基础上,到了 20 世纪 80 年代,研究者的主要工作着眼于回答心智状态是如何包含心理内容的。在解决这类问题上,研究者更多是把精力放在讨论内容和表征之间的因果关系上。也就是说,心智状态是极具代表性地由它所呈现的东西而产生的,即表征——有关该事物的那个东西。例如呈现了一头牛就代表着牛。在说明心智与其所占据的世界之间的关系时,心智被认为不仅存在于世界中,而且还思考着世界。因此,心智通常与世界直面相对,这种直面就是"有关",它通常被称为意向性。这里,心智与世界的关系表明心智能够代表世界。所以,有关心智表征的一般解释认为,它包含着内容或在心智之外的事件。在有关心智与世界关系的讨论中,心智哲学内部曾形成了内在论与外在论之间的对话。

从历史上看,奥地利哲学家弗朗茨·布伦塔诺曾提议将"心智的标志"划定在意向性的范围中。根据布伦塔诺的意思,"意向性"是某种把心智从(非心智的)物理世界中分离出来的东西。布伦塔诺曾将物理中的心理成分区分开来,并推崇心理现象不能被还原为物理现象。然而,在 20 世纪后期的心智哲学家那里,尤其是心智哲学中的物质主义者那里,研究者所做的工作正好与布伦塔诺的提议相反。因此,我们可以看到,对心智表征的解释是一件极为重要的工作。然而在解释路数上除了还原论可以选择外,后来者也尝试在反还原论和非还原论上做出尝试。在这里对反还原论和非还原论的考察并不意味着要回到布伦塔诺那里。

在还原论路数上,物理学主义无疑是它更上一级的方法论指南或世界观。这条路数的发展大致可以从维也纳学派算起,直到福多(当然它还在持续发展)。在有关心智本性的解释上,尤其是心理现象和属性的理解上，它们可以被解释为一种物理现象。然而，当事情发展到20世纪中叶，随着心智哲学领域中的心—脑同一论的提出，以及人工智能领域对符号和表征计算倍加推崇的情形出现以后，研究者习惯将心理学意义上的活动还原为神经科学意义上的活动，从而将心智属性与大脑的物理属性直接联系起来理解"认知"。在此期间，认知科学中的一些成功案例，使人们深信坚持走这条路子未来将一路平坦。后来，虽然以普特南为代表的功能主义者通过"多重实现"对前一类研究方案敲响了警钟，但是还原论进路仍是研究者不可放弃的方案。例如福多的思维语言理论对心智的计算理论所做的扩充，极大地激发了人工智能专家的积极乐观情绪。即使后来者认为福多是一位非还原式的物理学主义者，但是其还原式的视野多少已被定格。

福多曾在《思维语言》一书中表示，认知科学的解释承诺了这样的假设，即认知主体掌控着一套像语言表征工具一样（一种思维语言的）固有的系统。进而，认知科学的这一承诺还必须进一步宣称，心智表征是存在的，即所谓心智的表征理论是存在的。同样，福多还强调，认知科学还要承诺因果的（计算的）加工操作着表征工具，即所谓心智的计算理论。[①] 当然，这两种理论曾被一些研究者放在对表征计算的还原论上来理解。

后来，在20世纪80年代联结主义和动力学的兴起对上述假设提出了一些挑战，福多等人随之改进了自己的心智计算—表征理论。但是，不难看出同时期的人工智能领域与心智计算—表征理论研究所具有的先天主义特征，令其在后来行进道路上显得有些困难。这一困难主要源于这样的问题：在解决表征为何包含内容的问题上采用了因果律解释方案，即通过心智中的工具所引发的内容来做出解释。这样的还原论通常会将低层次的变化引起高层次的变化。正如，一种社会变化可以解释为

---

① Fodor, J., 1975: *The Language of Thought*, New York: Thomas Y. Crowell Company, Inc.

心理学的变化，而心理学的变化可以解释为神经变化的产物，而神经变化最终则是由分子层面的变化所引起。总而言之，"还原论的解释模型就是解释那些被还原的东西"①。

如果将还原论进路从哲学上做进一步理解会发现，还原论进路的认知科学分享着历史遗留下来的机械论、要素论、原子论和因果律等理论。以机械论作为方法来看，它将复杂的整体分解为独立的部分，以孤立的方式处理着这些部分。② 类似地，还原论、要素论和原子论认为，心理学的结构是以一种要素为结构才从心理学的结构中被建构起来的。复杂的要素可以分解为简单的要素。生物学的律则可以由化学的律则得到解释，心理学的律则可以由神经科学的律则得到解释，物理学成为所有解释的基础，并统一着所有科学。③ "表征"是这条路数中最为核心的，并肩负着中心任务去解释心智活动和认知核心地位的概念。从某种意义上，表征也自然被定位在在大脑上，无论从经验层面还是理论层面，它都得到了足够多的重视。从经验层面来看，神经科学和神经心理学等实证科学追随着物理学的基本研究原则。从理论层面来看，虽说表征在古老的康德哲学那里有足够多的历史资源。然而，认知科学家在使用表征这一概念时，更倾向于把自己装扮成一位笛卡尔主义者。例如豪格兰德在批评福多这类新笛卡尔主义研究者的工作时，就指出表征处理的局域特定论就把表征的理论和经验论证局限在大脑上。④ 克拉克把这种视野戏称为"笛卡尔剧场"⑤。按照丹尼特的说法，"笛卡尔剧场"在

---

① Sutton, J., 1997: *Philosophy and Memory Trace: Descartes to Connectionism*, New York: Cambridge University Press, p. 2.

② Sutton, J., 1997: *Philosophy and Memory Trace: Descartes to Connectionism*, New York: Cambridge University Press, pp. 86–87.

③ Bechtel, W., 2009: "Constructing a Philosophy of Science of Cognitive Science", *Topics in Cognitive Science* (1), p. 562.

④ Haugeland, J., 1998: *Having Thought: Essays in the Metaphysics of Mind*, Cambridge: Harvard University Press, p. 132.

⑤ Clark, Andy., 2008: *Supersizing the Mind: Embodiment, Action and Cognitive Extension*, New York: Oxford University Press, p. 216.

脑内有一个"侏儒"操作着这些"表征—符号"。① 因此，不难看出对表征的不同说法或多或少与还原论是相关的。

很显然，上述表述想说明的是，认知科学早期的愿景是以物理学为科学基础的还原定律上建立起来的。其中所运用的方法自然脱离不了各式各样的还原论解释方案。如果说这样的进路在新的时代背景下需要加以改进，从而推进认知科学的发展，那么剩下的问题就是，究竟还原路数是应该全盘被否定，还是应该被部分被接受？对于这一疑问至少产生了以反还原论和非还原论为代表的两种解释进路。

二、反还原论与非还原论辨析

在认知科学诞生以来的50多年里发生了一次引人注目的转折，这次转折致使认知科学家早期绘制的图景难以对眼下发生的改变进行掌控。如果说转折之前主要是以认知主义、表征主义和计算主义为主流范式，那么转折以后的图景则显得更为多元或令人眼花缭乱。其中也免不了研究者针对经典认知科学进路提出的各种版本的挑战。例如萨伽德在《心智：认知科学导论》一书中就总结了目前对经典认知科学尤其是心智的计算—表征范式所受到的七个方面的挑战。② 其中，身体挑战、世界挑战和社会性挑战是后文要考察的重点。而对于这些挑战的回应，笔者将新的一派划归为两类。一类是彻底否认或放弃心智的计算—表征模型。这一类与身体挑战和世界挑战相关，属于第一部分中所述的"新派的前一类研究者"，他们在研究路数上主要是以反还原论展开，即具身认知主义；另一类是对心智的计算—表征模型进行扩充，这一类与社会性挑战相关，在研究路数上主要以非还原论展开，即延展认知主义。目

---

① Dennett, Daniel C., 1991: *Consciousness Explained*, New York: Little Brown and Company, p. 101.

② Thagard, P., 2005: *Mind: Introduction to Cognitive Science*, Cambridge: The MIT Press, p. 140.

前学界普遍认为，新派的这两类研究者坚称自己与老派以还原论为路数展开的研究者是有区别的，新派的具身认知主义和生成认知主义较为保守，而延展认知主义较为激进。但是，笔者认为实际的情况恰好相反。

虽然经典认知科学在早期获得了巨大成就，并在人工智能领域得到实践证明，但是经典认知科学的基础从一开始就倍受哲学家的质疑，德雷福斯就从不同的侧面批评过经典路数。他借用海德格尔式的说法认为，认知科学尤其是人工智能建立在了一个将表征主体与世界相分离的哲学基础上，"从一开始就系统地忽视或扭曲了人类活动的日常语境"。换言之，认知科学相信"存在着某个与语境无关的元素的集合"，并试图"找出与语境无关的元素和原理，并把符号表述建立在这一理论分析的基础上"。① 换一个角度理解德雷福斯的看法则表明，认知科学的早期规划中以研究表征为核心，却又忽视了世界与表征之间的有效关联。尤其是当认知主体与世界发生互动关系时，还原论路数只能将前进方向朝着将表征去世界化（大脑孤立处理表征）的方式行进。德雷福斯的这一批评无疑可以被理解为是对认知科学中还原论进路的指责。但是，值得注意的是，还原论路数可是物理学的核心定律，要抛弃还原论路数是否意味着要抛弃物理学的指导作用呢？另外，物理学式的解释已经被公认为是自然主义运动中一条难以撼动的信条，抛弃物理学式的解释是否意味着抛弃自然主义的信条，并成为某种反自然主义呢？因此，对这样的疑虑加以说明就显得更有必要了。

反还原论路数开启了当下认知科学变革的大门，大门外凸显为萨伽德所谓的身体挑战、世界挑战和社会性挑战。但是，笔者认为这三层挑战并不能完全被划归到反还原论的潮流中。

首先，对于身体挑战来说，它主要来源于具身认知路数。美国麻省理工学院的人工智能科学家、移动机器人技术专家布鲁克斯被公认为是

---

① 〔美〕德雷福斯：《造就心灵还是建立大脑模型：人工智能的分歧点》，载〔美〕博登：《人工智能哲学》，刘西瑞等译，上海：上海译文出版社2001年版，第431—432页。

人工智能领域倡导具身认知路数的先驱之一。他在20世纪90年代初相继提出过以下观点："经典AI建立在以符号系统假设的基础上是有纰漏的"，"新式的AI是建立在物理根据假设基础上的。这个假设认为，为了建造一个足够智能的系统，我们有必要将其表征建立在物理世界之中。我们关于这条路数的经验表明，一旦我们做出这样的承诺，对于传统符号表征的需要就立即黯然失色"。① 并且"当智能通过依赖于知觉和行动与真实的世界联接起来以一种递增的方式被接近时，所依赖的表征就消失得无影无踪了"，"在营建这种庞大的智能系统的部分时，表征就是这种错误的抽象单元"。② 因此，按照布鲁克斯的观点可以概括为，认知处理无须认知主义所预设的表征。毫无疑问，这里对表征在认知处理作用的否定，促成了某种反表征主义方案的出现。而这种反表征主义又可以理解为某种方法论的反还原论，这种反还原论力图将与身体相关的环境或世界添加进对认知和心智的理解中。所以，具身认知路数往往被放在反还原论中来讨论的情况就非常普遍了。

其次，对于世界挑战来说，它主要来源于现象学——具身化路数。身体挑战和世界挑战都隶属于具身认知路数众多版本中两项重要指标。而在世界挑战中，最直接的导火索可以追溯到德雷福斯用海德格尔哲学对认知科学早期发展中强调单一的缺乏对世界关照的解释所进行的批评。在类似的批评中直接矛头主要针对的是笛卡尔"我思"在认知科学中占主导地位而展开的。众所周知，海德格尔曾力主说明日常技能和实践构成了"在世界之中"的认知的本质。按照这条思路，研究者常常借用表征的饥渴来说明经典路数不利用环境或世界来理解人类认知。该词的使用对于否定传统研究方案过于强调主体表征的核心地位具有重要意义。

---

① Brooks, R., 1990: "Elephants don't play chess", *Robotics and Autonomous Systems* (6), p. 3, p. 5.
② Brooks, R., 1991: "Intelligence without representation", *Artificial Intelligence*, (47), p. 139.

因此，可以看出对于具身认知路数相关的理论来说，身体和世界是它们使用得最为频繁的术语。

最后，对于社会性挑战来说，主要来源于延展认知路数和社会认知路数。就延展认知路数所具有的社会性挑战而言，虽然它与前述的身体和世界挑战较为相近，但是延展认知路数试图将人的社会性尤其是外在于认知主体的环境、工具考虑进来。因此，社会性挑战与前两项挑战存在明显差异。这种差异会让人产生这样的疑问。（1）如果延展认知路数按照大脑—身体—环境的图式来构造一个认知系统，就像克拉克的经典思想实验中的主角奥托那样，使用记事本提取有效信息，在该系统中，心智也被延展了。从表面上看，这与身体挑战和世界挑战并没有什么区别，或者说具身化已经足够了，谈延展其实是没有太多必要的。（2）当延展认知路数力争与传统的研究方案做出明显差异性表述时，会让人联想到，如果按照物理学主义的假设，心智的物质属性随着认知系统得到延展，这样心智也延展了，那么是否意味着物质性的那部分内容也延展了呢？

这两个疑问至今萦绕在坚持延展认知路数的研究者心头。因此，解释这两类疑问对于延展认知论者而言就成了非常紧要的任务。下面笔者尝试以社会学主义的解释策略来解释这些疑问。

三、非还原论进路解释策略：社会学主义

如前所述，当具身认知主义带着强烈的身体挑战和世界挑战登场时，似乎令人觉得认知科学已经拓出了一片疆土，并在哲学上被多数人勉强接受或基本满意之时，延展认知的提法或许成为多余的补充。同样，在物理学主义尤其是关于心智的物质属性的讨论上，认知的延展意味着心智的那部分物质性的东西也全盘延展出去，这的确是一件令人费解之事。因此，本节希望对前一节遗留下来的两个方面疑问做出解释。

在第一个方面的讨论中形成了延展认知论与传统的认知主义之间的

对话，或传统心智哲学中的内在论与积极的外在论之间的对话。在第二个方面形成了具身认知主义与延展认知主义之间是否存在差异的对话。

首先从第一方面看，延展认知主义看待认知处理环节时，将非还原论看成是对还原论的扩充，这种扩充在理解认知上做的是"加法"。例如将高度紧密耦合的系统看成是认知过程的一部分。这个系统中的环境、工具和人脑的耦合让认知主体可以不用挖空心思去应对一项认知任务，换句话说不是大脑孤零零地去对该任务做出认知上的处理。相反，认知主义在看待认知处理环节时做的是"减法"，即把认知简化为大脑的神经上的变化。研究者力图说明人脑在完成一项任务时的神经反应，因为某种指导原则的影响会有意无意地将环境和工具排除出对认知活动的理解上。体现在对"表征"概念的使用上，延展认知主义注意到还原论具有缺陷的同时，并不意味着一定要以某种反表征主义的立场问世。例如在最小化表征的使用上，延展认知主义认为，老式的对认知的理解以表征为基础，他们考虑的要么是"最大化的细节上的内在世界的神经行动"，要么是"智能行为依赖于个体化行动导向的内在编码"。[1] 因此，在表征的使用上并没有被彻底否定。所以，使用"加法"原则旨在希望在重视大脑神经活动和内在编码处理的基础上，将外部设备考虑进来。这种考虑实际上是对认知主义带有一种潜在的人类主义情节的反感。相反，站在后人类主义立场上来看，尤其是较为激进的赛博格理论便把人类理解为并非是孤立的肉体存在者。按照这些观点，表征概念并没有被彻底抛弃或者被否定，因为大脑处理表征的过程被环境、工具"合伙"一同加以处理。

其次从第二方面看，延展认知主义必须塑造出一种与具身认知主义所强调的身体性认知相区别的模型。这种模型可以大致刻画为：心智是生物性的大脑和技术性工具的结合体。在这个问题上延展认知主义既不

---

[1] Clark, Andy., 1997: *Being There: Putting Brain, Body, and World Together Again*, Cambridge: The MIT Press, p. 174.

能采用物理学主义中的物质主义来为自己辩护,也不能采用现象学的策略来解释心智的延展。有三个方面的原因。(1) 作为物理属性的心智以物质的方式延展必定会遇到障碍;(2) 以第一人称的方案讨论心智也会遇到是否能够被自然化的障碍。虽然现象学的自然化正被多数研究者所提及,但是这条路子是否行得通,还有待检验;(3) 反还原论对于延展认知论的不适用,也说明了延展认知主义与具身认知主义之间的差异和不同的辩护原则。换言之,延展认知主义采用某种非还原论的进路既不违背认知主义或认知科学的主流研究范式,也能够在某种程度上与具身认知主义作出必要的区分,这或许是延展认知主义唯一可以选择的方案。

综合来看,将与物理学主义的还原论路数不同的解释策略定位在社会学主义是解决上述问题的一种尝试。社会学主义将环境、文化、社会作为在先原则来考虑人类的认知活动。其主要特点是把社会、认知主体和人工物视为一个整体,并且人类的认知活动由这些集合构成。另外,社会学主义将社会的而不是物理的作为解释模型,认为人类的认知是一种类似于认知主体在社会中进化的产物。这样考虑的原因大致可以从两方面加以说明。第一,具身认知主义仅强调认知的生物性基础,无疑会滑向夸大有机体的自主性在认知活动中起的支配作用,甚至会派生出类似于生物沙文主义的倾向,即过度强调生物性的机制,而忽视生物性的机制与非生物性机制之间的共生关系。在这里我们可以看到强调认知的自主性机制多少带有康德主义的色彩。黑格尔恰好怀疑这种自主性,原因在于它不是具有社会意义的认知主体在脱离环境下所做的自主性反应。第二,围绕延展心智论题展开的对话,支持者即使提供了生物性—技术性杂合体的模型,但尚未把视野投放到认知的社会性上。毕竟,今天关于人性的讨论已经不再是康德笔下那样具有抽象意味的人。因此,人在社会实践活动中对认知活动产生的影响应该受到重视。这方面已被一些研究者所注意到,像戈德曼对具身认知和社会认知之间的关系做了有益的讨论;① 加拉格尔尝试修正具身认知和延展认知的社会维度;② 罗宾逊从社会学的理论中试图对延展心智论题做出一定修补。③ 从这些研究内容上来看,研究者或许已经注意到了坚持笛卡尔和康德的主张所带来的困难。

最后,生物性—技术性杂合体的模型对传统的计算—表征的一部分所做的解释,以及将身体性解释纳入该进路,并添加了与认知活动相关的智能设备。所以,延展认知论不仅不能简单反对还原论,也不能跟随反还原论的脚步,选择某种非还原的方案具有可行之处。同时,也说明社会学主义不会脱离自然主义的世界观,它虽然选择了与物理学主义不同的解释进路,但是又不是相反的进路。反倒是现象学传统与自然主义之间能否吻合还需要做进一步的讨论。

---

① Goldman, A. I. and de Vignemont, F., 2009: "Is Social Cognition Embodied?", *Trends in Cognitive Sciences*, 13 (4): 154 – 159.
② Gallagher, S., 2009: "Two Problems of Intersubjectivity", *Journal of Consciousness Studies*, 16 (6 – 7): 289 – 308; Gallagher, S., 2013: "The Socially Extended Mind", *Cognitive Systems Research*, (25 – 26): 4 – 12.
③ Robinson, D., 2013: *Feeling Extended: Sociality as Extended Body-Becoming-Mind*, Cambridge: The MIT Press.

第六章 知识论辩护：错误表征

　　表征概念被哲学家视为构造知识大厦的基础。今天，没有表征既不能谈论知识，也没有资格谈论心理活动。表征已经成为哲学的重要术语。从表征的讨论上来看，认知主义借助康德式的先天知识类型的表征概念，介入到对人类认知和心智的解释中。这种解释具有理想主义色彩，而表征能力究竟是静态的还是动态的，在两者的取舍中，传统认知科学沿用了表征的静态处理路径。与康德式认知哲学陷入静态理想化的困境一样，表征的静态处理路径与前面讨论老式人工智能所遇到的障碍是一样的。然而，有动态的表征这一说法吗？如果有，引入这样一种动态表征观是否会对知识的规范产生影响，抑或我们在谈表征时，是不是一定就默认了表征是按一种正确的表征来执行认知任务呢？

　　本章将以错误表征为起点讨论延展认知的知识类型，当然也可以说表征的知识和行动、知觉之间的关系。引入错误表征这一术语旨在指出，亚当斯和埃扎瓦曾经质疑均等原则是一个准确的反驳，原因在于认知主义在为认知制定一个标准时将表征视为一种科学的规范，而其中有一个重要的潜台词并没有给错误表征留下空间，这意味着延续了某种理想主义主张，表征就是正确表征。一名篮球运动员在抢下篮板球迅速与队友配合快速反击并得分，与一名高速前插、传球并找到同伴准确传球线路的足球运动员，他们在面对对手时不可能用一种正确的表征——如我要向左方做出前进动作，让对手直接一目了然知道自己的意图，而是选择用假动作晃开对手。当我们用这种所想并非所做为例子时，我们会发现错误表征并非一文不值。

　　如果说知识只是头脑内的一个表征处理活动，它可以不用顾忌自己要做什么，面对什么问题，我们就很难想象这样一种生活在真空中的认知主体。因此，笔者提议在说明表征时考虑认知主体在表征处理时是要做什么。如果奥托借助记事本完成了到展览馆的认知任务，这种情况与尹佳通过回忆处理到达展览馆，两者不能视为等同，那么我们必须指出奥托完成了一种和尹佳不同的表征处理原则；即使在机制上一个认知主体＋记事本不能等同于一个认知主体的回想，那么当他们都到了展览馆，我们不能说奥托没有动用记忆，尹佳动用了记忆，所以他们不能等同。情况并非是我们想象的这样。毕竟，奥托已经进了展览馆看起了画展。不过我们可以说，奥托用了一种看似不严格、不正确和不太算表征的东西完成了认知任务。笔者建议将奥托使用的这种表征称为"错误表征"。为此，第一节将尝试区分传统意义上的（正确）表征，并探讨它与错误表征之间的区别。第二节将改造《西游记》中孙悟空大战金角大王的故事论证者行孙是孙悟空的错误表征，不过错误表征是在孙悟空作为只能真实表征自己是"孙悟空"的意义上指出的，而者行孙则成了错误表征。可以这么说，错误表征并不符合表征主义的规范。所以，当奥托到了展览馆做了一件并不符合表征主义规范的事情时，能够算做错误表征吗？如果可以，那么亚当斯和埃扎瓦的指责就可以被化解。将这个话题引入到奥托案例是第三节的任务，笔者还将指出错误表征对于奥托来说依然重要，那是因为当它如此这般地没有按照表征主义的原则来处理表征，他还是活着。就此，第四节将进一步划分表征的两个版本，一个是表征性认知，隶属于认知主义范式下的认知观；另一个是技术性认知，隶属于后认知主义范式下的认知观，强调一种大脑—身体—环境的认知观。

一、表征和错误表征

人类在演化过程中获得了一种能力——表征能力,通过这种心智或心理功能,我们在头脑中创造了各种各样的可能世界。经由表征推理或符号推理,人类成为这个星球上心智能力(现象)最复杂的有机体。如果我们心智的表征能力可以被设想为一台能操作特定符号的机器,并完成特定任务,无疑这台机器是借以理解我们自身最好的工具,这也将成为迄今为止我们最伟大的一次发现。但是,情况比我们想象的要复杂得多,在这条演化的大道上,人类的心智演化在表征这个问题上并没有得到更为彻底的解答。认知心理学家声称:"表征是一个复杂而充满争议的主题,长期以来,来自多学科的认知科学家对表征一直有争议。至今学术界对表征仍没有一个一致认可的定义,大多数定义都带有很强的技术性。"① 当前,在心智现象的研究中,研究者已经抛弃了来自中世纪的灵魂概念,替换为自然主义的解释方案。自然主义试图取消灵魂等这些概念来解释心智现象,并试图用自然科学来对心智现象中的心理表征做出解释,即一种心理表征关于它们所呈现的某种东西到底是什么。② 但是这并未使在我们理解心智的道路上得到比过去更为统一的解释。仅仅与表征相关的话题就已涵盖了如心理因果性、二元论、副现象论、唯我论、物质主义、物理学主义、语义学等等,表征与意识或意向性的话题就已涵盖了表征(心理)内容的宽和窄之分、内在和外在之分、还原论和非还原论之分,等等。这些各种各样的辩护策略和解释路数无疑成为心智哲学和认知科学哲学中最热门的话题之一。

---

① 〔美〕史密斯、科斯林:《认知心理学:心智与脑》,王乃弋等译,北京:教育科学出版社2017年版,第164页。
② 根据《斯坦福百科全书》"心理表征"词条:"当代心智哲学家典型地强调心智能够被自然化,例如所有心理事实按照自然科学来解释。这种假设被分享到认知科学里,它试图按照大脑的特征和中枢神经系统提供心理状态和处理的解释。"参见https://plato.stanford.edu/entries/mental-representation/。

表征概念进入现代哲学的视野要从笛卡尔和康德等哲学家对知识问题的重视算起。关于知识问题，一方面源于表征与思维的关系，另一方面源于表征与行动的关系。两者从自然主义立场来说，归根结底是与表征相关的思维与行动和物理世界的关系。众所周知，思维能够导致行动，思维涉及表征，然而表征引起行动的作用是什么，是什么样的表征引起这种行动成为关键问题之一。物质主义者通过把思维放在物理事件这边，试图让心理表征来为心理的和物理的事件之间架起桥梁。[①] 经典认知科学家认为表征的最高层次是语义和知识，中间层次认为是符号，最低层次认为是物理和生物，[②] 其研究范式由表征—计算主义所统领。对经典研究范式的反驳也随之产生。例如，布鲁克斯希望搭建不通过表征来执行任务的机器人，[③] 丹尼特将表征主义视为一种早熟的表现，[④] 等等。

纷争至今尚未停止，对于表征、思维、行动与物理世界的关系究竟如何，至少会引发两类猜疑：（甲）如果表征活动是心理活动，是心智的基本功能，与之相对应具有物理属性的世界之间如何产生关系？（乙）如果表征活动是心理活动，这个心理活动实质上是物理的（生物化学的）活动，与它相对应的具有物理属性的世界如何产生关系？在这两类问题中，（甲）相比（乙）更难处理，原因在于一种心理属性而不是物理属性的活动，如何与一个异质的物理世界产生关系。换言之，异质的

[①] Clapin, Hugh. & Staines, Phillip. & Slezak, Peter. (eds.), 2004: *Representation in Mind: New Approaches to Mental Representation*, Oxford: ELSEVIER Ltd, p. xii.

[②] Clapin, Hugh. & Staines, Phillip. & Slezak, Peter. (eds.), 2004: *Representation in Mind: New Approaches to Mental Representation*, Oxford: ELSEVIER Ltd, p. xii.

[③] Brooks, R., 1991: "Intelligence without Representation", *Artificial Intelligence*, (47): 139–159.

[④] Roos, D., Brook, A., & Thompson, D. T (eds.), 2000: *Dennett's Philosophy: A Comprehensive Assessment*, Cambridge: The MIT Press, p. 372. 在该书中丹尼特还说，我心算长除法，数字的表征确切地和我在黑板上运算一样。（第374—375页）这个说法或多或少指出表征是一种除了借助大脑的符号操作之外的其他类型的表征来完成。这种观点与认知主义认为表征与大脑中脱离环境的程序计算是有区别的。

心理世界与物理世界之间如何产生关系。这种困难通常被视为源于笛卡尔的心与物的二元论。

之所以说（乙）相对于（甲）要容易处理一些，原因之一在于：一个物理属性所诱发的心理反应与这个心理反应的另一个世界——物理世界在属性上具有一致性，因此它们是同一个世界的两个方面。在自然主义立场下的物理学主义更倾向于选择（乙）的描述来看待心理表征问题，并试图借此解决心与物的难题。在这种情况下非物理的心理表征之所以能被视为具有物理属性是通过还原论来实现的，这就成了自然主义大家庭中最核心的力量——还原论物理学主义。

说（乙）对于（甲）更容易处理原因之二在于：跟随哲学上的一种主观和客观的划分，请试想一下情形（丙），如果说表征是一种心理活动，在餐桌上放着一个星巴克杯子，我的脑海中产生了一个星巴克杯子的表征，我的脑海中产生了相同的杯子。这种情形并不奇怪，因为我表征的杯子反映了餐桌上的杯子。这种反映关系实际上意味着产生了主观的杯子与客观的杯子的反映关系，它们在形式上和类上都是相同的，这是图像论的基本表达式。而"主观的杯子"恰好就成了哲学家通常所说的内在表征，他们相信这个"主观的杯子"在认知处理上对理解"客观的杯子"具有重要作用。具体原因在于它不仅使用、操作和储存内在表征，而且它也使得杯子的概念得以产生。所以当我看到这个星巴克杯子时，我脑海中的杯子和杯子的概念就代表了那个桌子上的杯子。这里我们可以看到，内在表征和主观的杯子作为心理活动的表现，就是所谓的一种心理内容。客观的杯子 A 不仅被还原为主观心理内容的杯子 A′，甚至 A′ 像物理的 A 一样具有物理的生物化学和神经层面的呈现，同时 A′ 还是对 A 的语义和符号的呈现。因此，A′ 成了理解 A 的基础。

在知识论的意义上，这个内容 A′ 成为康德这类哲学家最为看重的东西，正是因为 A′ 具有这样或那样如此重要的基础意义，康德才试图对这个内容制定客观性的制约条件，即"客观的心智表征如何可能"。"字面上说，一个表征就是一个表象（Vorstellung），一个'放置于'（stellung）一种意识的心智'之前'（Vor）的某种东西。"① 康德的意图是将心理表征视为知识或认知的先天基础，以此推进这种客观性操作，即客观的心理表征。需要注意的是，这里康德所谓的"客观"意味着一种知识的重要前提保障，而不再是前面所谓的客观的杯子的"客观"。康德说："一般而言，类（genus）就是表征（representation）。通过意识（知觉［perceptio］）从属于它所代表的表征。一种知觉唯一与主体相关的就是把它被感觉到（sensatio）的状态做出修正，一种客观的知觉就是知识（认知［cognitio］）。"② 换言之，表征的内容对于这个知识来说是重要的，它决定了什么样的客体或对象能够进入主体的认知范围，同时也决定了认知的客体或对象的相关性或意向性。虽然康德的语句极为晦涩，但是他的表征理论成为后世哲学家关于表征问题讨论的基础。我们这里所认为的（乙）比（甲）容易处理是指，这种表征理论曾经得到过充分的讨论，成为一种理解表征的常规模式。

试想下另一种情况（丁），我的脑海中产生了一个杯子的表征 B 与餐桌上的星巴克杯子 A 不相符合，因为当我看到星巴克杯子时，脑海中产生了一个茅台酒杯子的表征。如果按照表征与世界的关系而言，此时，我脑海中的茅台酒杯子实际上是对餐桌上的星巴克杯子的错误表征。③ 如

---

① Hanna, Robert., 2001: *Kant and the Foundations of Analytic Philosophy*, New York: Oxford University Press, p. 2.

② Kant, Immanuel., 2007: *Critique of Pure Reason*, New York: Palgrave Macmillan, p. 314.

③ 这里借用米利肯（Ruse Millikan）杜撰的错误表征一词。米利肯希望通过演化论和目的论来解释一种不同于认知心理学对心理表征和意向性的常规解释。米利肯指出，目的论不是去关注表征内容的本性，即什么使得心理表征呈现某物。目的论通常仅仅是一种有关在表征中错误是可能的观点。参见 Millikan, Ruth G., 2011: "Biosemantics", in McLaughlin & Ansgar Beckermann and Sven Wlter (eds.), *The Oxford handbook of philosophy of mind*, New York: Oxford University Press, pp. 394 – 406。在另一个版本中米利肯开篇提出，心理状态语义内容的因果和信息理论一开始就把错误表征问题刻画为某些直觉的东西。存在某种环境，其中一个内在表征具有其呈现为一种必要和/或充分产生的原因或条件。这就是表征的内容如何被混合的。错误的表征被解释为在其他环境下代表。收录在 Lycan, William G. and Prinz, Jesse J. (eds.), 1999: *Mind and Cognition: an Anthology*, Oxford: Blackwell Publisher, pp. 105 – 123。

果宴请我就餐的主人能够看见我的这次错误表征，他肯定会说餐桌上的杯子不是茅台酒杯，它根本不存在。

我们先从这种特殊的错误表征入手。心智哲学和认知心理学对表征的一种常规关注集中在"意向性"上，即"相关性"。餐桌上的星巴克杯子 A 被表征为心理内容的星巴克杯子 A′。因此，A′是关于 A，A′是 A 的呈现或 A′呈现 A。但是，也有特例存在。

请再试想情形（戊），当我拿起一根直的树枝 C 时，我呈现出直的树枝 C′。按照前面的关于或呈现关系，这是常规的心理表征的场景。然而，我把树枝放进水中时，我却呈现出一颗弯曲的树枝 D。而按照常规的意向性解释，C′是关于 C。但是，此时 D 却关于 C，D 代表 C，这种情形按照常规解释显然是成问题的，因为在我们的经验中，我们对 C 的表征会产生 C′和 D，此时人们更倾向于认为或相信 C′是 C 的呈现，而认为 D 是 C 的呈现是错误的。在（丁）中与餐桌上放着星巴克杯子相比，我呈现的茅台酒杯子显然不是一个东西。在（戊）中与一根直的树枝相比，水中弯曲的树枝，完全是两种表征状态。（丁）和（戊）这两种情形中的表征 D 都会被视为错误的表征。

因此，我们这里要考虑的是这类被认为是"错误表征"在认知中的作用和意义。如果类似于我们把 A′是关于 A，A′代表 A 当作常规条件下的表征类型，那么我们不妨暂时把"错误的表征"视为一种反常条件下的表征类型。

二、孙悟空的错误表征

关于这种错误表征，我们不妨再设想一下《西游记》中的情景。在三十四回孙悟空大战金角大王。金角大王手持"羊脂玉净瓶"，宝瓶有一个非常厉害的功能，只要金角大王叫一声谁的名字，他应一声就会被收入宝瓶。当孙悟空与金角大王交战时，孙悟空佯装自己是他的孪生兄弟"者行孙"，孙悟空的心理表征希望通过一个虚构的人物"者行孙"

来瞒过宝瓶。没想到的是，不论孙悟空此时呈现的表征是孙悟空，还是一个双胞胎兄弟者行孙，它只要应答都会被收入宝瓶。我们都知道，者行孙不是一个故事里已经出场的或即将出场的人物，他由孙悟空虚构。但是宝瓶为什么能将一个不存在的人物装进去呢？

假设从语义学角度，孙悟空是 A，孙悟空可以正常地表征一个对象——他自己为 A′，这也是我们前面提及的，A′是关于 A，A′是 A 的呈现，或代表 A。从常规的表征理论来看，B 不是关于 A，即一个叫孙悟空的人，和一个双胞胎兄弟者行孙，即便者行孙是一个虚构的人物，或孙悟空说了谎，谎称自己是者行孙。但是从表征的关系来看，无疑 B 不是关于 A，那么必定存在一个 A（孙悟空）和一个 B（者行孙）。然而却因为 B 存在，"羊脂玉净瓶"才毫不犹豫地将者行孙装入瓶中。假设宝瓶是一个智能体或一台计算机，在这个故事中，宝瓶并不在乎是否被孙悟空欺骗，它都会按照金角大王（它的设计者）来执行任务。并且不论是宝瓶还是金角大王都相信存在一个者行孙，假设宝瓶和金角大王都具有心理表征的功能，那么当孙悟空说自己是者行孙时，宝瓶和金角大王会产生者行孙的心理表征。换言之，对于两者而言，者行孙是一个存在物。就此看来，一个错误的表征并不能被排除在所有认知考察的范围之外，不论这个认知范围是爱说谎话的孙悟空，还是金角大王与其所设计的一个智能体。这样的错误表征对我们理解心智、认知和意识仍然具有意义。

假设孙悟空希望通过瞒天过海的方式伪装自己是者行孙，他关于者行孙的经验主观性是存在的，这种主观性对于表征来说是重要的。为此，我们不妨回到内格尔的《作为一只蝙蝠是什么样》一文来对此加以说明。

在该文中内格尔强调意识问题是身心问题的根本问题，而在还原论下这个问题并没有得到很好的解释。有关意识的问题，内格尔表示："一个有机体只要具有有意识的经验，这个事实就意味着，从根本上来说，存在某种作为那个有机体是什么样的经验。……不过从根本上来说，当且仅当一个有机体具有作为那个有机体是什么样的经验时，它才具有意识的心理状态。"① 内格尔将这种心理状态称为"经验的主观性"。不过在内格尔看来困难之处在于，首先，"不了解经验的主观性是什么，我们就无法知道要物理主义理论干什么"②。也就是说，对经验的主观性要有所了解的目的是为了表明物理主义理论的用处。其次，"如果要为物理主义辩护，必须对现象特征本身做出物理的解释。但是当我们考察它们的主观性时，这样的结果似乎是不可能的"③。这里我们套用内格尔这番话来理解，孙悟空自称是者行孙的经验的主观性是存在的，这种心理状态可以视为心理表征。

这里极有可能出现的一种反驳意见，我们概括为故事中必定存在一个人物孙悟空和另一个人物者行孙。我们尝试对这种反驳意见给出以下几个声明。第一，者行孙作为一种表征，存在于孙悟空的心理活动中，但是并不意味着孙悟空既是孙悟空又是孪生兄弟者行孙。例如一个主体可以通过一体两面的方式令自己具有既是一个好人又是一个坏人的表征。因此对战中的孙悟空可以产生者行孙的心理表征，但无须一个者行孙的真身存在。按照内格尔式的判断，只要孙悟空有者行孙的经验的主观性，那么者行孙的心理表征就一定是存在的。当然对于反驳方来说这个判断实在是难以接受而已；第二，对于反驳意见，实际上来自一种物理主义假设，即孙悟空在回答宝瓶时，他是一个真身，者行孙被收入宝瓶时，他也是一个真身。对于真身的要求是对一个物理属性的渴求，如果缺少一个具有物理属性的真身就没有孙悟空和者行孙的物质承担者。因此，同一个孙悟空的真身是不能既是孙悟空的物质承担者，又是者行孙的物质承担者。所以，反驳者会认为一个孙悟空的真身当且仅当呈现

---

① 〔英〕内格尔：《人的问题》，万以译，上海：上海译文出版社2000年版，第178页。
② 〔英〕内格尔：《人的问题》，万以译，上海：上海译文出版社2000年版，第179页。
③ 〔英〕内格尔：《人的问题》，万以译，上海：上海译文出版社2000年版，第179页。

了孙悟空的表征时才是正确的表征，而当一个孙悟空的真身呈现的是者行孙时，此时的孙悟空的表征就是错误的表征。借助内格尔的"经验的主观性"概念，我们表明即使双胞胎兄弟者行孙被视为一种错误的表征，也不能阻止我们否认者行孙的心理表征的真实存在。

错误的表征之所以是"错误"并不在于一个主体在表征活动中发生了错误，而在于对这个主体的评价者而言（类似我们前面所谓的反驳者）是错误的。按照表征理论假设，内在的认知符号呈现了外在事物，孙悟空的内在认知符号——者行孙，并没有呈现一个外在事物，因此按照这种评价标准，此时的孙悟空的心理表征是一种错误的心理表征。然而，我们已经说明过从金角大王或宝瓶的角度，不论站在他们面前的是否是者行孙的真身，只要金角大王呼者行孙这名字，并且面前这个人答应，他就会被收入宝瓶。实际上，反驳者也不能说清楚宝瓶为什么能将一个被错误表征的"者行孙"收入瓶中。另外，在反驳者试图用物理学主义的还原论来对孙悟空的心理表征做出分析时，也没有办法把意识的说明扩展到把意识包括在内。这无疑是内格尔思考并希望解释意识经验主观性的主要目的：作为一只蝙蝠对蝙蝠来说会是什么样。内格尔想表明，虽然"我无法感受一个生来又聋又瞎的人的经验的主观性，大概他也无法感受到我的经验的主观性。这并不妨碍我们各自相信另一个人的经验具有这样的主观性"①。无论是蝙蝠还是火星人，只要它们形成一个作为它自己是什么样的概念，那么"我们所处的地位与聪明的蝙蝠或火星人可能占有的地位完全一样"②。即使我们对另一个有机体的意识经验不得而知，但是在内格尔看来这个经验的主观性终究是存在的，因此他主张一种经验主观性的实在论，"我的关于主观领域所有形式的实在论，暗示着我相信存在人的概念所无法把握的事实"。所以一只蝙蝠是什

---

① 〔英〕内格尔：《人的问题》，万以译，上海：上海译文出版社2000年版，第182页。
② 〔英〕内格尔：《人的问题》，万以译，上海：上海译文出版社2000年版，第182页。

样"并不存在于可用人类语言表达的观点的真实性中"。①

如果说作为一只蝙蝠是什么的论证是对一种经验主观性的实在论辩护，那么这里我们关于孙悟空的错误表征的讨论实际上也想表明，我们几乎无法消除孙悟空心里想着自己是者行孙的心理表征不存在是一样的。也有如米利肯试图表明的，把一个有机体错误地呈现某个事件理解为它会错误地做出某事，以此作为衡量心理表征的标准自然是成问题的。"毕竟，歪曲表征或错误表征恰好是它不通过其呈现的共同发生形成的一种表征。因此，如果天黑了下来，臭鼬而不是猫能导致（错误）关于猫的信念。这难道是遵循的想到猫就真的想到了猫或臭鼬，因为猫或臭鼬完全是它们可靠的指示吗？一种可能的解决方案就是假设，在实际发生的观念从属或共变（covariation）之下存在某种特定的条件，需要去定义什么呈现了什么，以及什么样的歪曲表征产生，仅当这些条件是不存在的。事实上，大量努力试图去限定这样一种在这个标签下的条件，例如'标准条件'"。② 就此而论，对"错误的表征"的评价实际上取决于这种"标准条件"，而这种标准在哲学上也由来已久，大致而言来自"表征主义"。

三、奥托的错误表征

20世纪中后期表征主义得以盛行主要得益于计算机的问世，研究者试图将计算机作为一种类比来理解人类的心理活动。普特南在回忆用计算机隐喻来解释心智的热情时强调："我在早期对计算机和心智的讨论充满兴趣。我可能是推进计算机就是心智的正确模型最早的哲学家。"普特南希望通过它称之为"心智的计算观点"来回答"心理状态的本性

---

① 〔英〕内格尔：《人的问题》，万以译，上海：上海译文出版社2000年版，第183页。
② Millikan, Ruth Gattett, 1993: *White Queen Psychology and Other Essays for Alice*, London: The MIT Press, p. 7.

是什么?"① 围绕心智状态或心理表征是内在于认知主体,还是外在于认知主体,以及认知主体的行动是否诉诸心理表征这类话题,产生了表征主义与反表征主义、内在主义与外在主义等争论。由于表征主义在经典认知科学占有统治地位,20 世纪 80 年代认知科学中的具身认知进路的产生会同联结主义一起试图把表征从认知活动的理解中清理出去,形成了表征主义与反表征主义之争。这条进路得益于像杜威、梅洛-庞蒂、维果斯基、海德格尔和皮亚杰等这些哲学家和心理学家的思想资源。内在主义和外在主义主要集中于心智哲学。以普特南为例,他在 20 世纪 70 年代对意义的讨论划分出了通过大脑状态所描述的心理状态,以及通过大脑以外的事件的状态和对象所描述的心理状态。前者被称为窄内容,随附于大脑状态,即我们前面所言的常规表征理论,认为一种心理表征是由大脑的内部状态所决定。后者被称为宽内容,随附于大脑状态和世界的剩余部分的结合,认为一种意义理论必须考虑到心智与世界的相互作用,意义并非是内在的心理状态。

从普特南开始,研究者注意到了心智与世界的相互作用的历史性。这种宽泛意义的历史性表现为对人类漫长的演化历程的讨论,例如米利肯的工作②;还表现在人类生活的社会特性中,例如维特根斯坦对私人语言的讨论;以及表现在个体在日常生活中的一般的或特殊的行为举动,例如克拉克经常将认知的考察聚焦于一些特殊的个体上,③ 等等。这些讨论尝试将心理表征拓展到"远端",即心理状态的外部条件:社会、环境、演化历程等。我们将这种"远端"与表征尤其是错误的表征

---

① Putnam, Hilary., 1991: *Representation and Reality*, London: The MIT Press, p. xi.
② Millikan, Ruth Gattett., 2001: *Language, Thought and Other Biological Categories*, London: The MIT Press.
③ 例如克拉克和查默斯关于奥托和尹佳的经典思想实验,参见 Clark, Andy. and Chalmers, David J., 1998: "The Extended Mind", *Analysis* (58), pp. 7 - 19。以及克拉克对生活在圣路易斯的阿尔茨海默症患者所做的日常生活描述,参见 Clark, Andy., 2003: *Natural-Born Cyborgs: Minds, Technologies, and the Future of Human Intelligence*, New York: Oxford University Press, pp. 138 - 142。

联系起来。首先需要明确的一点，有机体在做出一种心理表征活动时并不是生活在真空中，表征内容虽然与我们的内在语义、思维语言或生物性的大脑相关，但是有机体既通过漫长的演化从"远端"获得了心理表征能力，又从个体的生活中"远端"的经验形成某种心理表征能力。米利肯提议接受这种在"远端"形成心理表征过程中使用错误表征的积极意义，克拉克和查默斯号召哲学家为这种"远端"形成的积极外在主义进行辩护。对此，我们不妨从积极外在主义旗帜下的"延展心智论"中的奥托和尹佳展开对这种"远端"的说明。

在《延展的心智》一文中作者设计了一个后来备受争议的思想实验。一位患有阿尔茨海默病的奥托，日常生活通过环境中的信息来完成，走到哪儿都带着记事本，并不停把所见所闻记录在册，在需要时就随时翻开查阅。当奥托得知 53 号大街的现代展览馆有一个画展，他查阅了记事本到达了展览馆。尹佳是一个普通人，当她得知现代展览馆有一个画展，通过回想展览馆的地址，到达了展览馆。作者认为："记事本对于奥托的作用与尹佳的记忆起的作用是一样的"，"当记事本遗失大量图片丢失时，这种信念就消失了，与说尹佳不再具有展览馆的意识的信念消失是一样的"①。这样的表述后来通常被视为是延展心智论均等原则的基本表述，这个原则的具体含义是指："当我们面临某项任务时，如果世界的功能的一部分成为在脑袋里完成的一个过程，我们会毫不犹豫地把它识别为认知过程的部分，那么世界的部分就是认知过程的部分。认知过程并不是所有都在脑袋里！"② 简单来说，按照均等原则，奥托使用记事本完成一项任务和尹佳通过记忆完成同样的任务，这个记事本和记忆是具有均等作用，就此这成了延展心智论的最初论证方案。

不过在《延展的心智》一文发表没过多久，两位美国哲学家亚当斯和埃扎瓦在 2001 年对这篇文章做出了回应。他们主张，认知过

---

① Clark, Andy. and Chalmers, David J., 1998: The Extended Mind, *Analysis* (58), p. 13.
② Clark, Andy. and Chalmers, David J., 1998: The Extended Mind, *Analysis* (58), p. 8.

程延展到物理世界，并超出大脑和身体的边界的例子在实际上是不存在的①。并且"对于认知是认知状态而言，首先一个重要条件就必须涉及固有的（intrinsic）、非派生性内容"②。两位哲学家试图通过心理内容的非派生性来为这种内容处于颅骨内，而不处于延展的状态提出质疑。在随后的《认知的边界》一书中，亚当斯和埃扎瓦在批评均等原则时指出，"尹佳具有在奥托那里并未发现的一种认知加工"，"尹佳具有我们可以称之为正常人类认知的东西，而奥托则不具有"③。从某种意义上说，就反驳者而言，如果奥托具有心理表征，这个心理表征和尹佳是等同的，既然尹佳通过展览馆的心理表征完成任务，这个心理表征在大脑中完成，那么奥托的心理表征也应当在大脑中完成，它就不能延展到外部世界（记事本）。之所以反驳者不承认奥托的心智延展，大体上可以说是基于某种标准的心理表征评价而产生，即在大脑中完成的心理表征是常规的或正确的表征，而当说心智延展到外部世界时，一方面一个认知过程具有的心理表征能够延展到大脑以外是不存在的，另一方面心理表征是内在对内容的处理，一旦心理表征能够延展，受到常规的心理表征的约束，此时的表征就是错误的表征。

延展心智论的支持者必须应对这种反驳观点。为此，假设奥托使用记事本证明了心智的延展是不存在的，暂时不考虑心智是否延展的问题，而退回到考虑奥托使用记事本的心理表征是否存在这个问题上。

（1）假设奥托 I 要到达展览馆必须具有他的心理表征 A′ 与展览馆 A 的关系，一种常规的表征理论会认为奥托有去展览馆的意向，此时他的大脑中必定存在展览馆方位的地图。这时他的认知处理和尹佳是一样

---

① Adams, Fred. and Aizawa, Ken., 2001: "The Bounds of Cognition", *Philosophical Psychology*, Vol. 14（No. 1）: 43-64.

② Adams, Fred. and Aizawa, Ken., 2001: "The Bounds of Cognition", *Philosophical Psychology*, Vol. 14（No. 1）, p. 48.

③〔美〕亚当斯、埃扎瓦：《认知的边界》，黄侃译，杭州：浙江大学出版社2013年版，第114页，第116页。

的。因此，他关于展览馆的心理表征是存在的。

（2）假设奥托 II 要到达展览馆，在他的心理表征 A′ 与展览馆 A 之间被加入了一个记事本 B。在（1）中之所以被认为是一种常规的表征方案，那是因为此时的表征关系是 A 呈现为 A′。而当（2）出现时，意味着 A 呈现为 A′，A′— A 转换成了 A′—B—A，既然奥托的心理表征 A′ 呈现的不是 A，而是 B，因为 A′ 关于的是 B 而不是 A，所以可以说奥托的心理表征是错误的。

进一步说，奥托的心理表征不仅是错误的，因为 A′ 呈现的是 B，因此奥托关于 A 的表征是不存在的。此处的反驳意见实际上和语义的内在论有几分相似之处，奥托关于展览馆的方位在语义上，他的心理状态应该具有展览馆的语义特性。但是，克拉克在讨论心理表征问题时，注意到了一些患有阿尔茨海默病的特殊人群，他们就像奥托 II 一样，通过 B 来完成 A′ 对 A 的呈现任务。这里说的心智的延展，并不是说心智从一个地方跳跃到了另一个地方，克拉克希望借助这些特例告诉人们：B 这类东西经常被人们借用来成为生活的一部分，它不仅是世界的一部分，而且还是心智的一部分。因此，当 A′—B—A 模式产生时谈延展的心智就是可能的。当然在心理表征的意义上，我们自认为 A′—B—A 模式是错误的表征活动，但是这丝毫没有消减掉我们的心理表征能力。

让我们回过头再考虑均等原则下奥托的经验主观性和尹佳的经验主观性是否一致。这个恒定标准意味着在两者的主观性之外有一种客观的评价原则来证明或不能证明他们之间的均等性。但是按照内格尔的说法："如果经验的主观性只有从一种观点才能被完全理解，那么任何向更大的客观性的转变都不能使我们更靠近现象的真正本质：它使我们更加远离这种本质。"[①] 因此，首先对均等原则的批评如果建立在提供一种客观的基础上来评估两者是否相等，意味着这个客观性是独立于主观性

---

① 〔美〕内格尔：《人的问题》，万以译，上海：上海译文出版社 2000 年版，第 187 页。

之外的。但是按照内格尔的意思，如果为了去理解经验的主观性，而诉诸客观性，并不能指出奥托和尹佳的经验的主观性本质。接着内格尔又说："完全不同的两个物种的成员可能都能客观地理解同样的物理事件，这并不要求它们理解那些事件对另一物种之成员的感官所呈现的现象形式。"① 同样，假设（1）我们将奥托和尹佳所面临的任务"到展览馆"作为一个心理表征活动以及"这个展览馆"作为一个物理事件。那么这个心理表征如果能视为意识经验的主观性，它就对应于这个物理事件。假设（2）我们将奥托和尹佳视为两个物种，因为在病理学上他们有着明显的区分，他们都具有"到展览馆"的心理表征。用内格尔的话来说，他们即使拥有了"到展览馆"的心理表征，但是奥托对"到展览馆"的心理表征并不能被要求与尹佳对"到展览馆"的心理表征是相互能被理解的。假设（3）对延展心智论均等原则的反对，反驳者就像尹佳一样的正常人，她极为不相信患有阿尔茨海默病的奥托能"到展览馆"，原因在于奥托的"到展览馆"的心理表征与尹佳不等同。这恰好违背了内格尔所说的，一个物种对同样的物理事件不能要求与另一个物种理解的该事件之间在理解上画等号。

因此，反驳者也不能按照一个正常人所具有的心理表征来衡量另一个（不正常）人的心理表征是虚假的，这里所指的虚假是相对于正常人的心理表征而言的。也就是说，当奥托用记事本完成心理表征处理，与尹佳通过记忆回想"到展览馆"的心理表征处理相比，前者的心理表征因为是借助记事本来完成，它不是实打实的心理表征，就此推断这种均等原则是失败的。内格尔希望指出，没有任何客观的心的概念可以指出心理过程，"如果我们承认一种物理的心理理论必须说明经验的主观性，我们就必须承认，没有一种现有的概念能够提示我们如何可能做到这一点"②。所以用物理过程来解释心理过程仍然是一个谜。或许延展心智论

---

① 〔美〕内格尔：《人的问题》，万以译，上海：上海译文出版社2000年版，第187页。
② 〔美〕内格尔：《人的问题》，万以译，上海：上海译文出版社2000年版，第187页。

的反驳者所希望的就是通过一种物理事件对应的物理过程来解释心理过程。

我们这里想指出的是，正因为这一点，反对均等原则就像源于奥托的物理过程和尹佳的物理过程不能等同。但是在克拉克看来，奥托和尹佳之所以能被视为等同，是因为奥托在借助记事本和尹佳借助记忆在认知行为上取得了同样的效果，如果断然否定奥托的记事本的积极意义，我们将无法理解这些特殊的群体为什么在做出一种错误的表征时还能像尹佳做出一种正确的表征一样好好地活着。

四、表征性认知和技术性认知

前面分别就物理学主义和社会学主义对待认知的看法做了介绍和讨论。从某种意义上说，物理学主义和社会学主义都是一种自然主义的解释态度。"'自然主义'涉及大脑、身体和环境之间的关系。"[1] 当然，前者注重物理学式的方法论还原，而后者注重社会事实，并排斥方法论的还原。照此理解，社会学主义倾向于一种整体论的或者说非还原论的解释策略。同样，在生物学研究方面，就有对这种心理性质还原为物理性质主张表示反对的主张，例如埃德尔曼在《意识的宇宙》中强调了生物学不可还原为物理的一种解释。

在"自然化"这个理论过程面前，会存在一些理解上困难的地方。当我们站在自然主义的立场上来看待认知的时候，那些超验的概念和现象学的方法要么需要被放弃，要么需要被自然化，例如在海德格尔那里就表现为一种反自然主义。[2] 因此，借用海德格尔思想资源来讨论认知

---

[1] Northoff, Georg., 2003: *Philosophy of Brain: The Brain Problem*, Amsterdam: John Benjamins Publishing Company, p. 309.

[2] Kiverstein, Julian., 2012: "What Is Heideggerian Cognitive Science?", in Kiverstein, Julian. & Wheeler, Michael. (eds.): *Heidegger and Cognitive Science*, New York: Palgrave Macmillan, p. 27.

的时候，或多或少也会出现某种理论上的不相容性，这也是德雷福斯多次提醒大家的原因。在前面讨论海德格尔剧场的时候，已经注意到这个问题的存在："世界"如何被自然化。因此，我们需要警惕借用海德格尔思想资源为延展认知辩护时会遇到能否合理"自然化"的问题。本节需要讨论两个问题：第一，讨论表征性认知的具体体现以及与技术性认知的区别；第二，通过技术性认知拓展对海德格尔剧场的理解。

首先，表征性认知和技术性认知在理论上存在差异，在实践上的区别主要表现在经典人工智能领域。传统认知科学建立在一种计算机隐喻的基础上，将人类的智能行为理解为内在的心理（表征）操作过程。就像计算机作为一台物理的设备那样，它由各式各样的物理零件组合而成，通过软件和硬件之间的联系，对符号进行操作，它可以完成对信息处理的存储、提取、复制、粘贴，等等。也就是说，人类的智能行为是可以通过物理学意义上的研究方法探测到。研究者们通过"专家系统"对信息的推理、搜索和知识储存来比拟人类智能。程序员通过语言符号的编程来解释人类问题求解时对相关内在心理表征的构造、存储和操作。

表征性认知的基础是把人类的智能行为理解为对物理符号表征所做的上述处理，而这些活动都几乎可以被认为是在大脑中完成的。认知主体的行为无非是这种大脑活动的输出而已。因此，当我们设想一个诸如此类的机器人的时候，机器人要展开其行动就必须事先在它的程序中编写足够多的程序。当然，前提是这些程序能充分表达外在环境的各种各样复杂性，必须具备足够多的专家知识或者百科全书式知识。虽然一台电脑经过高度的计算能够战胜国际象棋高手，除此之外它什么也不能。如果我们说电脑具有了足够多的知道什么的知识，但是像这样掌握了足够的知道什么知识的人类，却不知道如何去筹划未来的行动。

苏格拉底曾自认为自己无知，当人们问及他为什么这么想的时候，他很诚恳地表示，鞋匠会做鞋而自己对其毫无所知，如何能谈自己有知识呢？我们可以想象一下：当一个泥瓦匠跟随其师傅习艺多年，师傅在房顶指着地上的木板并大声对徒弟喊道"木板"时，按照知道什么的知识，小徒弟会很自然从木板堆拿起地上的木板，一块接着一块地问师傅是否合适。如果是这样，那他一定会闹出笑话。师傅会认为徒儿没有用心学，此时用多大的木板竟浑然不知。

维特根斯坦在其著名的"语言游戏"理论中想表达的也是这种反规则和反表征的想法。维特根斯坦说道：

> 这里的基本事实是，我们为一种游戏定下了规则，制订了一种技术，然后，当我们遵循这些规则行事时，结果并不像我们所设想的那样。因此，我们似乎可以说是被我们自己的规则绊住了。这种与我们的规则发生的纠缠正是我们需要弄懂的（即需要看清楚的）东西。①
>
> 但是一条规则怎么能告诉我在这一点上应当怎样做呢？不管我怎么做，在某种解释下，都是与规则相符合的。——那不是我们应该说的；我们应当说：任何解释以及它所解释的东西都是悬而未决的，因而不可能对被解释的东西给予任何支持。解释本身并不能确定意义。
>
> "那么我无论怎么做都能与规则相符合吗？"——让我这样问：一条规则的表达——例如一个路标牌——与我们的活动有什么关系？这里有着什么样的联系？——也许是这样的联系：我受过训练从而对这种记号以一种特定的方式作出反应，而现在我的确对它作出了这样的反应。
>
> 但是，那知识给出了一种因果联系；只是说出了我们现在是怎么按照路标来走的，但并没有说出这种按路标走真的是在于怎么一

---

① 〔奥〕维特根斯坦：《哲学研究》，李步楼译，北京：商务印书馆2000年版，第75页。

回事。相反，我已进一步指出，只有存在着对路标的有规则的使用，存在一种习惯时，一个人才按路标走。

理解一个语句意味着理解一种语言。理解一种语言意味着掌握一门技术。①

按照维特根斯坦所开创的这种语用维度来理解师傅发出"木板"指令的时候，他希望小徒弟能心领神会地递给师傅合适的木板。因此，表征性认知有如计算机隐喻所表达的那样，是一种知道什么的知识。

其次，相对于这种以计算机隐喻来理解人类智能的表征性认知而言，技术性认知主要强调认知主体如何通过身体的行动，在环境中产生合适的行动。按照维特根斯坦语用学来理解人类语言，主要在于其如何使用上。而使用就必须有情境，这个情境由认知主体与另一个认知主体之间相互作用的环境构成。在维特根斯坦看来，私人语言是根本不可能想象的，语言实际上就是公共的语言和社会的语言。这就像"走路"不仅要有两条腿，思维不仅要有大脑，它们还需要一条可供"走"的路和供思维去思考的环境。在第四章第二节中所描述的情境阶段也算这样一种表达。从某种意义上来说，所谓的知识就是如何去运用的问题。

波兰尼曾将这种知道如何做的知识——的知识称为默会知识。从根本上来说，默会知识并不是一种百科全书式的知识，而是一种根据处境获得的设身处地的知识。当年，正是对这种知识理解的匮乏才使得人工智能专家大为恼火。后来，瓦雷拉认为用现象学的具身方案可以对此提供帮助。

即使海德格尔的"在世界中"被很多人用来作为万灵药、但是海德格尔的"世界"是非自然化的世界。因此，我认为自然化了的"世界"只有两种可能：一种是被自然化为生物世界，另一种是被自然化为社会

---

① 〔奥〕维特根斯坦：《哲学研究》，李步楼译，北京：商务印书馆2000年版，第119—120页。

现实。如果这种说法是成立的,那么所谓的生物学隐喻和社会学主义的认知就是对这种"在世界中"自然化最好的办法。从前者来看,蚂蚁如何在沙地上毫无规则地爬行,并运用自己释放的液体来构建自己的行动环境(也称为利基)作为行动的指引,这显然是生物界非常奇特的事情。而利基或整个生态就是蚂蚁的世界。

以利基为例,想象一下奥托为自己构建的这样一个技术环境,通过自己不断记录在记事本上的信息,他能够有条不紊地与记事本展开耦合关系,最终到达目的地。因此,蚂蚁根本不需要弄清楚为什么要释放液体,奥托也不需要弄清楚或者怀疑自己为什么要使用记事本。蚂蚁这么做是物种演化的结果,而奥托这么做也是其自身通过熟悉(适应)这样一个技术环境进化的结果。所以,针对如何去做某事的知识,尤其是人类按照这个方向去发展起来的智能可以称为认知的技术。从这个角度运用到"在世界中",在自然主义的态度下就是允许的。

因此,海德格尔剧场中没有了像丹尼特所比喻的在大脑中存在一个小人。惠勒和克拉克曾把这种情形称为离线的认知加工。在海德格尔剧场中,一个关键隐喻就是将剧场中的每个部分视为一个构成观众的整体性认知情境,剧场中不是观众一个人,而是一个集合。对于海德格尔剧场来说,世界最主要的是使用记事本和使用拐杖时的世界。奥托的世界是记事本指引他的世界。梅洛-庞蒂在《知觉现象学》中用拐杖的隐喻告诉人们,在使用拐杖的时候,拐杖延伸之处就是世界。拐杖和记事本按照某种方式与认知主体相互协作,构成了认知主体与世界的回路。"在世界中使用工具,改变了我们对世界的看法和世界向我们所展示的内容"。[1] 或者说,我们使用了工具,实际上工具也"使用"了我们。奥托使用记事本,盲人使用拐杖,他们通过工具认知世界,认知主体与世界中间的鸿沟被一种潜在的、透明的技术牵引着,通过它或通过工

---

[1] Mey, Jacob L., 1996: "Cognitive Technology-Technological Cognition", *AI & Society* (Vol. 10): 226–232.

具，人类学会了一种技术性的认知。

按前面引用克拉克的话说："我们需要把一种动态的识别力（dynamic sensibility）与行动、时机（timing）的重要性组合起来，并且密切地展开与使用各种各样更为熟悉的工具和结构之间的耦合。这些将包含各种各样计算的、表征的和信息理论的透视，似乎实时地为我们提供了更好地理解这种丰富和复杂的适应性空间，从而在神经、身体和环境的贡献与操作之间权衡。"① 技术性认知并非否认大脑的计算、表征和信息，而是需要通过更多的外在的内容调整我们在环境中的行为。雅各布·梅非常有意思地对认知和技术的关系提出一个类似于康德式的警句："没有技术的认知为空，认知没有技术是危险的和盲目的。"② 而笔者在此补充一句：心智无表征则空，认知无环境则盲！

---

① Clark, Andy., 2008: *Supersizing the Mind: Embodiment, Action and Cognitive Extension*, New York: Oxford University Press, p. 217.
② Mey, Jacob L., 1996: "Cognitive Technology-Technological Cognition", *AI&Society* (Vol. 10), p. 231.

第三部分

扩充延展认知的哲学基础

第七章　走向实践的认知科学

20世纪80年代是科学哲学变革的年代，也是认知科学变革的年代。在科学哲学领域从"实践"的角度来理解科学知识的生产和解释科学发现成了新风尚，科学实践哲学对科学的基础、方法和含义等问题做了新的拓展。在认知科学领域，问世达20多年的认知主义纲领受到了该领域很多研究者的质疑，这股质疑认知主义的新生力量将认知科学拓展到实践和行动等方面。本章尝试以近30年来科学实践哲学的研究成果为镜子，关照认知科学发展的轨迹。这条轨迹充分说明了认知科学研究正在走向实践之路，给认知科学带来深刻影响，其中具身认知和延展认知是两个重要推手。不过在"实践"的名义下，具身认知具有浓厚的现象学色彩，而延展认知更偏重于实用主义色彩。第一节首先将对认知科学发生的"实践转向"做一个简单的介绍；第二节将借助科学哲学中大量有关"理论优位"与"实践优位"的讨论对应于第一代认知科学和第二代认知科学的区别；第三节介绍科学实践哲学关于社会性、异质性和历史性的论述，并借用这三个特征来理解认知的具身性和延展性，揭示具身认知聚焦于身体的情境，延展认知聚焦于认知发生的情境。第四节从社会性、异质性和历史性分别对具身认知和延展认知之间的差别做出比较，最后强调认知科学的指导原则经历了一个"自上而下"向"自下而上"的转变，这个转变显示出具身认知通过现象学构造有机体的身体与环境耦合的行动生成模式，而延展认知则可以借用杜威的实用主义——探究加入"实践转向"的队伍中。

一、认知科学的"实践转向"

20世纪，研究者们在对心智做出自然化的解释时，接受了来自计算机的比喻。心智的计算理论力图实现心理表征对这些内容状态的处理，即信息处理系统。从某种意义上说，心智的标志在于区分心智的表征是计算的而不是非计算的过程，以及心智的位置是在大脑中而不在大脑外。不过到了20世纪80年代，研究者对心智的表征处理和心智位置的通行解释提出质疑，从而激发了这场具有革命意味的转向。这一系列变化，从心智哲学和语言哲学上来看，表现为语义的内在论和外在论的争论，心智内容（或表征）的个体主义和反个体主义的争论，再一个就是关于心智或认知刻画标准的普遍主义和特殊主义的争论。而这些转变的后者是对传统方案发起挑战的代表。这种变化实际上也波及了认知科学，主要体现在嵌入式、具身的、生成的、延展的认知登场，因其英文以字母为"E"开头，它们通常又被统称为4E[①]。受这些形式多样研究策略的激发，认知科学的众多子学科纷纷展开对脱离经典进路探索的尝试，并认为是时候和认知主义说再见了。

对于这些趋向，国内研究者做了一系列可贵的研究工作。例如，这些新趋势在认知心理学界所引发的连锁反应，使得研究方案发生了重大变化，叶浩生把这些变化归结为："（1）从控制实验转向情境分析；（2）从个体加工机制的探讨转向社会实践活动的分析；（3）从静态的表征转向认知的动力学分析。"[②] 像费多益的《认知研

---

① Menary, Richard., 2010: "Introduction to the Special Issue on 4E Cognition", *Phenomenology and the Cognitive Sciences* (4): 459–463.

② 叶浩生：《认知心理学：困境与转向》，载《华东师范大学学报（教育科学版）》2010年第1期。

究的现象学趋向》（2007）① 和徐献军的《国外现象学与认知科学研究述评》（2010）② 注意到，现象学的资源对于认知科学改换方向的重大意义。另外，关于这一转向的评估工作也一直在持续，例如刘晓力的《认知科学研究纲领的困境与走向》（2003）、李恒威和黄华新的《"第二代认知科学"的认知观》（2006）、李其维的《"认知革命"与"第二代认知科学"刍议》（2008）、黄侃的《认知主义之后——从具身认知和延展认知的视角看》（2012）等对认知科学的代际的过渡做了专门介绍和研究。与经典认知科学（认知主义）不同，简单来说，4E 更看中环境、情境、文化、身体和工具在认知处理中产生的积极意义，这些内容恰好是经典进路所忽视的部分。虽说经典进路有诸多纰漏，但是作为一门科学，它为我们贡献了 20 世纪最好的关于人类认知和心智的解释，而且在工程学领域为计算机科学、人工智能和机器人学提供了可参照的可贵样本。当然，随着人们在生产和现实领域对人工智能提出越来越高的要求，尝试把身体、环境和工具等因素纳入一个认知系统中加以考虑就成了必然趋势。

具身认知提出的时间要比延展认知稍早一些，前者基本观点的提出是在 20 世纪 90 年代左右，主要关注生物的自主性和以行动为导向之间"生成的"关系，因此环境和身体通过行动产生结构的能力成为具身认知的核心。而延展认知的登场是以 1998 年发表的文章《延展的心智》为标志，在此之前，该理论的提出者克拉克曾思索如何在突破有形的物理边界的基础上，重新考虑心智与世界的关系。延展认知讨论的场景常常涉及生命体（传统意义上具有认知能力的有机体）与无生命的认知主体（或者称为智能体，如手机）之间的互动，尤其是后者对于前者在完成认知任务上的积极意义。这两个方案对原有将认知或心智定位在脑内的传统观念做出了拓展，这与科学哲学强调从理论优位向实践优位的转

---

① 费多益：《认知研究的现象学趋向》，载《哲学动态》2007 年第 6 期。
② 徐献军：《国外现象学与认知科学研究述评》，载《哲学动态》2011 年第 8 期。

变有几分类似。因为,将心智定位在脑内并处理表征,与科学源于理性的逻辑推理和认知者毫无关联的视角类似。不过,这项拓展工作的一个附带的结果就是,第二代认知科学无法像第一代认知科学那样具有统一的研究纲领。这一点几乎与所谓的后实证主义的科学哲学丧失共同的研究信念也类似。

一门科学如果丢失掉统一的研究信念的确是一件令人忧虑的事情。为此,2014年德国法兰克福的第17届恩斯特·斯特吕格曼论坛以"实用主义转向"为题,试图通过这个主题来统一认知科学的研究信念。① 作为该论题文集的首席编辑恩格尔在2013年便声称,"认知是一种实践的形式",并接受了具身认知的倡导者瓦雷拉的观点"认知就是行动"。② 第二代认知科学发生的这一"实用主义转向"当然能看成是"实践转向",因为"实用"和"实践"这两个词在词源上具有亲缘关系。例如郁振华在《沉思传统与实践转向》(2017)就将两者等同来看。③ 如果事情确实如此,那么认知科学的"实践转向"已成铁板钉钉之事。

科学哲学领域的"实践转向"通常以"理论优位"向"实践优位"的转向为标志,也被称为科学实践哲学。例如孟强曾指出劳斯、皮克林和林奇等在科学实践哲学这个议题上已经提供了重要的参照。④ 与科学实践哲学这个话题诞生的同时期(20世纪80年代),在科学哲学内部还有另一种声音,认为科学哲学可以借鉴认知科学的成果来探索科学知识的生产,进而被冠以"认知转向"的称号。⑤ 实际上,科学哲学界的

---

① Engel, A. K. & Kragic, D., 2015: *The Pragmatic Turn: Toward Action-Oriented Views in Cognitive Science*, London: The MIT Press.
② Engel, A. K., Maye, A., Kurthen, M., & König, P., 2013: "Where's the action? The pragmatic turn in cognitive science", *Trend in Cognitive Science*, Vol. 17 (5), pp. 202 – 203.
③ 郁振华:《沉思传统与实践转向》,载《哲学研究》2017年第7期。
④ 孟强:《科学实践哲学与知识观念的重构》,载《自然辩证法通讯》2015年第3期。
⑤ Fuller, S. & De Mey, M. & Shinn, T. and Woolgar, T., 1989: *The Cognitive Turn: Sociological and Psychological Perspectives on Science*, Dordrecht: Kluwer Academic Publisher.

"认知转向"已经充分注意到科学知识生产的社会因素,这一点和过去强调逻辑和形式化的方案有所不同。或者说,与"认知转向"相关的一些论题已经具有了科学实践哲学的意味,只不过研究者们注意的是"认知",而不是"实践"。这里我们认为,认知科学的转向虽然用"实践转向"来概括是合适的,但是也有过于笼统之嫌。毕竟,这一转向在细节上是由不同的研究策略共同汇聚而成,它们虽然都符合所谓的"实践转向",但是细分起来其中的区别仍然很明显。为了进一步对认知科学的"实践转向"做出详细分析,我们将对哲学上的理论和实践问题做出回顾,通过借鉴科学哲学的"实践转向"的研究成果来评估认知科学的"实践转向"。

二、科学哲学中的理论与实践之辨

科学哲学中"理论优位"和"实践优位"的争论由来已久。在巴门尼德的《论自然》中,通过讨论真理的道路和意见的道路划分真实和虚幻。他敬告青年人一方面要了解意见,尽管意见不真,但是也要对圆满真理的牢固核心和假象做出判断。[①] 简单来说,真理不可撼动,而意见会导致不正确的信念或不可信。[②] 柏拉图在《理想国》中用洞穴比喻告知人们本质世界和现象世界的区别,并深化了巴门尼德构造的传统。后来,亚里士多德通过更精细的工作把真理与意见划分为三类知识:普遍的知识、实践知识、创制的知识或技术的知识。如果把普遍的知识视为"理论优位"的延续,在真理的范围内,科学知识具有普遍性和必然性,它不仅是不变的知识,而且也担当起了对永恒渴求的重任。"实践优位"的传统一直以来不受科学哲学家看管,与它被排斥进意见范围有关。

---

① 北京大学哲学系外国哲学史教研室:《西方原著选读(上)》,北京:商务印书馆1981年版,第31页。
② 《斯坦福百科全书》"巴门尼德"[OL]. https://plato.stanford.edu/entries/parmenides/.

作为意见范围的知识类型之一的实践知识被理解为一种做的知识，在《尼可马克伦理学》中，亚里士多德说："灵魂中有三种东西主宰着行动和真理。"① 行动或实践具有深思熟虑和正确的行动之意。亚里士多德认为："很明显，实践智慧不是科学知识。如我所言，它考虑的是最后的事情，因为这是所做之事。因此，它是反对理智的，因为理智被当做首要地位加以考虑，当实践知识只考虑最后的事情时，不存在被给予的理性的说明，并且这是知觉的对象，而不是科学知识的对象。"② 哈贝马斯对此评估时认为："亚里士多德强调，政治学以及在一般意义上的实践哲学，相比自己的所谓的知识而言，不能以一种严格的科学和无可置疑的知识相比照。……实践哲学的能力是审慎，即对处境的一种审慎理解。"③ 然而，切断理论和实践的联系是希腊—基督教传统认为内省生活优于现实生活造成的。虽说，古希腊人曾以目标为导向的行动、技能、技艺为知识，但是最终指向的是超我目标的理论和最高目标。因此，这种实践的审慎就无法从理论中派生出来，也不能从理论中找到为自身辩护的依据。④

作为意见范围的另一种知识类型，创制知识或技术知识对于成功完成任务是必须的，或有效和正确使用工具是一种制作的知识。创制的知识，"技术知识的作用逐渐扩展到哲学史和自然科学的理智范围，甚至变得与现代知识生产几乎是同义的了"。⑤ 从理论知识到创制知识的迁移，发生在16—17世纪间的伽利略和培根等人身上，普遍的知识变得更贴近创制知识，而不是通过反思获得。在对这种现代科学的形态进行说明时，哈贝马斯认为："这并不意味着现代科学追求知识的目的，尤

---

① Aristotle., 2004: *Nicomachean Ethics*, Cambridge: Cambridge University Press, p. 104.
② Aristotle., 2004: *Nicomachean Ethics*, Cambridge: Cambridge University Press, pp. 111 – 112.
③ Habermas, H., 1974: *Theory and Practice*, Boston: Beacon Press, p. 42.
④ Habermas, H., 1974: *Theory and Practice*, Boston: Beacon Press, pp. 60 – 61.
⑤ Kautzer, C., 2015: *Radical Philosophy: An Introduction*, London: Paradigm Publishers, p. 8.

其是在它的初期，以主体导向可以被技术地应用于生产为视野。当然，从伽利略的时代开始，研究目的本身就是客观地去获得'制作'自然过程的技能，它自身在某种方式上当作被自然产生的过程。理论由其人工再生产自然的过程的能力而得到衡量。与知识相反，理论在它的所有结构中以'应用'为目的。因此，理论因其真理尺度赢得了一种新的标准（除了它的逻辑一致性以外）——技术专家的确认：凡是我们能创制的对象，我们就可以认识它。"[①] 按照哈贝马斯的解释，实践知识没有办法从理论知识中找到辩护的依据，而这种情况发生改变只是后来的事情。

或许在亚里士多德那里理论和实践之间的区别还在于它们的对象不同，但是正如哈贝马斯所看到的这种区别已经发生了改变，技术知识不再是被要求去完成一项特定任务的技术知识，而是通向普遍知识仅有的确切之路。话虽如此，但是在科学哲学的发展历程中，"理论优位"的科学哲学在20世纪的统治地位仍然很明显。例如维也纳学派和在逻辑实证主义下发展起来的逻辑经验主义，它们具有固定的圈子和游戏规则，并以命题或陈述对知识和认知进行一种纯粹的词语分析作为己任。然而，在20世纪50年代以后实证主义登场为标志，人们发现经典科学哲学在发扬自己的优势的同时，却放弃了把知识和认知放在人类生活的真实场景讨论的使命。毕竟，科学知识的产生在20世纪已经从一种先天式的假设来设计知识产生和行动方案，转向了一种从现有的或已知的，即使是有限的知识那里来理解知识生产，这一转变为科学实践哲学的问世奠定了基础。

从科学哲学中的理论与实践之辨可以看出，第二代认知科学和第一代认知科学正是这一区别的体现。例如，认知主义强调表征符号操作的进路，实质上是理论知识和"理论优位"的复制，而具身认知强调身体的行动与环境的互动对认知的影响正是实践知识中"如何行动"的知识

[①] Habermas, H., 1974: *Theory and Practice*, Boston: Beacon Press, p. 61.

的体现。在延展认知那里,强调人类认知活动者和环境的耦合,在于讨论实践知识是"如何做到"知识的体现。因此,虽然大体上具身认知和延展认知都能进入实践转向的框架,但在细节上它们是有区别的。因此,我们将进一步通过讨论科学实践哲学的三种特征来验证这种区别。

三、科学实践哲学的三重特征

与逻辑实证主义为代表的科学哲学对辩护情境的强调和对科学知识的规范性的要求不同,"从科学实践哲学的视角看,科学知识是地方性的"①。作为一种新型的知识观念,"'地方性知识'的意思是,正是由于知识总在特定的情境中生成并得到辩护,因此我们对知识的考察与其关注普遍的准则,不如着眼于如何形成知识的具体的情境条件"②。它在意的是"知识究竟在多大程度和范围内有效……而不是根据某种先天原则被预先决定了的"③。这种新型的知识观念与老式的知识观念的区别,体现在"地方性的科学知识具有三个重要的特征,即社会性、异质性和历史性"④。科学哲学的实践转向从这三个方面开放,拓展了人们对科学知识生产的理解。对这三方面分析有助于我们借用这三个关键词来评估认知科学的实践转向。

首先,从社会性的角度来看,主要体现在知识的普遍性向地方性的转变。劳斯在《知识与权力》一书中专门开辟一章讨论"地方性知识"。与这种地方性知识相对的是一种以理论优位为特征的科学观或知识观,劳斯认为:"科学主张是具有普遍性的。任何特殊的场所仅仅是这些普

---

① 吴彤:《复归科学实践——一种科学哲学的新反思》,北京:清华大学出版社2010年版,第102—135页。
② 盛晓明:《地方性知识的构造》,载《哲学研究》2000年第12期。
③ 盛晓明:《地方性知识的构造》,载《哲学研究》2000年第12期。
④ 黄翔、塞奇奥·马丁内斯:《历史性知识论与科学实践哲学》,载《自然辩证法通讯》2015年第3期。

遍主张的实例,任何特殊性都必须被看成是研究结果的潜在障碍。"① 而它的特征可以概括如下:(1)"从所有特定的社会情境中抽离出来";(2)"理论知识从而不涉及特定的认知者";(3)"这种理论知识的主体是抽象的,无躯体的";(4)"从理论优位的角度看,知识必定组成一个前后一致的、连贯的整体","科学领域必定具有统一的理论性理解。"② 从一个层面看,普遍性的科学是祛情境的,因为它是无认知者的,所以科学的主体被抽象化和祛身体化,如果上升一个层面看就是无社会性的。所以,当地方性知识强调社会性时,意味着科学知识的产生是有情境的、有认知者的,是一个科学主体的现实化和有身体的活动。用劳斯的话来说,"科学研究是一种介入性的实践活动,它根植于对专门构建的地方情境的技能性把握,但同时,我们也要把它理解为处于社会之中的"③。鉴于此判断,我们可以认为,科学脱离了社会情境就变得不可理解了。所以,"合理的可接受的标准不是私人性,而是社会的"④,这句话揭示了老式的知识观对实践和行动介入科学是何等不重视。

其次,从异质性的角度来看,主要体现在知识的规范性向描述性的转变。规范性是一种具有排他性色彩的原则,要求科学知识在知识论的标准上要符合逻辑的和数学的规则,这样一种形式化的要求得益于还原论的贯彻。还原论认为一种科学知识必须达到纯粹的理性水平,因此实际上在这个水平上的科学研究对象,不仅处在一种理想化的状态,就连自然也变成了一个失去动态色彩的自然,更不要说它与社会截然分开,它也不再具有希腊自然主义哲学家眼中的自然(动态生成的自然)。所

---

① 〔美〕劳斯:《知识与权力——走向科学的政治哲学》,盛晓明等译,北京:北京大学出版社 2004 年版,第 75 页。
② 〔美〕劳斯:《知识与权力——走向科学的政治哲学》,盛晓明等译,北京:北京大学出版社 2004 年版,第 74—75 页。
③ 〔美〕劳斯:《知识与权力——走向科学的政治哲学》,盛晓明等译,北京:北京大学出版社 2004 年版,第 124 页。
④ 〔美〕劳斯:《知识与权力——走向科学的政治哲学》,盛晓明等译,北京:北京大学出版社 2004 年版,第 125 页。

以按照传统科学观的理解,科学知识通过还原论可以实现在同质世界中的来回"游弋",例如经济学、社会学和心理学等,可以通过像物理学那样将复杂世界还原成最小的单元——神经的、生物的、化学的和物理的层次实现同质性。然而,新知识观认为那些"隐含于事件中的各类认知的、技术的和仪器的规范性资源"也能担当知识规范的标准。① 我们可以看到拉图尔在《科学在行动》中允许一种非人类的因素纳入到一种知识规范的探讨中,正是对这一新原则的贯彻。这种做法实际上也应允了异质的人与非人,自然和社会等之间的互动,因此,也更多具有一种整体论的意味,描述性就成为解释这样一种科学观念的主导手段。

最后,从历史性的角度来看,主要体现在知识的理想化向现实化的转变。黄翔将伯吉的论述作为自然化知识论为实践进路提供一种历史性辩护。② 作为一位心智的反个体主义者,伯吉曾指出:"许多赋予一个人和动物心理的种类——确切地说包括关于物理对象和性质的思维——必然依赖于这个人与物理的或在某种社会条件下环境的关系。"③ 伯吉坦言这种观点来自他早在 1979 年所做的思想实验报告,即思维的变化依赖于相关环境。而此环境包含了身体移动、表面的刺激和内部的化学反应的历史。这种观点被"(内容)外在主义"所接纳。所谓的历史性还表现在他的核心观点上,一个人的信念依赖于物理世界。受玛尔视觉理论的影响,伯吉认为一种视觉的计算理论假定的表征内容依赖于有机体的演化历史环境。④ 虽然伯吉没有明确一种知识的理想化向现实化的转变,但是它对于环境依赖的说法纠正了人们在对知识做出解释时,不得不考虑一个具有认知能力的物种在演化历史中的变化和现实状态。实际上,科学

---

① 黄翔、塞奇奥·马丁内斯:《历史性知识论与科学实践哲学》,载《自然辩证法通讯》2015 年第 3 期。
② 黄翔、塞奇奥·马丁内斯:《历史性知识论与科学实践哲学》,载《自然辩证法通讯》2015 年第 3 期。
③ Burge, T., 1988: "Individualism and Self-Knowledge", *The Journal of Philosophy*, Vol. 85 (No. 11), p. 650.
④ Burge, T., 2007: *Foundation of Mind*, New York: Oxford University Press, pp. 221 – 252.

哲学从辩护的情境向发现的情境的转变，意味着知识评估的标准从只涉及先天的假定，向涉及发现情境的真实历史和心理数据的转变。①

科学实践哲学对"地方性知识"的重视，无疑是对知识形成的情境和现实的知识主体重视的结果。借鉴上述三重特征来理解具身认知和延展认知所具有的实践倾向，可以认为：社会性是具身认知和延展认知都重视的情境性的体现，但是前者聚焦于身体的情境，而后者聚焦于认知发生的情境。这两个情境在异质性的角度中表现得最为突出，具身认知那里主要以身体运动为导向来展开，而延展认知允许一个非身体的要素成为考察认知的主要内容。当然，这里并不是说延展认知不在意身体，仅仅是因为从历史性的角度看，具身认知更关注生命有机体（身体）的演化历史，而延展认知注意到的是在一种异质的文化下所允许的人类与非人类的协同演化的历史对于理解认知的贡献。

四、具身认知与延展认知"相遇"

认知科学在走向实践之路前，一个基本的工作原则是以计算机为隐喻来理解心智和认知，其直接意图源于用计算机对人类的心智和认知行为进行模仿。这种工作被凯利视为"上行创造"（upcreation），他说："在电脑中创造类人的人工智能，将一个系统的复杂性提升一个级别，到目前为止完全失败。"② 很显然，以"计算机能思考吗"这个图灵式的问题为导源诞生的计算机科学，在它的基础上很多学科希望将计算机智能与人类智能等同起来。这个工作原则被认为"失败"是因为它选择了一条"自上而下"的工作原则来理解心智和认知。从根本上来说，这个原则在哲学上与这样的信念有关，即从自我或主体出发来理解知识、

---

① Bird, A., 2014: "The History Turn in The Philosophy of Science", in Curd, M. and Psillos, S. (eds) *The Routledge Companion to Philosophy of Science*, New York: Taylor & Francis Group, p. 79.

② 〔美〕凯利：《技术元素》，张行舟等译，北京：电子工业出版社2017年版，第258页。

认知和心智，计算—表征是实现这些内容的主要路径。

　　受希伦和斯密斯用动力学的视角来探索认知的启发，范·盖尔德用瓦特机模型来取代图灵机模型，以期表示认知并非得靠计算来完成。① 范·盖尔德的观点立即成为一面反表征主义旗帜。另外，瓦雷拉和他的合作者们用"生成的"呼应这种反表征主义的呐喊声，并强调世界并不存在于认知之外的其他部分，认知的行为是一种在这种行为中，通过这种行为与世界的某些方面结构耦合共同产生。这种理论后来被冠以具身性的名号。动力系统和具身性的联姻被视为是自控制论开始，到认知主义假设的符号处理，再到联结主义的神经网络假设的替代品。瓦雷拉认为，具身进路的工作任务是批评传统研究中将行动与认知切割开，以及过分依赖表征的路子。这样的批评也可以从德雷福斯那里得到支持。他对经典人工智能工作方案进行批评时就认为，将认知和心智活动视为抽象的符号操作，完全忽视了认知主体是与世界打交道，这是致命的缺陷。这种致命的"自上而下"的工作原则在理论上并不是可怕的事情，其致命之处来自工程实践，也就是用这种原则去营造一个智能机器人时遇到的麻烦。不过，这个麻烦被美国麻省理工机器人学家布鲁克斯预料到了，并被他的追随者当做人工智能克服"自上而下"原则的经典案例。布鲁克斯的一个杰出工作是给机器人一个身体，在与斯提尔斯合作编辑的一本名为《建造具身的、情境的主体》的册子中，介绍了一种不同于认知主义强调表征的路子，并以行动为导向来营造机器人的工程实践，即新人工智能。② 这个工作得到了同行和哲学家的一致认可，其中包括瓦雷拉等人。③ 因此，把具身认知视为"实践转向"的一分子，与

---

① Van Gelder, Tim., 1995: "What Might Cognition Be, If Not Computation?", *The Journal of Philosophy*, Vol. 92（No. 7）: 345 – 381.
② Steels, Luc. and Brooks, Rodney (eds), 1995: *The Artificial Life Routs to Artificial Intelligence*, New Jersey: Lawrence Erlbaum Associates, Inc., Publishers.
③〔智〕瓦雷拉等：《具身心智：认知科学和人类经验》，李恒威等译，杭州：浙江大学出版社 2010 年版，第 167 页。

它对现象学传统强调身体知觉和实时情境的行动的讨论有关。

延展认知是一个备受争议的认知假设，从"延展的心智"提出之日起，一方面受到了认知主义的驳斥。另一方面在很多人看来它不过是具身认知的一种换汤不换药的说法罢了，毕竟在人们心目中"延展心智论"和前者一样都对环境有着特殊的关怀。以下将把延展认知放在认知科学的实践进路来考虑，理由有以下几个方面。

首先，按照社会性的分析，尤其是知识的地方性特征来看。延展认知所注意的一个细节是每个个体在特殊的情境下，面对临时的认知任务，在调动自己的认知能力的同时，还能够有效地利用环境中有助于完成认知任务的因素。从亚里士多德的意义上而言，这是对环境加以有效甄别的一种审慎。通过环境塑造心智加强认知处理的表现，也可以说心智的延展是一种将外部环境叠加进认知处理的制作过程。即便是一位阿尔茨海默病的患者，通过大脑以外的标记和记事本，基于任务的完成而言，大脑内的那部分心智活动和外部的非人类的部件具有同等的地位。

其次，就异质性而言，延展认知具有的实际意义在于，物理身体依赖于直接的经验控制，并延展到新型技术上，生物部件和非生物部件共同完成任务。对非生物部件的重视对于我们今天理解人工智能，理解机器人与人的关系和智能增强是一种可参考的理论。克拉克的赛博格理论正是这方面的体现。[①] 用认知主义和具身认知的规范性作为评价标准，因为对"笛卡尔剧场"心智观的否定，实际上是对心智是在颅骨内或皮肤内，还是心智在身体内（生物性）的定位理论进行规范的否定。对于延展心智论而言，不被定位并不代表主张某种泛心论，不同于认知主义的物理学主义对符号表征的强调，也不同于具身认知对有机体行动导向和环境无须表征的认可。因此，异质性意味着一种人类心智活动的部件"表征"与非人类部件之间的耦合。

---

① Clark, Andy., 2003: *Natural-Born Cyborgs: Minds, Technologies, and the Future of Human Intelligence*, New York: Oxford University Press.

最后，从历史性来看，延展心智论提出伊始就表示从普特南和伯吉的外在论那里得到启发，倡导一种积极的外在论①。在前一节对伯吉分析时注意到，伯吉不仅反对心智的个体主义主张，同时他支持一种个体与宽泛的社会环境之间相互关系的心智理论②。就延展心智论的基本立场和某些论证所诉诸的案例而言，它所具有的演化论的色彩不是认知主体脱离环境的演化，而是在环境中与特定工具基于目标形成的演化类型。这种演化在克拉克看来并非是对过去演化的考量，而是在特定的技术化的演化环境中成长和学习。因此，复杂的设备就是人类的心智，它们是一种装备，从问题解决的路径上被限定为不是很规范的生物和非生物之间的循环和通路③。这种历史性最明显的特征就是人类现实的认知类型，例如使用智能手机、记事本和一名阿尔茨海默病患者熟练地通过外部信息坚强地活下去。因此，通过某种认知策略能够存活下去才是我们研究人类认知重要部分之一。

传统认知科学采用"自上而下"的原则来指导认知和心智的解释，以及应用于人工智能设计等方面暴露出来的缺陷，使人们意识到寻找新的工作原则的必要性。在实践转向的名义下，总的来说，一个原则性的转变使得"自下而上"成为一个备选方案。在这个方案下，具身认知通过现象学构造有机体的身体与环境耦合的行动生成模式，走了一条从低阶的感觉运动到高阶的意识活动的研究之路。在延展认知这里，其具有的实用主义倾向可以定位在杜威式的实用主义之"探究"概念上得以解释。

探究是杜威借以反对传统二元论的一个重要词汇。杜威认为："人类认知的核心和支柱是：探究作为行为中间和中介的方式由对两方面主

---

① Clark, Andy. and Chalmers, David., 2010: "The Extended Mind", Menary, Richard. (eds.): *The Extended Mind*, Cambridge: The MIT Press, p. 29.
② Burge, T., 2007: *Foundation of Mind*, New York: Oxford University Press, pp. 100 – 151.
③ Clark, Andy., 2003: *Natural-Born Cyborgs*, New York: Oxford University Press, p. 141.

题的确定构成，一方面是导向结果的手段，另一方面是作为所用手段之结果的事物。"① 至于探究具有什么样的特征，放在什么场景下更容易理解，他表示："当认知被作为探究而探究被作为生命行为的方式之一来处理时，有必要先从尽可能广泛和普遍适用的陈述出发。我想，观察过比人类更原始的动物的人都不会否认它们会调查环境，作为如何行事的条件。……即调查关于做什么的周围条件，以决定在接下来的行为中如何做。"② 可以说，探究不仅是地方性知识对环境的重视，还是对环境的审慎观察的具体表现。这一趋向决定了延展心智论不会支持或制造出人与非人的二元划分，这一基础性的视野也体现了探究所具有的以结果为导向，以及在达成结果前使用什么样的手段或非人的外部事物的特点。杜威设想人类从原始阶段对环境的调查来决定如何做下一步行为，也与历史性中所强调的演化方案具有一致性。

因此，按照杜威式的实用主义解释，对认知的讨论应该回到实践的环境中，以社会性、异质性和历史性为视角，这样才便于我们去理解通过认知活动考虑下一步认知行为该如何做。毕竟，光知道认知是什么，却无法应用认知如何做，对于一个物种存活下去是无益的。而认知科学的实践转向确实是从这个角度来考虑的，我们也能够看到它的实际意义所在。无论是科学实践哲学还是认知科学的实践转向在这三重特性上的表现，前者面临的是一个知识的形态学上的变化，而后者面临的是一个智能的形态学上的变化。如果说所知者和认知者与社会、异质的工具和历史的演化之间存在一种相加、叠加、增加和整合的样式，不如说两者对实践的强调是一场形态学意义上的革命。

---

① 〔美〕杜威：《杜威全集 晚期著作 第十六卷（1925—1953）》，汪洪章等译，上海：华东师范大学出版社2015年版，第266页。
② 〔美〕杜威：《杜威全集 晚期著作 第十六卷（1925—1953）》，汪洪章等译，上海：华东师范大学出版社2015年版，第265页。

第八章　从现象学走向实用主义

现象学和实用主义分别是 20 世纪初以来世界哲学地图上两道美丽的风景。作为两种既有区别又意趣相投的哲学派别，在一定程度上又与具有分析哲学传统的逻辑学派有着重要区别。这样的区别很难完全说是隶属于哲学史上的唯理论传统还是经验论传统，两者的张力正体现了人类认知和心智本性的难解之谜。德国哲学家康德是最早使用"现象学"一词的哲学家，后来被黑格尔使用。但是黑格尔还不算严格意义的当代现象学家，他的现象学只是从感性质朴的思想推向绝对观念的辩证运动之表现。胡塞尔受德国哲学家布伦塔诺影响，布氏的学生司徒姆夫间或有过使用现象学这一术语，但是直到胡塞尔才令现象学成为一门独立的哲学学派，又因胡塞尔和海德格尔的贡献，现象学成为 20 世纪重要的哲学学派，萨特、梅洛－庞蒂后来加入现象学这个大家庭中。不过由于哲学家在理论上各有分歧，胡塞尔式的现象学和海德格尔式的现象学似乎也没有形成统一的口径，于是才有了现在像 X 式的现象学和 Y 式的现象学的区别。①

德雷福斯在《计算机不能做什么？》（1972 年）中首开批评人工智

---

① 关于两位哲学家的思想差异，学术界讨论已经比较多，笔者不再赘述。对这个话题有兴趣的读者可以参见靳希平：《胡塞尔和海德格尔现象学差异简析》，载《德国哲学（第二辑）》，北京：北京大学出版社 1986 年版。

能之先河，书中从现象学的视角展开了对人工智能研究方案弊病之声讨。德雷福斯是一名在美国传播海德格尔思想的哲学家。另一位弟子豪格兰德为现象学与认知科学融合的第一个阶段做了重要贡献。哲学家借助现象学对人工智能的批评获得了一定理论地位。要知道在美国哲学界，要么是分析哲学的山头，要么是实用主义的山头，怎么会有欧陆学派海德格尔这样的哲学家登陆的空间呢？然而，恰恰是海德格尔式的认知科学得到不断推广，才成为不容小视的一股潮流。第一节将会在笛卡尔剧场向海德格尔剧场的转向中列举一些事实，证明后认知主义从笛卡尔剧场脱离出来，海德格尔式的认知科学扮演了重要作用。现象学对认知科学融合的第二个阶段以神经现象学的诞生为标志，主要代表人物是一位具有跨越科学界限的研究者瓦雷拉，他和同事利用脑成像技术，结合现象学的视野来引导实验研究。在20世纪90年代，作为现象学和认知科学融合的引导者瓦雷拉和其他研究者，注意到一个认知系统不仅包括大脑，还有物理和社会环境中的身体，诞生了如具身认知、生成的知觉和自创生等概念，哲学家们力图把这些概念和动力学中的动力系统与现象学融合起来。这就是人们常说的第三个阶段。毋庸置疑，具身认知是一名扛起现象学的重要旗手。

　　实际上，实用主义与认知科学的联姻并没有现象学那么大张旗鼓。由于它与（海德格尔式）现象学都不支持传统哲学的二元对立的观点，所以在这点上它们又具有了那么一点家族相似性。在第四章第一节曾分析过本体—历史的观点等同于社会学主义，不像康德那样看重知识与表征之间直接的亲缘关系，也不从先天论的形而上学那里寻找哲学的依靠，而更看中介入世界和重塑世界，吸纳了一种介入式的知识模式从而得到了后实证主义者的青睐。从某种意义上，实用主义隶属于黑格尔传统，像理念与经验之间的鸿沟如何逾越，以及我们的自我、外部世界多大程度上参与了我们的精神世界这类问题不仅困扰过黑格尔，后来也是令杜威展开哲学讨论的起点。

从拥护现象学进路的认知科学家在本体论上认为认知和生命不能分割来看，像身心问题以及有机体和环境的关系都需要得到更多的关注。然而，在谈到这个问题时，实用主义哲学家当仁不让会认为这些问题自然也是他们关注的焦点。如我们所见，杜威不仅反对身心二分，也反对有机体和环境被分隔开，这种态度不是暧昧的，而是相当坚决的。当然，对于有机体和环境的关系，正是演化论者笔下讨论的重点。众所周知，演化论很难说是一门学科，因为我们发现它贯穿于很多科学研究的方法中。在前面讨论关于黑格尔式的"历史"概念时提到，当它抵达到自然主义的一个位置时，最好的解释就是从个体认知演化以及漫长的人类演化的角度来看。在这点上，实用主义比起现象学注入认知科学的研究更切实际、更现实。

需要说明一下，"现实"一词是针对一种关于认知研究的理想角度而言。例如我们可以说先验哲学是一种理想主义式的哲学，可以不用关注现实的事件和世界发生什么。自然不用关心人类认知和心智活动在现实的事件和现实的世界中发生什么。而杜威在1929—1938年间的相关著作中对认知的社会性尤其感兴趣，这个兴趣和米德是类似的，不过米德转向了社会学。而与分析哲学传统的哲学家坚持认知的符号性相比，杜威所倡导的认知的社会性显然是一种具有外在主义风格的哲学。至于这种外在主义能否支撑延展认知，正是本章讨论的重点。

第一节将借用现象学和认知科学融合的第一个阶段，即以德雷福斯对认知科学的批评作为起点，引入笛卡尔剧场和海德格尔剧场对后认知主义（具身认知和延展认知）做出评估，并认为即使海德格尔剧场可以为延展认知提供必要的支持，但是仍然不够。这个看法取决于在第二节中对具身认知下属的生成认知观与延展认知之间谁更适合与现象学对接做出最后定论。第三节的重要任务，即为了对现象学与认知科学之间的对接，尤其是与延展认知之间的对接做出评估，回答现象学是否能被自然化。最后第四节，将借用实用主义能够为延展认知科学提供必要的哲学支持作为整章的论证核心。

一、由笛卡尔剧场转向海德格尔剧场

作为美国兰德咨询公司的顾问,德雷福斯在 1965 年撰写了题为《人工智能与炼金术》的报告,后来该报告在 1972 年以《计算机不能做什么——人工智能的极限》为名出版。作为海德格尔在美国的布道者,德雷福斯对人工智能过于注重逻辑符号处理的进路提出了批评,并极力号召研究者将海德格尔的教条作为评估人工智能每前进一步的指标。认知科学从行为主义那里争得了理解和研究人类认知和心智本性的地盘,这是认知科学登场的首场战役,常被称为认知革命。德雷福斯对认知革命后的认知科学发展提出了大量富有争议的见解,引发了研究者大面积对该学科的质疑。此时认知科学从官方记录的诞生日算起并没有过太久。

1985 年豪格兰德出版了《人工智能:正如此意》一书,此书按照德雷福斯对人工智能的批评将其称为"好的老式人工智能"(Good Old Fashioned Artificial Intelligence,简称 GOFAI)。豪格兰德称:"GOFAI,作为认知科学的分支停留在一种智能和思维的一般理论上,尤其是霍布斯的推理就是计算的观点上。"[①] 豪格兰德所谓的 GOFAI 就是我们通常所说的经典人工智能,表现出两个特点:"(1) 我们理智地处理事情的能力是我们的理性思考这些事情的能力;(2) 我们理性地思考事情的能力是对内在的'自动'符号操作做出一种解释的能力。"豪格兰德接着指出:"首先内部符号操作就是智能的思维。其次,为了承诺内部的符号操作,GOFAI 至少承诺了一个层次的分析,即一个智能系统必须包含某些计算的亚系统('内部计算器')来执行那些'能推理的'内部操作。"[②] 这

[①] Haugeland, John., 1985: *Artificial Intelligence: The Very Idea*, Cambridge: The MIT Press, 1985, p.112.

[②] Haugeland, John., 1985: *Artificial Intelligence: The Very Idea*, Cambridge: The MIT Press, 1985, p.113.

些 GOFAI，像西蒙和纽维尔创设的物理符号系统，主要通过计算机较为完备的程序来实施指令，战胜世界顶级象棋高手就是很好的例子。费根鲍姆等人创设的专家系统则以尝试对知识做出形式化编码处理，让一个系统具备百科全书式的知识。诸如此类带有着计算机隐喻色彩的研究尽管成果显著，也确实成为后来信息时代到来的科学基础，不过人们对它们的不满仍然不绝于耳。

豪格兰德在对认知科学的研究范式做出判断时说："一个 GOFAI 系统有一个内在的执行区域……全部智能通过把这个系统分析为更小的部分进行解释，它的外部符号转向更大的系统内部可推理的认知相互作用。这就是认知科学的范式。"① 豪格兰德对人工智能中肯的评价引发后来者簇拥促成热词诞生——侏儒，他说："由于这种内部的处理者可按照推理操作着这些有意义的符号，所以这些符号就是侏儒。"② 可以这么说，一个处理系统中有无数的侏儒，它们一个挨一个相互套嵌在一起。后来，丹尼特在 1978 年就看到了认知科学中存在的问题，"无论在何处，如果一种理论依赖于一种公式化包含着意向性的逻辑标志，那么那里有一个小人（little man）隐藏着"③。这个"小人"，即这个"侏儒"操作着系统中的符号的认知观被形象地比喻为"笛卡尔剧场"。④ 换句话说，笛卡尔剧场是人工智能发展过程中做出的错误决定造成的。

虽然笔者无从确定丹尼特在做这个比喻时是否取自培根，但是众所周知，培根应该是"剧场说"的现代之父，在解释困扰人类心智的四假象时他解释道，剧场假象"是从哲学的各种各样的教条以及一些错误的

---

① Haugeland, John., 1985: *Artificial Intelligence: The Very Idea*, Cambridge: The MIT Press, 1985, p.117.

② Haugeland, John., 1985: *Artificial Intelligence: The Very Idea*, Cambridge: The MIT Press, p.117.

③ Dennett, Daniel C., 1998: *Brainstorms: Philosophical Essays on Mind and Psychology*, Cambridge: The MIT Press, p.12.

④ 〔美〕丹尼特：《意识的解释》，苏德超等译，北京：北京理工大学出版社 2008 年版，第 45 页。

论证法则移植到人们心中的。我称这些为剧场假象；因为在我看来，一切公认的学说体系只不过是许多舞台戏剧，表现着人们自己依照虚构的布景的样式而创造出来的一些世界"①。按照我们今天的说法，培根所指的剧场假象其实就是意识形态，或者说人们采取某种行动时所使用的观念，当然从根本上来说，它们均来自某种哲学观念或方法，"剧场假象不是固有的，也不是隐秘地渗入理解力之中，而是由各种哲学体系的'剧本'和走入岔道的论证规律所公然印入人心而为人心接受进去的"②。照此说来，"笛卡尔剧场"意指的是一种按照笛卡尔哲学在认知科学中的应用。

在当代认知科学的理论假设中，笛卡尔式的二元论是被排斥的，尤其是通过物理学主义加以排斥。虽然研究者们努力实现这项任务，但是却被冠以笛卡尔主义的称号。这其实和那些拒斥康德的哲学家都统称为新康德主义者一样。二元论主要是指心智与大脑（身体）属于两个不同的实体。而物理学主义尤其是心脑同一论者认为，心智就是大脑。在此之前，赖尔在1949年的《心的概念》中曾将"机器中的幽灵"来指示某种区别于身体的非物理的心智（灵魂）。不过，笛卡尔在区分人类与灵长类动物时进一步指出，动物只是自动机，而无心智或智能可言。从这个意义上来说，笛卡尔并非是认知科学应该备选的哲学家。但是，笛卡尔有两部分内容很容易被认知科学家所吸引和采纳，一个是相互作用论，另一个是定位说或位置说，表明这种相互作用的位置在大脑中的松果体。认知主义或许从这种观点中获益，并将认知和心智的本性定位在颅骨中的来源之一。因此，笛卡尔剧场在今天的认知科学语境中，表现为一种认知行为发生在剧场中正在操作着什么东西的侏儒或小人，剧场就是一个空间，物理地说就是在大脑内，由舞台、幕布、灯光和看台等组成。简单来说，笛卡尔剧场所代表的认知观以皮肤和颅骨为边界，它

---

① 〔英〕培根：《新工具》，徐宝骙译，北京：商务印书馆2008年版，第22页。
② 〔英〕培根：《新工具》，徐宝骙译，北京：商务印书馆2008年版，第34页。

是侏儒的世界，而不是一个认知者的世界。对笛卡尔剧场持有异议的研究者几乎都会将它视为一种传统认知科学的基本原则，即心智和智能以这个侏儒世界为边界。

丹尼特在《意识的解释》中的这句话或许可以作为对笛卡尔剧场的最佳定义：

> 理论家们往往认为，知觉系统为某个中心思考区提供"输入"，这个中心思考区又把"控制"和"指令"提供给支配躯体运动的相对外围系统。……正如我们很快就会看到的，完全只注意心/脑的特定子系统的做法，常常会导致某种理论近视，从而妨碍理论家们看出他们的模式其实还是在预设，在某个地方，在心/脑的这个晦暗"中心"巧妙的地方，存在着一个笛卡尔剧场。①

对于笛卡尔剧场的描述，具有浓厚的物理学主义色彩，即像神经科学家和认知心理学家将研究对象——个体的心理活动从环境中孤立出来解释人类认知、心智和智能本性，这种取向无疑是一种还原论式的。心智只要能被清楚地定位在大脑的某个活动区域，或能从计算机和机器人身上找到相应处理信息的能力的位置，就差不多可以完成认知科学的任务了。通过还原，心智的位置就在大脑的某一个区域，这样的观点就诞生了。因此，笛卡尔剧场的其中一层意思就是，它不仅是一种定位说或位置说，还是一种孤立主义。这种孤立主义最主要的特点就是将有机体与环境分割开。当有人表示认知不能脱离环境与有机体的互动时，笛卡尔剧场首当其冲成了被批评的对象。

笛卡尔剧场得不到认可的原因不外乎有三方面，当然最主要的原因是对 GOFAI 的不满，把思维当作一种计算表征和陈旧的物理符号系统。

---

① 〔美〕丹尼特：《意识的解释》，苏德超等译，北京：北京理工大学出版社 2008 年版，第 45 页。

对这两点的不满正好揭示了三个不同方面的挑战：第一个是情境机器人学；第二个是认知的动力学；第三个是新海德格尔知识论。这三者都拒斥 GOFAI 所承诺的表征和计算。

例如，（1）情境机器人以行动为导向的设计，希望避开表征，自然就贴上了反表征主义标签。这条路子看重像昆虫和其他低等生命体在情境中所体现的心智演化的基础，这与 GOFAI 形成鲜明对比。（2）利用动力学来推进有机体和环境耦合的研究，而不是依靠符号或联结主义的计算。然而，不依靠表征是因为 GOFAI 假设了计算是在大脑内部运行的机制，这些机制独立于环境。简言之，认知是一种动态系统中的演化过程。（3）对笛卡尔主体和客体的二分挑战被认为从哲学上有一个重要的帮手，就是海德格尔版本的现象学。瓦雷拉等人所著的《具身心智》就是最好的例子。博登在对上述情况做出评价时提道，"按传统的理解，表征是从语义上可说明的内部状态，对客体的编码，独立于观察者的外部世界的状态。相反，新海德格尔主义认为，观察者依赖的世界通过情境的行动和动态的耦合所产生。……一名笛卡尔式的实体论者会坚称，不同的动物种类生活'在不同的世界中'，就是说它们可以感觉和映现各种不同的（客观呈现的）环境特征。新海德格尔主义希望比这种观点走得更远，进而否认任何感觉都由纯粹的客观的、主体以外的环境所产生。"[①] 作为一名资深的人工智能哲学专家，博登自然也不会将替代笛卡尔剧场的任务轻易拱手交给新海德格尔主义者。

博登对新海德格尔主义并不感兴趣，以至于提出了一系列问题，即胡塞尔式现象学与认知科学是否相融类似的问题。博登说："他们的路子产生了许多富有争议的哲学问题。例如怎么说物质宇宙的存在是先于有知觉生物的演化呢？至少我们不是必须得反对海德格尔的观点，认为世界的产生本质上是语言学的，难道是为了担心否认非人类的动物具有

---

① Boden, M., 1997: "Promise and Achievement in Cognitive Science", Johnson, D. M, et al. (eds.): *The Future of the Cognitive Revolution*, New York: Oxford University Press, p. 58.

经验世界吗？以及我们如何去表达无知觉之物的'存在'，像岩石能不能说'在世界之中'或'此在'呢？……我们要注意来自海德格尔现象学对笛卡尔主义的哲学挑战。它若胜利，我们当前理解的主体和客体的区别就是错的。把这种变化植入到知识论的基础，当前认知科学的某些基础假设就要被拒斥，并重新找到说明的根据。"[1] 博登在对新海德格尔主义做出评价时，延展认知假设尚未问世。这种评价的意义在于，尽管在克拉克那里曾把"海德格尔剧场"作为替代"笛卡尔剧场"的方案，但是这种方案的具体内容是什么，以及它有没有切实可行的价值就更值得讨论了。

2002年《现象学和认知科学》创刊，自2019年8月以来，笔者将"海德格尔"作为关键词进行搜索，共计166篇相关文章问世，而与"胡塞尔"相关的文章就有283篇，当然可能中间有重叠，但是这仍是一个不小的数字。德雷福斯（于2017年去世）作为现象学与认知科学融合的第一阶段的标志性人物，他一直希望将海德格尔推进到认知科学研究中。2012年出版的文集《海德格尔与认知科学》是一个典型代表，基弗斯坦因（J. Kiverstein）作为文集的编辑者之一，在第一篇文章中便开门见山介绍《海德格尔式的认知科学》是什么样。[2] 当然，由于定位说或位置说让人们认为认知主义最大的哲学源头来自笛卡尔，于是作为一名后认知主义者势必会义不容辞地扛起反笛卡尔的大旗，要么将自己标榜为后笛卡尔主义者。稍早（2005年），惠勒提到了这种情况，"因为海德格尔的反笛卡尔主义的立场，所以能够再次部署进入理智的大厦，即是把笛卡尔式的心理学放进正确的哲学视角中。我不相信海德格尔自己的论证说明了笛卡尔主义必然是错误的。然而，不容置疑的是海

---

[1] Boden, M., 1997: "Promise and Achievement in Cognitive Science", Johnson, D. M, et al. (eds.): *The Future of the Cognitive Revolution*, New York: Oxford University Press, p. 58.

[2] Kiverstein, Julian. and Wheeler, Michael. (eds.), 2012: *Heidegger and Cognitive Science*, New York: Palgrave Macmillan.

德格尔对心智和智能行为的理解与笛卡尔式的心理学所做的理解有着系统性差异。如果我是对的话，那么笛卡尔式的理解就可以帮助我们为一种非笛卡尔式的（Non-Cartesian）认知科学奠定哲学基础了"①。因此，海德格尔之所以得到重视与这种非笛卡尔式的主张有密切关联。

另一位认知科学哲学家罗兰兹则在2010年出版的《心智的新科学：从延展心智到具身的现象学》一书中开辟了一章讨论"非笛卡尔式的认知科学"。罗兰兹解释道："我所要表达的'非笛卡尔式的心智科学'，是一门建立在一种非笛卡尔心理现象视野的科学。……心理的处理并不限定于在认知的有机体的大脑中发生。相反，它们部分地能够组建出这一过程延展到有机体的身体，甚至是有机体的世界中。"② 罗兰兹的这一表述略带延展认知的腔调，当然具身认知和延展认知有着共同的旨趣，要么是反笛卡尔主义，要么是非笛卡尔主义。与定位说和位置说类似，罗兰兹说："这种笛卡尔式的观点认为，心智被定位在头脑中的某个地方。因此，承认笛卡尔式认知科学意味着接受以下两种观点：（1）心理表征是被结构化到认知动物的大脑中，结构即所宣称在世界里；（2）认知过程构成是把规则转化到心理表征的应用上。因此，认知处理的内在性，依循于内在的心理表征。认知过程是在心理表征基础上由规则控制所执行。不论是表征还是操作都是通过内在于大脑被转化的。"③ 不过，如果说笛卡尔主义不可靠，难道海德格尔主义对于认知科学来说就可靠吗？

作为延展认知的带头人，克拉克并不是一名严格要将延展认知和具身认知区分开的哲学家，这一点我们从他公开发表的文章和出版的著作

---

① Wheeler, Michael., 2005: *Reconstructing the Cognitive World: the Next Step*, Cambridge: The MIT Press, p. 121.
② Rowlands, Mark., 2010: *The New Science of the Mind: from extended mind to embodied phenomenology*, Cambridge: The MIT Press, p. 25.
③ Rowlands, Mark., 2010: *The New Science of the Mind: From Extended Mind to Embodied Phenomenology*, Cambridge: The MIT Press, p. 25.

就可以发现。克拉克在2008年出版的《超尺度的心智》一书中仅仅用了简短的两段话来表达了"海德格尔剧场"这一说法：

>　　我们是思维的存在物，我们作为思维存在物的本性并非是偶然的，而是深刻地并持续地由我们作为物理地具身的和作为社会地和技术地嵌入的有机体而形成。
>
>　　我猜测，我们将需要把一种动力的识别力与行动、时机的重要性结合起来，并紧密地展开与使用各式各样更为熟悉的工具和结构之间的耦合。这些内容将包括计算的、表征的和信息理论的透镜，当前似乎要让我们更好地理解这些丰富和复杂的适应性空间，以便在神经的、身体的和环境的贡献和操作之间做出权衡。不过，尽管使用了某些熟悉或不熟悉的工具，这里关于客体的研究已今非昔比。我们的目标不是一种神经控制系统，而是以一种横跨大脑、身体和世界复杂的认知经济为目标。通过这个复杂的经济，身体扮演着一种关键作用。它是积极感觉的器官，意味着信息自我构造，以及能让结构来支撑各种各样的延展问题的求解组织。我能斗胆这样说吗？身体是海德格尔剧场：是其全部汇聚在一起的地方，或者全部产生的地方。①

虽然说从笛卡尔剧场转向海德格尔剧场是一件令人兴奋的事情，毕竟笛卡尔主义所导致的认知科学发展之路遇到障碍已经成为需要解决的问题但主张海德格尔主义确实能让人们再一次提起对认知科学的兴趣，同时也有可能是一种可靠的方向。虽然海德格尔剧场会对认知科学有积极的贡献，但是可靠程度有多大？"人的认知过程，由于认知目标的要求，构建了认知能力，因为持有一种大脑—身体—世界的认知观，所以

---

① Clark, Andy., 2008: *Supersizing the Mind: Embodiment, Action and Cognitive Extension*, New York: Oxford University Press, p. 217.

认知过程就在大脑—身体—世界中;而为了完成任务所构建的认知能力必须将外部世界的工具纳入认知系统中。于是,延展认知论被认为是一种激进的理论,完全是因为它们将认知的一部分视为工具处理信息的一部分。但是,延展认知论的合理之处在于,它认识到了世界的复杂性,以及由世界建构起来的对认知主体认知能力的复杂性的要求。"[1] 现在,我们可以说,这句话其实并不是对海德格尔剧场更为具体的支持,虽然海德格尔可以提供一种视野,但是限于自然主义的约束,这个剧场能开多久仍然值得怀疑。如果说这句话是一种诊断,现在看来不如把它视为将认知科学投向实用主义怀抱的诊断。

由于现象学确实已经在认知科学圈产生了相当大的影响,因此调用实用主义介入认知科学的讨论,尤其是给延展认知提供更多支持,这个问题必须在下一步对现象学的另两个影响因素进行讨论之后才能确定。

二、现象学无法被自然化

作为现象学的代言人,胡塞尔认定在(经验的)自然主义和(先验的)观念主义/主观主义之间存在着一定的张力,这是一个哲学上的古老话题。在柏拉图那里,为了克服自然哲学的(客观的)自然主义和智者学派的(主观的)自然主义,他调用客观的观念主义来实现和维护一种纯粹的理智生活,从某种意义上柏拉图实现了最早的反自然主义。然而,"在胡塞尔看来,其反自然主义立场的不彻底性却引发了亚里士多德以及随后其他哲学家的各种形式的自然主义姿态"[2]。如此说来,先验哲学与自然主义天生就是对立的。

胡塞尔如此强烈地否定各种形式的自然主义,主要源于他对现代哲

---

[1] 黄侃:《认知主义之后——从具身认知和延展认知的视角看》,载《哲学动态》2012年第7期。
[2] 杨大春:《现象学与自然主义》,载《哲学研究》2014年第10期。

学中普遍科学理想的向往。他认为现象学就是为纯粹逻辑和认识论提供新的基础。作为一名反自然主义者，胡塞尔延续了德国哲学观念主义传统，希望建立一种普遍的心理科学来反对用心理学来解决知识可能性的心理主义。"胡塞尔批判地继承了以唯理论为主、辅以经验论的早期现代意识哲学传统：接受某些有利于其纯粹意识或内在意识学说的资源，以先验观念主义的姿态否定各种形式的自然主义。"① 因为在胡塞尔看来，最早从柏拉图开始这一反自然主义的工作并不成功，才会有亚里士多德及其追随者为盘活自然主义留下极大的空间。作为一名极端的反自然主义者，胡塞尔不仅认为笛卡尔的努力是不完备的，在康德这里也不算成功，因为从具有普遍科学意义上对人类心理做出贡献，他们似乎做得还不够。毕竟，在他们那里先验观念主义并没有彻底清除心理主义。

"胡塞尔所谓的心理主义的立场主张，逻辑是正确思维的工艺学，逻辑法则则是通过经验—心理分析所获得的有关我们思维的实在的法则，与这种思维法则相符合的东西是真实的。"② 胡塞尔认为，笛卡尔用一种先验主观主义"克服否定客观认知和客观科学之可能性的似是而非的，不严肃的，轻率的主观主义"，但是就算笛卡尔作为先验哲学的开创者，他在追溯先验主观主义这一信念的过程中"并没有为他和以后的时代带来真正的成果，因为他恰好没有能满足这种彻底精神的更深刻的意义"。最后，按照笛卡尔建立客观主义的要求，"形成一些有关理性的心理主义和自然主义的理论，由于这些理论所隐藏的荒谬性，人们好几个世纪都不得不费心操劳"。③

就算康德做过非常巨大的努力，但是在胡塞尔看来，康德的工作也有问题，原因在于康德的先验的主观性借以在自身中形成客观性的先验

---

① 杨大春：《现象学与自然主义》，载《哲学研究》2014年第10期。
② 〔德〕斯太格缪勒：《当代哲学主流》，王炳文等译，北京：商务印书馆1986年版，第86—87页。
③ 〔德〕胡塞尔：《第一哲学》，王炳文译，北京：商务印书馆2006年版，第99页，第112页，第113—114页。

的法则性，也只是一种普遍的人类学意义上的。"因此康德的理性批判并没有切中绝对的基础科学的理念，这种理念决不可能在他的意义上是先验的，而只能在真正柏拉图的意义上是先验的。"① 按照胡塞尔对笛卡尔和康德的评价来看，他们关于先验的主观主义构成的工作，是一个未完成的任务，而要继续完成这个工作必须以彻底的反自然主义的立场才能实现。因此，作为一门心理科学应该具有规范，但是，"与此相反，心理主义则认为没有理由要承认有这样一种规范性学科。心理主义以各种方式主张思想与认识是一种心理活动"②。因此这种心理学的规律应该来自逻辑学。胡塞尔把这种用逻辑学进行规范研究的对象称为意识，它"是一切心理活动或意向体验的总称"③。后来人们也把胡塞尔的现象学称为意识现象学，以此与海德格尔等人的身体现象学划分开来。

在意识活动中存在一个本质上的内容，那是一项行为中直接给予的东西，胡塞尔称通过现象学还原可以抵达这个本质。但是，要抵达这个本质还需要一个步骤，将我们借以使用的关于世界的信念和自然的论断"悬置"起来。例如，把红转变为红的本质，把个体的人转变为类的人。通过"先验还原，在朴素意识中被给予的东西变成了在'纯粹意识'中的先验现象"④。由此将现实转变为非现实的，这种"非现实"在斯太格缪勒对胡塞尔的评价中解释为一种神秘主义倾向。从某种意义上说，"非现实的"等同于"超越经验的"，它与生活在社会世界中的经验是两个世界的事情。

后来，"在现代认识论和科学理论中，除去现象学者的颇为狭小的圈子之外，都不再谈论胡塞尔的 Epoché（中止判断）了。这大概是因为

---

① 〔德〕胡塞尔：《第一哲学》，王炳文译，北京：商务印书馆2006年版，第261页。
② 〔德〕斯太格缪勒：《当代哲学主流》，王炳文等译，北京：商务印书馆1986年版，第87页。
③ 〔德〕斯太格缪勒：《当代哲学主流》，王炳文等译，北京：商务印书馆1986年版，第99页。
④ 〔德〕斯太格缪勒：《当代哲学主流》，王炳文等译，北京：商务印书馆1986年版，第108页。

胡塞尔的现象学方法被具有批判观点的认识论者看作是走向神秘主义或至少是走向新式思辨形而上学的双重道路。而这种思辨形而上学与科学性的要求——特别也与胡塞尔自己所提出的科学性的要求不一致的。这两条道路中的一条是通过本质还原进行的"①。因此，我们发现胡塞尔式的现象学虽然有各种各样开创性的贡献，但是由于它偏向于一种非现实的世界，对现实世界没有兴趣，这种柏拉图式的论断，从某种意义上掐断了它与认知科学在某些问题上的联系，因而把胡塞尔式的现象学称作理想主义一点问题都没有。其实，这里我们还可以借此机会问一问，认知科学的研究纲领是关注真实的世界人类认知，还是关注的理念世界的人类认知，这样可以为认知科学中认知主义和后认知主义划出一道红线。但是，即便认知主义把走向的理念世界的认知和心智视为探索的任务，但是未必借用的是胡塞尔版本的现象学。② 所以，借用海德格尔版本的现象学就成了其中一个办法。不过，不论是什么版本的现象学，最要紧的问题就是能否自然化的问题。

如果现象学的自然化改造是成功的，那么对认知科学就增加了更多视角，这自然是有益而无害的。如果情况相反，换言之现象学是不是完全适合整个认知科学，毕竟后认知主义所派生的几大门派尚无统一的研究纲领，现象学能把大家统一起来当然最好，然而情况并没有这么简单。现象学的自然化让人们最担心的是丢掉了自己的特殊性。但是仍然有研究者坚称，这取决于哪一种自然化的意思。第一种可能是，把主观上的数据变得客观，这样才能经受科学的分析。例如内格尔在一篇论文《作为蝙蝠是什么样的？》中使用的"客观现象学"一词，③ 还有丹尼特

---

① 〔德〕斯太格缪勒：《当代哲学主流》，王炳文等译，北京：商务印书馆1986年版，第123页。

② 虽然主流认知科学、人工智能或所谓的4E认知都不太看重胡塞尔的意识现象学，但是他的意义仍然存在。这方面论述请参见，徐英瑾：《胡塞尔的意向性理论与人工智能关系刍议》，载《上海师范大学学报（哲学社会科学版）》2018年第9期。

③ Nagel, T., 1974: "What is like to be a bat?" *Philosophical Review* LXXXIII, 4: 435 – 450.

在《解释意识》一书中提到的"异现象学"①。第二种可能是，自然化意味着最起码不承诺本体论的二元论，所以像大脑与身体的处理之间的解释鸿沟就得以通过现象学来填补。实际上，现象学的自然化较为吸引人的地方之一，恐怕就是对意识难问题所面临的解释鸿沟的解决，不过这仅仅是理论工作者们的想法罢了。

当然，现象学的自然化如果不采纳现象学方法，所谓的客观性就会大打折扣。但是困难的地方在于将第一人称转译成第三人称的数据时，科学家所依赖的主观经验和被研究对象的主观的第一人称经验如何转译成第三人称。另外一种办法是罗伊等人所做的尝试。他们提出现象学的实践（通过现象学还原的方法），以相反的方向把现象学包含进认知科学的自然主义的事业中。② 这就是说，把第一人称习得的经验会同现象学的态度用进自然主义的解释背景中。"虽然胡塞尔把现象学定义为一门非自然主义的学科，这种观念来自先验科学的观念，按照他本人的意思可能与形成自然科学是不矛盾的。他很清楚地表明，'当我们放弃这种先验态度时，所有先验现象学的分析和理论，包括一个客观世界的先验构成的理论能够从自然范围中产生'。③ 这是罗伊等人的意思。实际上，现象学能不能自然化的问题不完全必须是自然科学化的问题。如果仅仅将自然主义定格在物理学主义这里，第一个障碍就是现象学如何面对物理学主义。物理学主义认为所有一切皆物理，那么现象学应该是如何把主观经验变成一种物理属性的解释，而不是停留在非物理的层面上。当然这是在还原论意义上的物理学主义。另外，就算物理学主义中能允许非还原的物理学主义，那么现象学与它怎么相处呢？当然，按照罗伊等人的意思，在方法论上用现象学还原的办法来实践。这个方法如

---

① Dennett, D., 1991: *Consciousness Explained*, New York: Little Brown and Company.
② Petitot, J., et al (eds.), 1999: *Naturalizing Phenomenology: Issues in Contemporary Phenomenology and Cognitive Science*, California: Stanford University Press.
③ Crowell, Steven. et al. (eds.), 2001: *The Reach of Reflection: Issues for Phenomenology's Second Century*, Center for Advanced Research in Phenomenology, Electron Press, pp. 1 – 80.

果不是先验主义的态度，放弃了这个态度，现象学就算可以实现自然化，那么它还能叫现象学吗？①

如果对胡塞尔式的现象学进行改造是可以理解的，但是能否成功就难以言说了。值得一提的是，我们在讨论物理学主义和社会学主义时把两者纳入自然主义的框架中，而自然主义是排斥神秘主义的。但是仍不能说清楚的是，如果一个不清晰的问题在讨论结束后仍然不能够让这个问题变得清晰，这也够不上自然主义。按照具身认知对还原论的认知科学（心智的表征—计算理论）和笛卡尔式的定位论的拒斥，还原的物理学主义肯定不能入选，因为两者是不相融的，如瓦雷拉等人尝试从梅洛—庞蒂那里寻找灵感就是很好的例子。而面对社会学主义，由于具身认知注重生成的和生命的，不太会关注非生命的认知主体与有生命的认知主体之间的合作，而这一点正是延展认知的兴趣所在，所以从这个意义上具身认知能够为延展认知提供支持就少之又少。所以，用胡塞尔版本的现象学为延展认知提供基础是不可能的，甚至要为具身认知科学提供支持仍有很大的疑问。那么，海德格尔式的现象学能否为延展认知科学提供哲学基础呢？

其实，海德格尔主义的分布范围更靠近具身认知。如果我们用一种硬的划分方法，严格划分具身认知与延展认知，那么很显然，海德格尔主义对于延展认知的贡献恐怕没有具身认知那么大。虽然，海德格尔有一些借鉴意义，但是从克拉克并不强烈的需求口吻中能感觉到，海德格尔主义对延展认知的支撑力度相对有限。仅仅回顾下克拉克在提出"海德格尔剧场"（2008）更早的《在那儿》一书的表述，任何人都能感受到这种态度：

> 海德格尔（1927）谈到一个重要的概念——"此在"（Dasein

---

① 关于现象学能不能被自然化的更详细论述，可以参见周理乾：《认知科学需要去自然化现象学吗？》，载《自然辩证法通讯》2018年第12期。

(being there),一种在世存在的模式,我们不是分离的、消极的旁观者,而是积极的介入者,并且强调我们实实在在地处理着世界(钉钉子、开门等等)而不涉及分开来呈现(例如把锤子视为一种硬生生的具有重量和形态的对象),就像"功能的耦合"。我们用锤子导源于钉子,对于海德格尔而言,它是实实在在地技能性的介入到世界中,居于所有思维和意向性的中心。在这些分析中最重要的观念就是"设备"(equipment)一词,这个事物围绕着我们,并基于我们日常能力去处理和搞定所有事情而绘制出多重技能行为。因此,海德格尔的工作预示了怀疑论所谓的"行动中立的"内在表征,而它反复强调工具的使用与有机体和环境之间的行动为导向的耦合。然而,海德格尔所关注的某些问题和今天的处理是有所不同的。通常,海德格尔反对知识所涉之事是在心智与世界中割裂开的观点,一种略带形而上学的问题不是我要关心的。另外,海德格尔的具身行动环境一词也很社会。而我用的此在版本显得更宽泛,且包含了所有具体和本体环境所表现为延展的问题求解行为的要素。①

毫无疑问,延展认知作为外在主义,看重心智在延展过程中外部设备所起的积极作用,心智在通过外部设备完成认知任务的过程中,从大脑延展出身体到环境。因此,从某种意义上说,认知所借以实现的前提条件是客观的环境,就像用锤子敲击钉子,钉子才是敲击的前提。其实,在这个问题上并非是反笛卡尔式的,相反还略带一些反康德式的色彩,乃至是一种黑格尔式的。当然,细心的读者还能发现,它更带有一种后期维特根斯坦式的。借用维特根斯坦的表述,我们要跑步,腿肯定是个前提,双腿交替向前迈,但是不论以什么方式跑步,地面才是前

---

① Clark, Andy., 1997: *Being There: Putting Brain, Body, and World Together Again*, Cambridge: The MIT Press, p.177.

提。没有地面何谈跑步,这确凿无疑是一种整体论式的表达。另外,海德格尔反对将认知主体与环境割裂开来,已经不仅是反笛卡尔哲学了,虽然笛卡尔的二元论最后做了互动论的修补。当然,它也不仅是反康德哲学的,毕竟康德做了一种理想化环境的处理。因此,这两个问题一直在现象学家头脑中缠绕。但是,克拉克恐怕会认为,吸引自己的不是海德格尔形而上学式的语言表述,而是他对现实的关注。这一点,延展认知可以毫不犹豫地将其吸纳进来。

三、生成认知和延展认知

梅洛-庞蒂在《知觉现象学》中曾说,我们的身体在世界中,就像有机体的心脏一样……它与世界形成了一个系统。这个系统中的某些部分为人类搭建了一个"座驾"。维果茨基曾用座驾一词来形容幼儿借助老师、父母的帮助来学习。其实很少有人注意到,身体和世界之间形成的系统是一种形态学意义上的关系搭建起来的,在歌德和黑格尔那里形态学是一种描写植物形态变化的词汇,背后暗含着某种观念论色彩的东西促成植物经历着一生形态上的变化。

身体和世界的系统不是一个静态的稳定的系统,这个系统似乎按照某种因果性程序被合适地编排出来。就像张三原计划去超市购买 A 牌洗发水,可货架空空如也,张三的认知系统虽然储存了要购买 A 牌洗发水回家的编码,但是出于超市没货的原因,他购买了 B 牌洗发水。如果我们从静态的因果性程序来看,假设超市没有 A 牌洗发水,按照程序,张三应该空手而归。很多时候我们会遇到类似的情形。如果我们将身体和世界看成一个动态的系统,在时间上这个系统存在变化的可能,即如果张三早半个小时,货架上还有最后一瓶洗发水。张三心想,真是不早不晚,就在我要买的时候卖完了。另外,在空间上它也存在发生形变的可能。在这两个可能性上,身体和世界通过一定的机会(不早不晚,就在此时、此地)得到耦合。对于身体而言,世界是座驾;对于世界而言,身体就是发生这种可能的核心，有机体在这个意义上成了中心。因此，一个系统在形态上的变化取决于有机体。

但是，如果从环境的角度来讲，环境为有机体的形态变化提供了基础。这句话的意思是，有机体的形态变化取决于环境，它为有机体的发展和存活提供了条件。要么是有机体在先，要么是环境在先，又成了一个先验哲学类似的话题。

克拉克曾对前一种在先性——有机体在先的观念表示担心，他说："对于延展认知假设来说，真正的威胁是它可能让我们看不到人类认知的真正延展，尽管不是有机体的边界，但仍然重要的是有机体的中心。为了对这种误解进行反击，我们现在做出审查：以有机体为中心的认知假设人类认知处理（有时）逐渐延展到有机体周边的环境。但是有机体还是中心，并且当前成为最为积极的要素。认知是有机体中心的，即使当它不是有机体的边界。"① 而对于延展心智论的倡导者——克拉克，在具身认知和延展认知的概念使用上并没有太严格的划分，也没有把具身的和延展的各自的工作原则划分清楚，之所以没有这样做，恐怕是出于两方面原因的考虑。第一，如前所述，他对现象学作为认知科学的理论资源并不是彻底的执行者，这一点他完全不同于瓦雷拉等人。换言之，克拉克会使用一些现象学里提到的术语，但是这些仅仅是借用而已。因此，他的做法是将这些术语改造成可以为自己工作服务的概念；第二，这些改造，他称为再概，像身体这个概念在他的研究兴趣中表现为真实世界的机器人等。所以，克拉克自己也承认对于像瓦雷拉等人所做的工作，要引入到自己的工作中持非常谨慎的态度，因为一不小心就会让具身和嵌入的进路的科学价值大打折扣。他对此评价道："首先，瓦雷拉等用他们的证据来反对世界的实在论和客观主义观点。我慎重地避开这些延伸。……相反，我的观点简单来说是，真实世界结构方面是生物大

---

① Clark, Andy., 2008: *Supersizing the Mind: Embodiment, Action and Cognitive Extension*, New York: Oxford University Press, pp. 138–139.

脑表现出来的，通常紧密地与特定的需要和感觉运动能力搭配在一起。目前所体现出来的批评目标并不就此是大脑呈现了一个真实独立世界的方面，而是批评作为行动中立表征的那些观念，并因此作为要求广泛的外部计算量去派生出智能的反应。其次，瓦雷拉等反对'认知本质上是表征'的观点。我们的进路是更同情表征主义和信息处理的分析。它致力于对各式各样内在状态和过程的内容和版式的部分重新概念化，而不是拒绝内在表征和信息处理的观点。最后，我们处理所强调的是一种略微不同的认知科学研究的身体（即考察真实世界的机器人和自动认知主体理论）并尝试做一些解释，这些观念和分析是从当前的研究中去适应于更大范围的心理学、心理物理学和发展心理学的研究，它们之间是相互讨论的一般基础。"① 所以，结合前面的分析，则清楚地说明了延展认知与现象学式的具身认知之间存在的区别，而克拉克在论述延展认知时，有时与具身性连在一起用，这其实并非是现象学式的。这种区分的必要性还表现在与生成认知进路之间的区别上。

在《具身心智》导言中，瓦雷拉等人表明现在所创的研究纲领是对梅洛-庞蒂思想的延续，也受其启发而产生。具身性意味着"它既包含身体作为活生生的、经验的结构，也包含身体作为认知机制的环境或语境"。之所以提出这样的研究要求，是因为"认知科学事实上对日常的、活生生的情景中作为人类意味着什么这个问题几乎全无涉及"。② 如前所述，主张具身认知科学的研究者将表征看作反对的核心，认为只要能找到替换认知科学中的这个核心就可以拯救认知科学。如果把表征视为一种内在信息处理的产物，那么既然反对这种内在主义，那就不如连这个产物一同反对，转而用一个外在的东西来替换它。因为受笛卡尔主义的

---

① Clark, Andy., 1997: *Being There: putting brain, body, and world together again*, Cambridge: The MIT Press, p. 174.
② 〔智〕瓦雷拉等:《具身心智：认知科学和人类经验》，李恒威等译，杭州：浙江大学出版社 2010 年版，第 xv – xvi 页。

影响，一个内在的东西与一个外在的身体的精神实体——灵魂（心智）有区别，当它被自然化后留下的就是物理的有机体的神经反应。身体的行动就担任了这个不是内在表征的，而外在于它的东西。通过大脑的思考，我们知道了是什么，可是"我会想"就一定代表"我会做"吗？如何来考虑我们知道如何。今天研究者把后一个问题视为默会知识①。在处理本体—历史的观点时，我们借用过黑格尔的一句表述：你要知道游泳，你不跳进去，你怎么知道呢？此外，我们也很清楚，在实践取向的道路上，具身认知和延展认知是有所区别的。因为这两派都看重实践而被视为同一战线的难兄难弟。之前的讨论并没有展开说明两者关于行动问题上的差异。仅通过具身认知的文献，我们可以清楚地感知到研究者对行动问题的关注，但是在延展认知这里，他的行动和具身认知依赖于有机体的动力系统的行动还是一样的吗？为此，我们将对这个问题做出回答。

瓦雷拉具有神经科学的研究背景，成就了神经现象学这个领域，毫无疑问是一名出色的科学家。瓦雷拉表示，希望通过神经现象学去解决意识之谜，正是查默斯提出的用难问题来表达意识问题，让他动心用神经现象学来对人类经验的两个部分意识和心智做出研究。②而促成他用现象学对接认知科学的一个原因，除了前面提到的对传统认知科学注重表征忽视身体和环境的不满之外，还因为生物学层面的研究成果给予他这样的勇气。例如，瓦雷拉等表示："我们的例子是基于简单的细胞自动机（cellular automata），引入它的目的是为了例证当被赋予网络体系结构时，系统是如何呈现出涌现性质的。在前面的解释中，这些细胞自动机是完全去耦合的实体，因此它们的涌现状态不受与一个适

---

① 具身认知对行动的兴趣从宽泛的意义上可以称为行动哲学，将行动问题与意识和知觉等现象联系起来，可以参考 Noë, Alva., 2004: *Action in Perception*, Cambridge: The MIT Press.
② Varela, F. J., 1996: "Neurophenomenology: A Methodological Remedy for the Hard Problem", *Journal of Consciousness Studies*, Vol. 3 (No. 4): 330–349.

当的世界相耦合的历史所约束。通过在我们拓展的解释中包括这种结构耦合的（structural coupling）的维度，我们开始欣赏到一种能够生成（enact）一个世界的复杂系统的能力。"① 类似的研究让他们相信认知是一种具身行为，可以完全绕开那些内在的对外在的逻辑格局。

虽然今天很多研究者用4E来概括具身性、生成性、嵌入性和延展性，但是笔者始终认为生成性作为一开始诞生于具身认知卵翼下的产物，还不太能够单独成立，因为它一开始是依赖于具身认知关注的身体行动而登场的。让我们看看经典文献中对行动与知觉、生成与知觉之间的关系的基本表述：

> 使用具身这个词，我们意在突出两点：第一，认知依赖于经验的种类，这些经验来自具有各种感知运动的身体；第二，这些个体的感知运动能力自身内含在（embedded）一个更广泛的生物、心理和文化的情境中。使用行为这个词，我们一再强调感知与运动（motor）过程、直觉与行动本质上在活生生的（lived）认知中是分不开的。
>
> 现在我们可以对我们所谓的生成（enaction）做初步的描述。简言之，生成进路由两点构成：(1) 知觉存在于由直觉引导的（perceptually guided）行动；(2) 认知结构出自循环的感知运动模式，它能够使得行动被知觉地引导。
>
> 我们已经看到，对表征主义者而言，理解知觉的起点就是恢复预先给予世界的属性的信息加工问题。相反，生成进路的起始点，则是研究知觉者在其自身的局部情境中如何引导他的行动。②

---

① 〔智〕瓦雷拉等：《具身心智：认知科学和人类经验》，李恒威等译，杭州：浙江大学出版社2010年版，第121页。
② 〔智〕瓦雷拉等：《具身心智：认知科学和人类经验》，李恒威等译，杭州：浙江大学出版社2010年版，第139页。

作为4E中的一员，生成论最看重人类认知的地方就是知觉，知觉很显然和意识、意向性等类似都是很啰嗦的话题。如果没有外部的信息的输入我们如何形成意识和知觉呢？这是认知科学、心智哲学和心理学关心的话题。如果按照某种先天论色彩的理论观点来看，知觉肯定是大脑的活动。换句话说，认知是环境刺激所形成的知觉反应。因此，只要愿意的话，把这些活动视为颅内活动也无妨。但是要将知觉做进一步拓展，借助身体的行动是必要的一步。当然，行动是认知介入环境的重要一步。这样就构成了下图（8-1）：

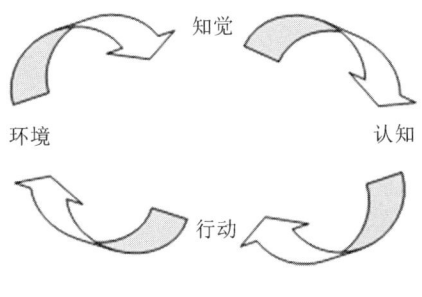

图 8-1

通过图8-1我们看到，将行动纳入知觉中显然是无法实现的，因为知觉和行动是环境和认知主体之间回路的两个侧面。于是，有研究者认为知觉是一种在世界中行动的方式，同时知觉构成的不只是环境，还是经由有机体选择并受到有机体的感觉运动回路所影响的部分。笔者将上图进行改造如图8-2，知觉和行动不再是分割开来与环境相互作用，认知和环境的相互作用体现在第一层感觉和运动，第二层知觉和行动，从这个意义上说知觉就是行动，知觉就是认知，行动就是认知。

于是，当我们说关于游泳的知识，除了要跳进水中之外，这个知识是感觉运动技能在行动的基础上获得，这就是前面说的知道如何。由此一位游泳初学者大脑中没有"会游泳"的经验（表征性知识），只要愿意尝试做出滑行动作，蹬腿动作即可。

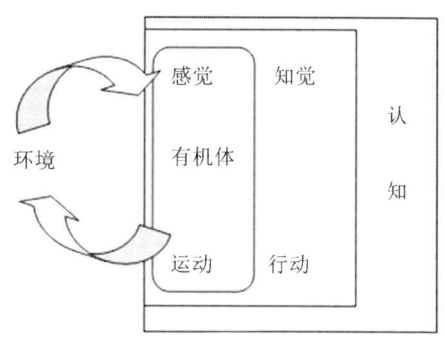

图 8-2

有关 4E 是否是同一战线的讨论实在太多，在这里只是简单陈述了生成认知的基本观点，与前面探讨的不同层次对具身认知和延展认知做出比较，生成认知和延展认知工作原则大相径庭。那么，这里不妨再次简单回顾下两者的理论成长之路。

（1）认知主义受到挑战，具身认知以反表征主义的立场试图对认知主义只关注表征处理的认知观进行超越，并在神经科学、机器人学和心理学等领域取得实际成果；

（2）延展认知从心智哲学的外在主义中找到发挥的灵感，提出一种积极的外在主义观点来推进"延展心智论"，对于表征而言，延展心智论并不认为表征是要被一票否决，所谓的"积极的"是希望把过去的、现在的和未来可能面临的，以及大脑、身体的和环境共同视为表征处理和理解心智的系统，相比"彻底的"更希望脱离过去的，脱离表征去直面世界。

因此，从（甲）这里我们可以看到具身认知对于现象学的兴趣，与自己设定的研究目标是有关的，例如意识、意向性、知觉和生命等。从（乙）这里我们可以看到延展认知的兴趣不在这些概念上，前面三节分别简短做过讨论，即延展认知一旦与具身认知和生成认知成为一个阵营，它必须回答意识也可以延展吗？意向性也可以延展吗?① 知觉可以延展吗？生命可以延展吗？甚至可能会被问，如果这些内容都没法论证被延展，你如何来说心智的延展呢？总的来说，在有机体和环境之间，它们之间的态度和侧重的方位都有所区别，用一句话来概括延展认知关于表征和环境的态度：有机体没有表征则空，没有环境则盲。

四、延展认知的哲学基础：实用主义

认知科学的基础问题是有关计算和表征的问题，回顾这段历史以及所谓后认知主义的登场，大致可以说来自两层危机：一层是计算主义纲领与形式主义的联姻；另一层是在证据和解释之间有一条很深的鸿沟，不同阵营在这方面并未达成一致意见。借用库恩式的表述，作为常规科学时期向后常规科学转换，中间是范式的转换即革命，与第一次针对行为主义的革命一样——认知科学诞生——第二代认知科学的诞生挑战的对象是计算主义和形式主义。语言的形式化解释与现实生活之间的鸿沟正是这场革命的导火索。德雷福斯曾指出过人工智能传统进路的缺陷实质上来自形式化的自然语言。因为，语言的形式化既不涉及当下的社会情境，也不涉及人与人的情感。现象学式的认知科学的出场意味着对形式主义和计算（表征）主义工作的不满。这正好表明，从哲学角度上来说，现象经验和现象意识（包括知觉经验等）与符号认知之间有着难以调和的隔阂和张力。正是这股张力才有布鲁克斯的新人工智能和好的老式人工智能之间的张力，正是这股张力赋予了4E登场的理论和现实空间。综合来看，持人类的认知或心智能力只有计算这种观点，未免过强。相反，持人类的认知或心智能力只有知觉行动，也未免过强。这两

---

① 虽然克拉克从来没有认为意识可以延展，即使不讨论意识的延展问题也不影响延展心智论的成立。但是惠勒还是努力切入过这个话题。参见 Wheeler, Michael., 2015: "Extended Consciousness: An Interim Report", *The Southern Journal of Philosophy*, Volume 53, Spindle Supplement: 155 – 175。

者从某种意义上都未免太激进。延展心智论从心智的外在主义争论中诞生，希望用一种积极的外在主义来解决理论上和实践上的难题，但是它总是被误解为一种激进的、彻底的假设。然而现在来看"积极的"，它就算有自身理论还未涉及的地方，但是却有其他理论不能涉及的地方。

第二代认知科学的诞生有着相同的旨趣，就是对传统认知科学中那种带有浓厚的康德式的和笛卡尔式的内在主义（先验论）色彩工作原则的反感。一个没有生活世界的认知科学是很难设想的，这和哲学史上的亚里士多德的工作很相似，他把哲学从天上拉到了地上。然而，将认知从理想化拉回到现实场景又会是怎样呢？即便这样，也隐隐约约让人感觉到，就算具身认知和生成进路有这种旨趣，但是运用现象学所进行的所有讨论，除了神经科学中会研究活体，诸研究对象和研究所使用的术语，仍然钟情于对德国哲学的理想化的口味。虽说理论家承诺要找到活生生的人类认知，但是很多实际的例子表现出来的是仍然看不到活生生的人。由此来说，以现象学为工作原则可以给延展认知科学提供一些概念和思路上的启发，但是不能作为坚定的哲学依靠和基础。因为，延展认知科学要向前推进的话，要比具身认知更现实、更社会、更世界才行，这些内容需要更彻底，而不是停留在对人类认知生活的活生生的场景中，仅是一种术语上的重视。与那位一不小心就要迷路的奥托相比，具身认知科学找不到这些活灵活现的人物，因此活生生是理论陈述的"活生生"，还是实际生活中遇到认知困境和任务的"活生生"？尽管奥托也是一位出于理论假设需要而被虚构出来的人物。但是在今天，我们不会把奥托视为一个从来在经验上没有遇见过的一个外星人，因为我们每个人或多或少都是奥托。

与理想化或抽象的哲学立场看待认知不同，以现实的哲学立场作为衡量依据，与延展认知科学相匹配的哲学或许只有实用主义，而不是现象学。众所周知，实用主义是美国内战开始，到第二次世界大战之间兴起的一个学派,经由皮尔士和詹姆士的发展,最终成就于杜威。实用主义一词意思是行动,与实践(practice)和实践的(practical)密切相关。皮尔士在1878年开始使用这个哲学术语,意在指出思想的意义在于行动。詹姆士在《实用主义》一书中表示:"实用主义的方法主要是一种解决形而上学争论的方法……实用主义方法在诸如此类的情形中,是想尝试追踪其实际效果来解释每个概念。"① 同时,"实用主义者讨厌抽象与不恰当之处,拒绝纸上谈兵,避开糟糕的先天(a piori)理由,避开固定的原则与封闭的体系,厌恶去虚构出绝对之物和本源。他趋向于具体与恰到好处,认可事实、行动和能力(power)。这意味着,经验主义的气质占据上风,而理性主义则乖乖地被唾弃了"②。詹姆士在这里说的理性主义气质应被拒绝,是因理性主义者善于通过抽象、纸上谈兵以及先天理由来虚构出"绝对之物"和"本源"。如若我们有意翻开一本认知科学的教科书或认知科学史就可以看到,这种气质不得不说也深深地刻在了认知主义者的骨子里,而第一代认知科学就带着这种浓厚的理性主义气质。③ 就连在这个行当里的专业人士也对此表示赞同。④

从简单的几句詹姆士的评论看来,实用主义具有一种经验主义哲学特征,而理性主义则对理想化的对象感兴趣。两者在方法论上的差异决定了研究者会把同一个对象摆放在研究的不同位置上。实用主义把对象或实践看成是一个事后的结果加以研究。而理性主义哲学通过形而上学祈求一个绝对之物和本源的基础,并以此为出发点理解世界。于是,詹

---

① James, William. *Pragmatism: A New Name For Some Old Way of Thinking*. New York: Longmans, Green and CO., 1922, p.45. 中文版请参见〔美〕詹姆士:《实用主义》,陈羽纶、孙瑞和译,北京:商务印书馆1997年版,第26页。下文中文版皆为此版本。

② James, William. *Pragmatism: A New Name For Some Old Way of Thinking*. New York: Longmans, Green and CO., 1922, p.51. 参见中文版第29页。

③ 参见 Boden, Margaret A. *Mind as Machine: A History of Cognitive Science*. New York: Oxford University Press Inc., 2006;〔美〕哈尼什:《心智、大脑与计算机:认知科学创立史导论》,王焱、李鹏鑫译,杭州:浙江大学出版社2010年版。

④ 参见〔美〕温诺格拉德:《常规人工智能中的理性主义传统》,见邱仁宗编:《国外自然科学哲学问题(1991)》,北京:中国社会科学出版社1991年版,第319—327页。

姆士接着解释道:"实用主义方法,不是什么特别的结果,而是一种朝向某处的姿态。这个姿态不是把目光紧紧盯着首要的事物,原则,'范畴'和假定是必然之物;而是去看后起的事物、成果,结果和事实。"①因此,可以这么认为,实用主义以事实出发的立场是一种现实主义,这表明认知就是去做的事,一旦在认知的范围都是在做的范围中。区别在于,理性主义在头脑中构造的对象之所以具有绝对和本源的意味,那是因为它的立场是一种理想主义立场。这样,我们便可以认为认知主义所持的内在主义立场来自理性主义传统。把认知和心智限定在颅骨内便是这一遗产的表现。然而延展认知科学则可以通过实用主义的解析找到适合自身的解释基础,并摆脱这种内在主义的束缚。这正是下面要讨论的问题。

五、实用主义注重经验事实

虽然詹姆士认为避开形而上学的抽象原则,走向事实、行动和能力才是哲学需要取舍的,但是避开并不是避而不谈,而是把形而上学的一些传统议题清理干净,以便将这些议题纳入实用主义讨论的范围。实用主义并不是一个新鲜的方法,詹姆士认为,早在苏格拉底、亚里士多德、洛克、贝克莱和休谟那里对实用主义有过零散的贡献。② 这些哲学家的论断或多或少带有经验主义色彩。从哲学传统看,大问题无异于与物质和精神之间的关系有关。经验主义和理性主义在这个问题上做出各自的解释。

第一,与物质实体概念的比较中,詹姆士借用贝克莱的辩护来说明实用主义的解释。在经院哲学中对实体的解释显示了实用主义的价值。

---

① James, William. *Pragmatism: A New Name For Some Old Way of Thinking*. New York: Longmans, Green and CO., 1922, pp. 54-55. 参见中文版第 31 页。
② James, William. *Pragmatism: A New Name For Some Old Way of Thinking*. New York: Longmans, Green and CO., 1922, 50. 参见中文版第 28—29 页。

"中世纪经院哲学家有关一个物质实体的概念是我们无法达到的,它是在外在世界背后,它比外在世界更深远,更真实,还需要它来支持外在世界。"① 也就是说,经院哲学通过设定不可企及的实体表明上帝的存在。实用主义的价值主要表现在贝克莱的论证上,"贝克莱不但没有否认我们所知的外在世界,还证实了它。……贝克莱主张这个实体是一切把外在世界归结为非实在的东西中的最有效的一种"②。之所以贝克莱的论证具有实用主义价值,因为他把"物质是以颜色、形态、硬度和喜好的感觉而为我们的。诸种感觉像现金兑现的价值那样。我们之所以感到物质的区别,是因为诸种感觉真实存在;如若我们没有了诸种感觉,那所谓的物质就不存在"③。相当于说,实体和物质等概念皆因我们对其有感觉,如果没有了这些感觉所后起的事情,我们也就无法理解什么是物质了。将这种实用主义价值放在理解认知和心智上表明,如果在一个经验活动理解认知和心智,就等于说认知和心智正在发生的既可以理解为认知和心智。当然,认知和心智是在活动中实际发生的事情,而不该被看成一个抽象的行为。

第二,与精神实体的比较中显示了实用主义的价值,具体表现在洛克的工作上。洛克关于"同一性"的论证在詹姆士看来与理性主义将灵魂实体视为同一性的基础有显著差别。洛克称:"人格同一性就只在于意识。……只有凭借意识,人人才对自己是他所谓的自我。"④ 洛克的论断即为一种实用主义,但是此处詹姆士引入同一性论题的分析并非将意识当做灵魂来看待,他直言道:"对于洛克来说,我们的个人的同一性唯有构成于用实用主义方法才可定义特殊事物。此同一性离开了这些可

---

① James, William. *Pragmatism: A New Name For Some Old Way of Thinking*. New York: Longmans, Green and CO., 1922, 89. 参见中文版第48页。

② James, William. *Pragmatism: A New Name For Some Old Way of Thinking*. New York: Longmans, Green and CO., 1922, 89. 参见中文版第48页。

③ James, William. *Pragmatism: A New Name For Some Old Way of Thinking*. New York: Longmans, Green and CO., 1922, 89-90. 参见中文版第48页。

④ 〔英〕洛克:《人类理解论》,关文运译,北京:商务印书馆2019年版,第334页。

证明的事实难道还可以附着在一种精神原则内,这简直是一个奇思妙想。"① 很显然,洛克并没有像今人一样将意识看作一种精神实体,他只是将精神实体等同于灵魂,而意识之所以可以看作同一性的基础,是因为意识是一个个体经验生活的内容。洛克曾举例说在特洛伊一个人被围困了,"他的灵魂曾在乃斯德或塞斯德的身上,不过他现在意识不到乃斯德或塞斯德的任何行动,那么他能想象他自己是同其中之一人是一人么?"② 这里很清楚的是洛克的实用主义之意识就是指一个人做过什么或发生过什么,以及对这些事情的经验。和我们前面的判断一样,认知和心智是指一个认知者对一个事件,一个行为过程中他的认知和心智世界发生了什么,意识乃是一个意识主体实际意识到了什么一般。

由此可见,实用主义倾向于以经验理解事情,或多或少和经验主义有几分相似。但是实用主义与经验主义相比,对事情的宏观方面理解的要求并不是很强烈,反而对实时的(real time)或当下的效果却尤其看重。这也非常好地印证了我们后面要讨论的,延展认知科学在看待认知和心智时,常常把这些心理行为发生的实际场景、当下时间遇到的难题,以及快速动用心理处理、外部的认知装置解决这些难题视为论证的描述性条件。赵鼎新教授对实用主义的考察尤为精准,他说:"对于实用主义者来说,理论和概念价值则取决于它们是否能产生即时的应用效果。可以说,实用主义是一个弱化本体承诺(ontological commitment)和强化科学认识论(scientific epistemology)的哲学体系。"③ 的确,少了一些本体论承诺的实用主义,就可以轻装上阵了。于是,当我们借用实用主义的视角来理解认知科学的具体工作时,可以这样看:认知是多样且复杂的,在不同场合认知的不同形态呈现是这些机制,而不是某个机

---

① James, William. *Pragmatism: A New Name For Some Old Way of Thinking*. New York: Longmans, Green and CO., 1922, 92. 参见中文版第 49 页。
② 〔英〕洛克:《人类理解论》,关文运译,北京:商务印书馆 2019 年版,第 334 页。
③ 赵鼎新:《从美国实用主义社会科学到中国特色社会科学》,载《社会学研究》2018 年第 1 期,第 19 页。

制引导出认知行为。所以，当我们回顾第一代认知科学的工作时，研究者定位的认知机制认为是"某个"，即所谓的心智计算—表征能力。这样的工作原则除了具有理想主义的姿态，还带有机制主义（Mechanism）的味道。机制主义者会认为，认知过程和心智能力是围绕着一个核心的认知机制和能力展开，如果没有了这个机制，整个认知过程就停摆了。按此思路，把心智理解为一架机器的观念也自然可以理解了。从本体论上而言，这个机制具有的本体论位置（place）才是研究认知的目标。所以说，第一代认知科学非常看重认知发生在什么地方，以及心智的位置在何处。

相反，当没有了很强的本体论承诺时，认知发生在颅骨内还是发生在颅骨外就不再是一个重要问题，心智能否延展出认知者也不再是一个重要的问题。因此，我们现在可以理解了，为什么当克拉克和查默斯在其著名的《延展的心智》一文中提出一种积极的外在主义时会受到如此多的批评，他们的核心任务是论证环境在驱动认知过程时的积极作用，认知过程并非全部发生在脑子里。[①] 这里的环境并非是理想化的环境，而是认知者的生活环境，这样的生活环境恰好对应上了实用主义现实经验效果的要求。另外，对认知过程的发生位置的宽容，让更多参与认知的外部环境成为贡献认知过程的要素。延展认知科学在很多论证的案例中皆是以这种经验原则来理解认知活动和心智行为。当然对于很多读者来说，这篇文章所举的案例其实不过是思想实验而已，谈不上现实生活中的事。没错，文章中所举的案例，他们皆是思想实验出场的人物，例如一位在电视机前拿着游戏手柄的玩家，正在专心致志打着"俄罗斯方块"，以及准备前往现代艺术博物馆的奥托和尹佳，但是我们有没有感同身受到这些人物身上的故事和发生在我们身上的事是一样的吗？

奥托是一位阿尔茨海默病患者，在他听闻现代艺术展览馆有一场不

---

① Clack, Andy. & Chalmers, David. The Extended Mind. *Analysis*. 1998. 58（1）：7-19.

错的展览时，他决定前往。奥托借助日常使用的记事本上记下的地址，和一个正常人尹佳凭借记忆一样，奥托到了纽约53号大街。按照克拉克和查尔默斯的论证，心智延展到了世界中是因为：（1）尹佳相信回想53号大街可以到展览馆的信念；（2）奥托相信借助记事本到展览馆的信念；（3）奥托的记事本所起的作用和尹佳的记忆是一样的。延展心智试图表明，在完成一项认知任务时，我们借助外部认知装置所起的作用解决了难题。对于奥托而言，如果这样的像记事本一样的认知装置丢失了，相当于自己的心智也丢失了。这样的故事放在我们日常生活，同样会有类似的尴尬，丢失了手机真实要了老命。我们当然不是每时每刻处在类似极端的不停丢失手机的情形中，但是这些极端的例子出现时，我们仍然需要去解释它。即在经验生活中，如果我们坚持认知主义所主张的，奥托的心智延展到了记事本上，认知过程从颅骨内延展到了世界中，就没有办法说明认知的标志以及认知边界在何处了。按照这样的主张，我们没有办法说明奥托记事本所起的作用，也没有办法说明手机丢失后我在尴尬什么。

认知的标志是一种内在主义主张，认为心智现象或表征只能在脑内找到。从经验事实上来看，我们不需要太强的本体论承诺，要为奥托找到一个认知的标志。因为，对于奥托的经验生活而言，记事本的作用和效果就是他心智的功能表现。自己的头脑没有记事本介入，不能产生效果，记事本在没有自己头脑介入时，也不能产生效果，只有当奥托面临一个难题时，借助记事本才完成了他的认知任务。从机制主义的角度来说，奥托的例子带来的困难在于没有办法定位奥托的心智究竟在颅骨内还是世界中。但是注重经验事实，而反对机制主义的内在原则恰好是实用主义可以赋予延展认知科学积极意义和哲学基础的地方。

六、延展认知的实用主义主张

实用主义在现代哲学中有一定叛逆精神，它与现代哲学中有一些继承了形而上学和二元论追求超越性的传统不同。前面我们已尝试从实用主义者詹姆士身上为认知科学做了实用主义解析，试图表明延展认知科学更与实用主义贴近。从杜威身上我们为延展认知科学找到更深一层的哲学基础。

关于杜威哲学，我们可以简单刻画为两个特点：第一，注重实践和现实生活，实践是解决人与环境的最佳办法。第二，反对人类（主体）中心论。杜威认为通过实践实现认知主体与环境的交互作用，而不是关注理想化的理智的运作过程。以康德为开端，开创的"哥白尼革命"强调人的主体理性地位，忽视环境的作用。以笛卡尔为开端，开创的心—身二元论，把两个实体分割开。杜威尝试另外开辟一种不受现代哲学形而上学和二元论约束的哲学。如前所言，第一代认知科学是这种现代哲学的遗产，如若杜威哲学可以摆脱这种哲学的限制，那么我们也希望以这种哲学来为延展认知科学做出实用主义解析。延展认知科学以积极的外在主义为主张，看中心智在延展过程中外部认知装置扮演的重要作用。心智在通过外部认知装置完成认知人物的过程中，从大脑延展出身体到环境中。

克拉克在《超尺度的心智》一书开篇就列出了杜威的一句话："手和脚，装置和器械所有这些就和在头脑中的变化一样是它（思维）的一部分。因为这些物理的操作或设备是思维的一部分，思维是心理的，并非因为一种特殊的物质进入到它其中或特殊的非自然行为构成了它，而是因为物理行动和设备这样做了：不同目的所被采用的和完成的不同的结果。"① 同样，查默斯为该书撰写的前言中写道："延展心智就是这样的主题：当环境的那部分与大脑以正确的方式耦合，它们就成了心智的部分。这个主题有一段漫长的历史：就我所知其中有杜威、海德格尔和

---

① Dewey, John. 1961: *Essays in Experimental Logic*. New York: Dover Publications Inc, p. 14.

维特根斯坦。"① 尽管克拉克注意到杜威哲学的实际意义,但是没有展开大规模的说明,从而为延展心智做出实用主义辩护。尽管克拉克注意到杜威哲学的意义,但是没有展开大规模说明,从而为延展认知做出实用主义辩护。从实际的理论需求和论证内容来看,延展认知在自然主义,尤其是社会学主义的框架下与杜威哲学的对接度更高。

因为杜威哲学对有机体和环境之间相互作用的强调,以及他的哲学缺乏像康德等人的体系化要求,令其和黑格尔哲学有着略带相似的命运。不过在新实用主义这里,两者重新得到了重视。除了在本体论、知识论和方法论上做出必要的承诺之外,在具体的哲学风格上,延展认知与实用主义靠近的程度更高。之所以实用主义能够被选用为延展认知假设的哲学基础,主要基于以下三点考虑。

(1) 在身体和心智方面,杜威式的实用主义反对笛卡尔式的二元论。思维作为心理的一种表现,没有了物质设备的功能作用,不可能去讨论一个不需要从环境中派生的物质设备的作用。延展认知的均等原则正是基于外部设备与思维活动共同构成一项认知任务,让内在的过程和外在过程在认知范围中处于均等的地位。均等并不是质上的均等,像天平的两端一样,而是量上对认知任务的贡献。从某种意义上,环境为认知主体贡献了认知的力量或智能的力量。这一点可以从认知的经济上看到,用笔和纸计算长数对于一个解题者的作用。这样的认知主体和环境的相互作用即是真实世界发生的,也是真实时间发生的,它不是在一个预想的表征状态下脱离认知主体环境或情境中发生的。但是,反对二元论会导致要么主张只有身体,要么只有心智。杜威力图将两者进行融合,而这个融合工作为延展心智论者笔下的认知主体和环境的互动提供了空间。

(2) 实践是一种积极的状态,理论是一种消极的状态。在分析认知

---

① Clack, Andy. 2008: *Supersizing the Mind: Embodiment, Action and Cognitive Extension*. New York: Oxford University Press, p. x.

科学的实践转向曾谈到，在科学哲学上理论优位和实践优位导源于自柏拉图二分法的哲学潮流，这种潮流有其好处——诞生了现代社会。但是也有损失，即有了此而废了彼——有了心智而丢掉了世界。后来，像海德格尔等哲学家希望提示人们注意，如果丢失了行动、实践和世界，如何谈论知识。这相当于说，一架有心智的计算机，拥有百科全书式的知识库，但是却不会行动，面对实践上的难题，尤其是临时处置的问题束手无策。要知道，奥托并不是全能冠军，但是他有一个比尹佳更聪明的地方是，像他这样的认知主体可以随时借用环境中有利的因素来完成认知任务。

（3）演化是社会学主义必要的方向。与本体—逻辑和认识—逻辑的观点相比，黑格尔和马克思对历史和社会的重视注意到了在人类漫长的演化历程中心智的成长与环境之间相互改造的过程。虽说，黑格尔和马克思在某些哲学态度和问题上存在差异，但是杜威对他们的理论发展和继承有着很重要的历史地位。从有机体的演化来说，他们都承认环境对认知主体心理构造的实际影响。在这个意义上，他们同属于现实主义者。比起理想主义者，奥托更能进入这样的论述环节。因为即使我们从理论上满足了各式各样关于生物学——生命的热爱和理论兴趣，但如果一个患有阿尔茨海默病的患者不灵机一动，不借力于记事本、智能手机，我们如何理解生命体与机器的互动这样的问题呢？

应该说重视实践是后认知主义的基本倾向，回到生活世界讨论人类认知需要借助几个层次来完成：（1）个体的；（2）集体的；（3）社会的；（4）共同体。在现实生活中认知主体处在什么位置，需要动用认知活动和心智能力来处理什么事情恰好是关键。在传统认知科学的想象、理解、学习、认识和交流中，有各式各样的视野和观点，每一种观点都应该得到独立的重视。原因在于，与学院式科学时代不同，多元化正是科学研究放弃统一范式的标志之一。按照过去的经验，统一毕竟是好事，但是从现实来看，多元确实是一件有生机的事情。因此延展认知的哲学基础通过实用主义的理论资源，从一种现实主义角度讨论认知主体与环境的关系，这层关系可以从演化和人机共生的场景中做进一步的扩展，并在演化论背景下的认知动态发展和形态学上的论述得以展开。

第九章 演化、认知的动态性和智能的形态学

有机体与环境的耦合是形成认知活动的根本条件,无论是低阶的感觉运动技能还是高阶的意识活动,皆是与环境发生互动的产物。针对认知主体和被认知的客体之间出现的分离,杜威指出,(逻辑学家们)"他们的作品仍然展现出的那种分离正是 17 世纪认识论中认知主体与被认识的客体之间的分裂的幽灵再现——而后面这些分离正是中世纪的'精神性'的本质与'质料性'的自然和身体之间的分离的幽灵的再现——经常还有一个混合了或选择了某些活动的'灵魂'居于期间。"① 无疑,杜威在这里暗示了像笛卡尔和康德等哲学家,这个"幽灵"的表述极其类似于豪格兰德的"侏儒"和丹尼特的"小人"。认知主体和认知客体所构成的认知和所知之间的关系,杜威给出了两种解释,一种是相互作用,一种是交互作用,他用这两个概念指出认知和所知是连续的探究过程,"认知和被认知的内容在同样的意义上是可观察的事实","认知作为一种正在进行的行为活动的事实来观察之后,将很快被感觉到。观察不仅进行区分,而且还将在其他时候被当作彼此孤立的东西加以对待、因而被要求通过某种外部媒介组织在一起的一系列的事物结合在一起",

---

① 〔美〕杜威:《杜威全集 晚期著作 第十六卷(1925—1953)》,汪洪章等译,上海:华东师范大学出版社 2015 年版,第 44 页。

"认知时时处处都无法与所知之物分开——二者是同一事实的两个方面"。① 基于认知和所知的表述，以及对二分法的反对，杜威强调认知和所知是一体两面的事情，表明了人类的认知活动与环境之间存在的动态耦合特征。同时，从漫长的演化过程来看，这种动态性在相互作用和交互作用中发生，在主观和客观以一种组合的方式和系统中发生，最终呈现了人类智能发展的形态学。

如果以杜威式的拒绝二分法为标准，传统认知科学与具身认知之间工作原则的差异，体现在对认知和心智解释的"自上而下"与"自下而上"之间的区别上。但说要拒绝二分法，这种"上"和"下"的划分也应该被拒斥。面对这个问题，我们谨慎地认为，延展认知应该从杜威哲学中吸取养分，或许还应该考虑的是让"自上而下"与"自下而上"之间达成互动和互通。此外，即使在延展认知的经典文献《超尺度的心智》中，杜威的出场机会比起海德格尔少很多，但是并不代表他的作用就很小。例如，以杜威惯用的词汇——探究为例，布鲁克斯经常说，如果我们要解决认知主义带来的困难，就要用行动探究的方式让机器人在新的环境中增长知识，而不是通过灌输的方式。为此，克拉克在谈到自己提出延展心智论的工作兴趣时也表示，自己对机器人学的发展新方向和人机融合更感兴趣。如果我们将人类和机器人都视为认知主体，并且不通过形态学来做出解释，诸如此类的问题就变得难以理解：认知主体和环境之间的互动是否会发生形变，人与机器的融合会不会发生智能上的形变，智能增强术是不是一场形态学意义上的革命。因此，本章将对此做进一步讨论。前面曾提到过：无论是科学实践哲学还是认知科学的实践转向在这三重特性上（社会性、异质性、历史性）的表现，前者面临的是一个知识的形态学上的变化，而后者面临的是一个智能的形态学上的变化。与其说所知者和认知者与社会、异质的工具和历史的演化之

---

① 〔美〕杜威：《杜威全集 晚期著作 第十六卷（1925—1953）》，汪洪章等译，上海：华东师范大学出版社2015年版，第43—45页。

间存在一种相加、叠加、增加和整合的样式,不如说两者对实践的强调是一场形态学意义上的革命。

为此,在第一节尝试从认知主体和环境的互动开始讨论它们动态发展的演化历程,其中包括讨论环境和小生境对认知系统形成和支撑作用。第二节将论证认知主体和环境的互动,由于在认识论上对智能形态学上的需要,论证建立一种动态本体论是认知主体与环境之间交互作用的基础。第三节将对智能增强做进一步补充,以期论证延展认知的重要性,从某种意义上延展认知应该倡导一种智能形态学。

一、演化论视角下的环境和小生境

认知是演化过程要求我们做的事,人类在演化的历程中并不是为了去认知而演化出认知这样一种东西。认知是演化的副产品,包括我们的知识也是认知主体介入环境的副产品。演化心理学家常认为今天生活在智能时代的人类视为心智尚未得到充足的演化。环境的重要性以及如何应用环境中的有利因素就成了关键。杜威和海德格尔强调介入世界,反对旁观者式地看世界,这一点不仅与马克思强调劳动和实践改造自然,也和改造自身的活动相似;而且又承认达尔文的演化论所揭示认知活动,是认知主体对环境变化的反应。由此,这里仍然没有脱离核心观点:心智无表征则空,认知无环境则盲。

杜威曾对那些以沉思传统的哲学理论做出过告别,他用"探究"一词作为知识产生的起点,并将环境引入知识的形成等活动中。因为探究一词在杜威的文献中出场的次数较多,下面是根据需要进行的选择性引用。

> 作为探究的认知的任何事例的直接诱因是(1)在生命活动进程中出现一个实践,它以某种方式影响行为的顺利进程,且结果(2)在人类认知的例子中,它使行为偏离到一反思的路线,"反思"

字面上即指对直接直线行为的条件进行有意检查且（3）准备着恢复原状。用更具体且更广泛适用于探究行动（不论动物还是人类）的词汇来说，调查探究在生命行为过程中既是中间的，也是中介的；如此，它在其连续性中总是相继的和连贯的。它源于生命行为行进过程中的中断、受扰和动摇，它的工作是去发现如何重塑行进过程，通过（a）发现事物本身是什么和（b）发现直接相继的活动如何克服或绕过造成行为过程特定方面的"急停"的障碍。①

杜威关注行为技巧与环境产物之间的交互作用的关系，探究的作用即是说，当一个生命有机体在行进过程中遇到困难，通过查视环境的特征，经由实践来实施一个行动。可能读到这里，读者能立即回想起黑格尔关于游泳的论述。杜威的这句话读起来理论味太强，他当然需要对此再加补充。

> 在理论的当前处境下，作者没法忽视这一事实：对于以上所说，很多人会觉得寻常和粗俗，配不上对认知这一要事的论述。更高级、优雅和复杂的人类认知的例子以后会举；这里应当指出的是，当认知被作为探究而探究被作为生命行为的方式之一来处理时，有必要先从尽可能广泛和普遍适用的陈述出发。我想观察过比人类更原始的动物的人都不会否认它们会调查环境，作为如何行事的条件。面对危险它们警惕、小心；在保护自身和趁猎物不备捕猎时有灵活的适应性。要记住，此处所说的都是关于可观察到的行为，而并非观察不到的猜测的因素，如心灵或其他；且不可否认，人们所熟悉的野生动物们嗅气味、竖耳朵、身子与头挺直、眼睛转动和直视等等，都是进行的行为暂时偏移到中间路径中——即调查

---

① 〔美〕杜威:《杜威全集 晚期著作 第十六卷（1925—1953）》，汪洪章等译，上海：华东师范大学出版社2015年版，第264—265页。

关于做什么的周围条件，已决定在接下来的行为中如何做。①

相对于前一段引文，这段话已经很具体了，杜威举了捕猎这样一个在原始阶段场景下的事件。杜威首先给读者打了一针预防针，不要认为举的这些例子很低级，不要认为高级的例子对于理解人类认知会有更好的帮助，毕竟人类没有办法脱离实际的场景来谈认知。另外，这里很关键的是，即使杜威本人没有明确说"来请看看演化论场景下的捕猎行为吧"，但是他已经通过遥远的历史暗示了人类的演化之路，在这一点上杜威哲学已经具备了我们所需要的现实主义态度以及对演化论模型的需要。

接下来的表述非常重要，杜威举了更现实和具体的事件：骑摩托车。一位骑手要到某地，这个目的地是已经确定好的，因此，"到西藏"这个目标并不进入探究的活动中。杜威说，在到达十字路口，骑手急停，需要做出选择，并看了道路指示牌。他表示看指示牌"作为认知的探究理论的事例来说，这是基本的、不可或缺的"②。所以，对于摩托车手，"他唯一的问题是如何到达那里。……如同摩托车手例子中一样，最终的目的地是事先确定的。因此，在两个例子中，目标不进入探究；且在这两个例子中，探究的什么——即主题——是找出如何达到所定目标的方法。……实际地说，当探究结束后，结果就是目的，这已足矣；在探究过程中，它的目的是发现困难，为的是找到如何解决它的办法。……在进行着的探究案例中更要做什么等同于在给定条件下如何行事"③。从杜威的说法中，已经很清楚的是，认知是为了实现某个目

---

① 〔美〕杜威：《杜威全集 晚期著作 第十六卷（1925—1953）》，汪洪章等译，上海：华东师范大学出版社2015年版，第256页。
② 〔美〕杜威：《杜威全集 晚期著作 第十六卷（1925—1953）》，汪洪章等译，上海：华东师范大学出版社2015年版，第266页。
③ 〔美〕杜威：《杜威全集 晚期著作 第十六卷（1925—1953）》，汪洪章等译，上海：华东师范大学出版社2015年版，第267页。

的，为了实现这个目的，它必须解决临时出现的困难，而这些困难比起知道目的地是"到西藏"重要得多。因此，在探究的案例中要做什么等同于如何做，这个说法能够非常直接地对应上延展心智论经典案例中的奥托。对于奥托而言他不需要知道，也无法知道展览馆的地址，而这是他面临的困难，这中间探究的作用是将记事本拿出来，并进行查询。对于奥托来说要去展览馆（不知道位置）等同于怎么去展览馆（用记事本查询）。

如果我们能够继续回想奥托的例子，那些曾经对这个例子提出各种各样批评的言论最明显的态度认为，奥托没有通过反思获得展览馆位置的知识，心智的延展不能和尹佳只通过回想展览馆的位置等同。这种反驳采用了视反思式的知识为心智现象，由此过于狭窄地将心智活动与环境中能够提供的积极因素联系起来。或许可以这样说，仇恨心智的延展说，等同于把环境舍弃而谈心智。

在有机体与环境的互动过程中，杜威指出了三种类型的活动：（1）是"自—作用（Self-Action）：通过被假设为彼此独立的'行动者'、'灵魂'、'心灵'、'自我'、'力量'或'力'而展开、被当作具有推动作用的事件的前—科学表述。"（2）"相互作用：对于通过彼此起作用而组在一起的物理或其他对象的表达。"（3）"交互作用：在某些阶段必须如此探究而在其他阶段留作备用、经常要求打破旧的命名在言辞上的影响的功能性观察。"① （1）是由其自身的本质自主决定的事物的经典模式；（2）以机械论物理学为开端，像伽利略的解释模式，在与其他单元的因果性相互作用中观察可独立的单元；（3）拒绝前两种模式，既不把有机体与环境之间的关系看成因为独立的自主性的结果，也不把它看成相互作用的结果。有机体与环境是一种交互作用，交互作用决定了两者被紧密地组织在一起，杜威举了很多类似的例子，比如观察者和被观察者没

---

① 〔美〕杜威：《杜威全集 晚期著作 第十六卷（1925—1953）》，汪洪章等译，上海：华东师范大学出版社 2015 年版，第 62 页。

有严格的分立，两者被紧密地组织在一起；命名和被命名之间也没有严格的分立，两者被紧密地组织在一起，它们被置于一个共同的探究系统中。然而，"正是这个认知和所知的共同系统，被我们称作'自然的'，在经常使用的'自然'一词中我们既没有偏爱也没有偏见。我们的立场是，因为认识一个有机体，他在一个所谓'自然的'进化过程中和其他有机体一起进化，我们愿意作这样的假设：他所有的行为，包括他最高级的认知活动，不是他自身孤立的活动，也不首先是自己的活动，而是有机体——环境这整个情境的过程；我们也愿意假设，这整个情境在认知中处于我们面前，它也是认知在其中兴起的情境"①。如果将认知视为有机体与环境交互作用的产物，那么所谓自然的行为就是在一个共同系统中一起演化的。至此，有机体和环境的交互作用具有明显的演化论色彩，相比杜威反对的有机体和环境的分立，杜威对有机体与环境的交互作用的青睐得益于对黑格尔哲学的重视。

杜威曾表示："黑格尔对他的永久的影响就是由于强调所有人类思想和行动的历史、文化的、社会的背景。"② 杜威提出"交互作用"概念或许来自对黑格尔哲学的改造，与黑格尔一样，杜威反对有机体和环境的对立，黑格尔曾将这种对立归结到康德哲学头上。有以下两点是需要我们注意。

第一，与交互作用不同，有机体和环境的相互作用存在一个断裂带。以黑格尔的这句话作为佐证：

> 如果我们研究我们将其想象为一种媒介物的认识，从而认清了这媒介物对光线的折射规律，然后把光线的折射从结果里抽除出

---

① 〔美〕杜威：《杜威全集 晚期著作 第十六卷（1925—1953）》，汪洪章等译，上海：华东师范大学出版社2015年版，第82—83页。

② 〔美〕怀特：《分析的时代——二十世纪的哲学家》，杜任之等译，北京：商务印书馆1964年版，第179页。

去，那么这样地抽除折光作用的办法也完全是无用的；因为认识不是光线的折射作用，认识就是光线自身，光线自身才是我们接触到真理，而如果光线被抽除出去，那么，指点我们的岂不只还剩下一个纯粹的方向或空穴的地点了吗？①

黑格尔的这句话非常重要地强调了媒介物这个概念。众所周知，在黑格尔眼中，康德笔下认知活动中的有机体和环境的关系是一种理想化的关系，这种理想化的关系类似于相互作用。按照杜威的说法，有机体和环境的交互作用是一个共同系统的事情，那么什么才是共同系统的事情呢？有机体和环境分立的两端无法构成共同系统，不仅是因为两者的分立现状，还因为其中缺少让系统统一起来的中间环节。因此，在康德这里对环境的构造是因果性的联系。

第二，与杜威强调的"探究"类似，在无须设定到某地的知识前提下，如何抵达那里。黑格尔认为康德哲学存在过于主观化和强调形式推理。黑格尔的这段话是对这个说法最好的表达：

> 康德的批判哲学的主要观点，即在于叫人在进行探究上帝以及事物的本质等问题之前，先对于认识能力本身，做一番考察功夫，看人是否有达到此种知识的能力。他指出，人们在进行工作以前，必须对与用来工作的工具，先行认识，假如工具不完善，则一切工作，将归徒劳。……但要像执行考察认识的工作，却只有在认识的活动过程中才可进行。考察所谓认识的工具，与对认识加以认识，乃是一回事。但是想要认识于人们进行认识之前，其可笑实无异于某学究的聪明办法，在没有学会有用以前，切勿冒险

---

① 〔德〕黑格尔：《精神现象学》（上卷），贺麟等译，北京：商务印书馆1997年版，第52页。

下水。①

这里我们又看到黑格尔式的游泳例子,在不会游泳前,必须搞清楚怎么游泳。这也是笔者多次强调过的,想得多,不如做一次。游泳者、摩托车手和奥托一样都在与环境的交互作用中,在"急停"中通过探究找到如何解决问题的办法。因此,这里我们还可以就"问题求解"做进一步展开。在老式好的人工智能那里,贡献了"问题求解"。但是人们都知道一名百科全书式的专家系统并不是在现实世界,而是应对现实产生的问题。当然有人可以反驳,与计算机的一问一答难道不是现实的吗?实际上,后来具身人工智能对专家系统类似的程序带来的挑战,表明老式好的人工智能是一种康德式具有先验色彩的认知科学。

所以,杜威对黑格尔哲学的自然化改造最后表现在以下几点。(1)所有关于人类经验的报告都是通过行动实现的。黑格尔把历史的推动力视为绝对精神,杜威将历史视为人类经验在面对环境的交互作用不停发生变形的过程;(2)行动是解释人类一切认知现象的根据。因此,行动有了结果,认知就是成功的,在这个意义上我们才能谈论什么叫做认知;(3)对传统哲学二元分立的理论,通过生物学中认知主体与环境的交互作用加以改造。知识的获得是生物性的实际活动与环境共同系统(大脑—身体—环境)交互作用(耦合)而形成。其中,生物有机体并非是认知活动的中心。

以上是借助杜威哲学所揭示的认知主体与环境交互作用的故事,其中环境是一个较大的概念。在延展认知论这里经常将环境缩减为一个更小的单元——小生境。小生境一词"niche",来源于法语,原来指的是墙上挖出来的壁龛用于供奉圣像,后来有人用它来指人们借用山崖上凹凸不平的石壁和缝隙作为支点向上攀爬。如果通过环境考察的是人类演

---

① 〔德〕黑格尔:《小逻辑》,贺麟译,北京:商务印书馆1997年版,第50页。

化历史中有机体与环境的演化关系，那么小生境是一个比环境更具体更生动的系统，它为有机体的发展和存活提供了可能。类似于杜威所言，环境是在我们前面的，这里我们同样认为小生境也是在我们前面的。这种在前面可以理解为一种在先性，当然也略微带有一点观念论色彩。

认知的构造在认知主体与环境之间的交互作用离不开情境，我们也可以把它称为处境。杜威称，"情境：总是被以交互作用的方式当作全部主题加以审视的作为探究主题的事件；它绝不能被当作与对象相对立的、可分离的'环境'。"① 认知主体通过学习与环境产生适应性的行为是一种具有演化论色彩的描述。为了将认知与康德式的先验主体脱钩，黑格尔和杜威努力将认知活动拉回到现实生活中，而一个认知主体在动用自己的经验、知觉和知识去处理问题时，一定需要通过探究此时此地的环境所需之知识。我们把这样的知识视为本地的或地方性知识。从环境、情境到地方性（本地性）的过渡，要求我们注意认知发生的小生境。换言之，小生境是有机体在生长环境中利用身边的资源适时地和适宜地占用环境中的位置来促进自己的生存和发展，人们也将这个系统所发挥的功能称为生态位。

小生境具有随机的倾向，同时具有可变的特性或不确定的特性，它不是一种被提前安排的情境，而是一个开放的环境。实际上，在黑格尔的游泳者的暗喻中已经带有一点对小生境的肯定，当一个认知主体的认知活动形成时，不可能借助一个抽象的情境来完成，而必须依靠认知主体在这个小生境中如何做。对于杜威笔下的摩托车手，十字路口的指示牌就是小生境。克拉克笔下的奥托和他的记事本就是小生境。我们经常遇到过这个情况，当我们到过某地，但是映像并不深刻，在第二次造访该地时，我们的回想工作往往会借助楼下的一棵树，路边的一栋大楼，进入了这个小生境才想起过去发生过的事情。

---

① 〔美〕杜威：《杜威全集 晚期著作 第十六卷（1925—1953）》，汪洪章等译，上海：华东师范大学出版社2015年版，第62—63页。

认知主体在一个比环境更小的情境下，具有更多私人性的体验，其中"大脑如何把它们解决问题的行为与那些额外的资源吻合起来的，并且这种更大的系统如何形成操作、改变和演化"①。这正是要通过小生境的模型来解释。克拉克在《生物学隐喻》一文中谈到微观世界实际上就是小生境，如果像明斯基所指的那样，微观世界是一个静态的，按照程序来计算，它并没有产生任何行动。所以，谁来负责执行这个程序呢，会不会是笛卡尔的"幽灵"，豪格兰德的"小人"和丹尼特的"侏儒"呢？还是基于对这种传统认知观的怀疑，克拉克指出了一种按照生物学要求来刻画的小生境认知。"我们的心智以一种通过我们标准的能力、需求和生物学的小生境来描述特殊的生命形式，通过产生当机立断的决定，有效地设计指导行动。就这样我们建立起了对我们当下的、当机立断环境的经验中学习智能的模式进行反应"②。

根据克拉克在《超尺度的心智》一书中对认知的小生境建构的讨论，我们认为，第一，有机体演化的选择、行动、适应性和习性的变化来自小生境，而这个小生境在有机体的介入中也在发生变化。"小生境建构是一种无处不在的，虽然仍被广为低估的自然的力量。所有动物在环境中的行为，只要一行动有时候就以改变动物自己适应的景致（landscapes）的方式改变那些环境。"克拉克举了很生动的例子，一个是蜘蛛织网，"网的存在由蜘蛛的小生境修改了自然选择的来源，允许为了以网为基础的伪装形式和交流而做出随后的选择"③。意思是，蜘蛛织网构造了一个属于它的微观世界——小生境，网的变化所发出的信号，以及选择什么时候伪装和猎食，是与网交互作用决定的。第

---

① Clark, Andy., 2003: *Natural-Born Cyborgs: Minds, Technologies, and the Future of Human Intelligence*, New York: Oxford University Press, p. 23.

② Clark, Andy., 1986: "A Biological Metaphor", *Mind & Language*, Vol. 1 (No. 1), p. 58.

③ Clark, Andy., 2008: *Supersizing the Mind: Embodiment, Action and Cognitive Extension*, New York: Oxford University Press, pp. 61–62.

二个是海狸筑坝，因为生存需要海狸集体修建大坝，之后海狸的生活随着大坝的修筑而发生变化，而大坝的修筑又改变了河流的走向，它们的影响是相互改变的。克拉克用了一句非常自然化的语句表达了对认知的小生境建构的无比赞赏，"在这样的方式下，物理情境的利用允许相对较轻的认知策略来获得更大犒赏"①。

第二，有机体与小生境之间搭建的反馈回路在演化的途径中，是一种转换。这种转换意味着把遇到的棘手的难题从小生境中寻求帮助。这里有两个地方需要重视，（1）杜威的交互作用等同于克拉克所谓的有机体与小生境的转换；（2）当遇到难题时通过外部设备找到帮助，目的是达成目标，如杜威在谈到"急停"的那一刻，从信号指示牌找到了下一个去处。这种动态临时搭建起来的认知系统，其中的小生境在认知处理中扮演着重要作用。

总之，认知主体不论与环境还是小生境之间发生了怎样的演化关系，可以说认知活动不是天然的形成，而是自然的形成。如果说演化是有目的的，那么演化的目的就是使有机体借机活下来。而认知也并非是有机体天然具有的，而是一个跟自然打交道的产物，这个产物因为它随时在发生变化，因此这种多样和多元的特性才是吸引研究者追逐的对象之一。而从环境和小生境的分析中，我们希望能够确认的是延展认知的特点，与这里所列举的具体例子一样表现为：在我们执行认知任务，并有不小麻烦时，人类学会用一些技巧来动用身边的有利资源为自己服务。克拉克用犒赏一词已经很符合演化论的意思，这也是一种现实主义的表达。

二、认知的动态性与耦合结构

一个认知主体与环境的互动从一种因果性解释，到构成性解释是认

---

① Clark, Andy., 2008: *Supersizing the Mind: Embodiment, Action and Cognitive Extension*, New York: Oxford University Press, 62.

知科学第二次革命的特点之一。如果说认知主体与环境的相互作用，是内部表征对外部信号处理所激发，无疑一个认知处理的活动只要落实在因果关系上，并将表征处理像程序一样写得很棒，就可以将心智很丰满地书写清楚。不过，认知科学家们似乎发现来自这个名为现代时代的世界观、知识观和整个意识形态似乎让人类智能变得像机器一样冰冷。这种感觉在20世纪50年代到60年代表现得非常明显，比如哲学上的各种"转向"，大致都来自这个时期最活跃的哲学家，第一次认知革命、语言学革命、库恩意义的科学革命等相继登场，虽说它们不是同一个层面上，或来自一种解释，或风格的转换，但这些转向或许能够作为我们讨论认知革命提供参考。

第一次认知革命后，认知科学借助哲学、心理学与自然科学等几个学科汇聚而成。称它是科学，是因为借助符号化和形式化的方式，能够将行为主义以及其他心理学里那些语焉不详、不够清晰的内容清除掉。从实践上来看，计算机的成功问世对于这门学科的登场具有重要意义。如果说认知科学的登场是以符号化和形式化的语言来完成，但语言学革命稍有不同，恰好是希望淘汰符号化和形式化处理，也就是说，从语义学和句法学转向语用学。像海德格尔和后期的维特根斯坦等都可以算在语用学转向的队伍中，这意味着哲学要摆脱语言与生活世界彼此孤立的状态。在库恩意义上的科学革命是对科学知识增长的形态上的全新解释。在科学哲学家心目当中，来自近代科学革命后的遗产、一种科学知识是渐进增长的，是慢悠悠的、静悄悄的，由科学家一点一点通过个人的努力所贡献。这种观念就像一种根深蒂固的意识形态充斥着知识界。

库恩列举了很多例子来告诉人们，科学知识的革命就是一次变形，从某种意义上变形后的科学知识和之前的形态不一样了。对于这两种模型来说，一种具有演化论色彩的描述便登场了。例如，20世纪末吉本斯等人在《知识生产的新模式》一书中就把库恩的影响表述为一种静态的知识生产模式（模式1）和一种动态的知识生产模式（模式2）。作者说道："在传统的知识生产模式之外进行的转变称之为模式2，与此相对，传统的知识生产方式被称为模式1。在模式1中，知识生产主要在一种学科的、主要是认知的语境中被创造出来。……在模式1中，设置和解决问题的情境主要由一个特定共同体的学术兴趣所主导。而在模式2中，知识处理则是在一种应用的情境中进行的。模式1的知识生产是基于学科的，而模式2则是跨学科的。模式1以同质性为特征，而模式2则是异质性的。……模式2涵盖了范围更广的、临时性的、混杂的从业者，他们在一些由特定的、本土的语境所定义的问题上进行合作。"① 按照模式2的说法想说明：（1）认知科学虽然是一门新科学，也是一门跨学科，但是它的核心研究范式或策略缺乏跨学科要素，例如它将心智视为颅骨内的计算—表征处理的器官就是一个很好的例子。（2）4E虽然有着共同的理想，但是各有各的理论偏好，好在它们的核心研究思路又与模式2形容的科学知识生产有几分相似支出——异质性、临时性、混杂的、本土语境的、合作的。这几个特征很好地体现在了具身认知和延展认知身上，它们对真实世界、时机、身体和环境的交互作用，都在模式2中有所体现。如果说模式2中出现了商业导向和经济情境这些词汇令哲学家心生讨厌，那只能说明我们把研究认知和研究认知的最终任务脱离开了。我们把研究认知和认知主体的生活和生存脱离开了，如果一项认知活动的行使对于认知主体是得不到"犒赏"的，我们为何要去考虑它呢？而"犒赏"就是这里所谓的商业和经济。换句话说，是为了解决问题，而不是要像GOFAI那样以"问题求解"来登场。

模式2的提出有一个重要的原因，就是科学走向产业化以后产生了新问题，而用模式1来对科学进行规范已经变得捉襟见肘。因此，模式2摇身一变套上了动力学的外衣后，开始考虑更多因素——来自异质性

---

① 〔英〕吉本斯等：《知识生产的新模式：当代社会科学与研究的动力学》，陈洪捷等译，北京：北京大学出版社2011年版，第1页，第3页。

考虑——科学与社会之间的交流，科学与从业者之间的交流，物质世界和社会世界实体之间的研究对象。[①] 而面对产业科学产生的社会问题和伦理问题，在20世纪70年代就被勒维兹注意到，因为产业科学让科学知识开始让"善的科学"和"真的科学"变得重要起来，[②] 而这些问题增加了科学知识生产的更多不确定性。然而，当我们把视野拉回到第二次认知科学革命时，就会发现在研究纲领方面做出的改变，当初认知科学希望把认知确定起来的梦想也开始坍塌。面对要把认知的不确定性揭示出来，以及因此增加的繁重的解释任务，认知科学哲学家要做的不是指责和否定，而是通过批评让它们更好地成长起来。

第二代认知科学的登场的一个重要原因，既不是商业公司的大量介入，也不是产业科学的直接影响，而是学科内部研究纲领调整的结果，是研究纲领相互磋商和挑战、学习和竞争的结果。对计算—表征的研究纲领发起挑战，是理解认知科学第一的革命钥匙。简而言之，当我们把内在计算—表征以外的身体运动，以及环境交互所产生的不确定性考虑进对认知的考察时，4E运动的诞生是认知科学革命的一个表现。同时，我们还需要注意的是动力学被征调进对认知的讨论中。

将动力学引入到认知科学，展开了针对系统中要素之间耦合结构的讨论，而动力学进路也展开了类似现象学进路对自组织和适应性处理，以及认知能力所表现的复杂结构和过程的涌现之类话题的讨论。但是，比起现象学会犯神秘主义错误的风险来说，动力学却没有这个麻烦。采用动力学进路为认知的动态性和耦合结构，既提供了一种科学说明，也具有明显的自然主义标志。比尔专门考察了认知主体与环境（大脑—身体—环境）之间耦合的动力学，但是他的讨论更偏向于建立一种神经系

[①] 〔英〕吉本斯等：《知识生产的新模式：当代社会科学与研究的动力学》，陈洪捷等译，北京：北京大学出版社2011年版，第31—35页。
[②] Ravetz, Jerome R., 1973: *Scientific Knowledge and its Social Problems*, Middlesex: Penguin Books.

统意义上的动力学,认为"一个认知主体的行为产生于这些亚系统和不能适当地被归结于任何一个各自孤立的部分之间的互动",他用图 9-1 做了说明。①

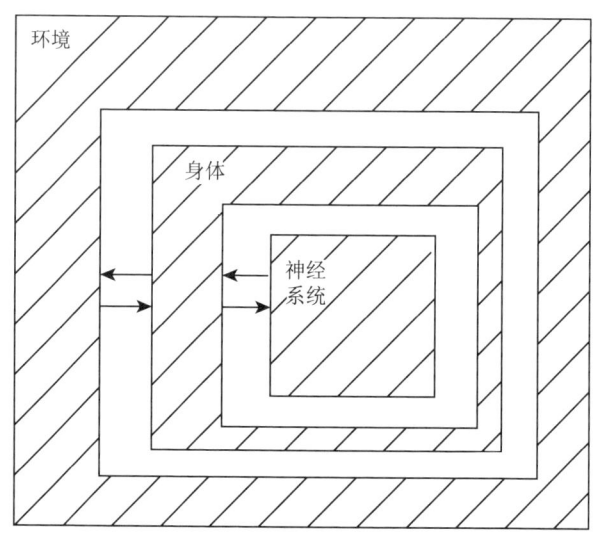

图 9-1

其实比尔的想法和图 8-2 是很类似的,大脑的神经系统、身体和环境之间是相互套嵌在一起,即是所谓的耦合结构。不过对于认知主体与环境系统之间耦合的动态结构最重要的问题是:这个结构如何从认知主体与其环境的互动中产生。比尔对此做了介绍:

> 现在情境性、具身性和动力学等词汇正用来再一次对认知是什么,以及它如何被理解的最基础假设进行革命化。对于一个情境的、具身的认知主体在最初涉及、让行动适合于它当下的境况,以及它长期的目标,而且认知变成了仅有的一种资源来服务于这些目

---

① Beer, Randall D., 2003: "The Dynamics of Active Categorical Perception in an Evolved Model Agent", *Adaptive Behavior*, Vol. 11 (4), p. 211.

标。一个认知主体的物理身体、它的环境结构和它的社会场景（context）能够把它的行为像在大脑中产生一样，扮演一种重要角色。事实上，在一种非常真实的意义下，认知并不能被当作限于一个认知主体脑袋里的事情，而是分布在一个有机体和人工物的群落里。

动力学进路强调认知的当下维度，以及一个有机体的行为持续从大脑、身体和环境的互动中产生。按照这种观点，这种重视从精确地呈现一个环境去持续地介入，环境通过一个身体去对行为的协调样式做出稳定，从而让认知主体来适应，而不是标记神经状态中的表征内容。动力系统理论的数学工具被用来刻画可能的行为轨迹的空间结构，以及用内在的和外在的力来塑造揭露出特定的轨迹。事实上，一个动力学的进路对于情境的行动产生重要的问题，即关于非常必要的表征词汇和认知理论化的计算。①

比尔力图从神经的特性视角来解释认知主体的动力学。因此，不论是大脑—身体—环境系统的耦合，还是认知主体与环境的互动，对认知和行为的解释皆来自神经的这个亚系统。除了这个结构如何产生的问题，还有一个问题是，这种当下维度是什么时候产生。对于这个结构产生的时间问题，范·盖尔德和波特的《与时间有关：动力学进路对认知科学的一种概览》②一文专门进行过交代，不过比起前面列举的摩托车手看到指示牌，奥托拿出记事本这些例子来说，似乎这样的结构发生在几点钟，对于认知者来说并不重要，重要的是我们知道了这个时间就是一个现实的时间，在现实世界中因为现实的需要所发生，如克拉克的

---

① Beer, Randall D., 2003: "The Dynamics of Active Categorical Perception in an Evolved Model Agent", *Adaptive Behavior*, Vol. 11 (4), p. 209, p. 210.

② van Gelder, T., Port, R., 1995: "Its About Time: An Overview of the Dynamical Approach to Cognition", in van Gelder, T., Port, R. (eds.) *Mind as Motion*, Cambridge: The MIT Press.

《时间与心智》① 表达了类似的看法。

从哲学上看，能够有效说明认知主体与环境的耦合结构，就是杜威的"交互作用"概念。动力学用数学的方法解释复杂世界中系统各要素之间的互动形成的不确定状态。动力学理论家通常会以这种表述来指示这种交互作用。例如克拉克在评估范·盖尔德和波特的工作所用的全局状态（total state）一词时指出，"因为我们假设在多元的系统要素之间存在着宽泛的和复杂的互相激发（interanimation）（X 影响 Y 和 Z，并且 X 自己又受 Y 影响，而又影响着 Z 等等），这种动力学选择聚焦到全局系统状态中全部时间的变化上。"② 对于一个认知主体而言，这种全部时间变化，具体指的是它的一生，而不是一直。这个时间如前所述是一种临时的，因此认知主体与环境的交互作用的时间就是两者耦合结构形成的那个时机，如摩托车手途径路口看见指示牌，然后做出决定，和奥托的当机立断拿出记事本。人类认知环节中要做出快速的决定确实就是那一刹那间的事情。另外值得注意的是，这种交互作用中的动态性和耦合结构还需要一种本体论假设，以及对生命和非生命之间耦合的讨论。

在本体论方面，前面曾用本体—历史的观点来指示一种动态的本体论，这种动态的本体论是认知主体与环境交互作用的基础。而本体论的社会学主义以及耦合构成拒绝的一种认知孤立主义，而动态的本体论视大脑—身体—环境为一种本体论关系，这个关系体现了人类智能具有一种生物—技术的属性。要知道当我们谈论具有异质性的两个事物之间的融合和交互作用时，会在本体论意义上遇到障碍，而笛卡尔则打算通过二元论来规避这个障碍。因此，在用动态的本体论来解决交互作用中异质性之间的耦合结构，又要拒绝二元论的情况下，如何通过对生命与非

---

① Clark, Andy., 1998: "Time and Mind", *The Journal of Philosophy*, Vol. 95 (No. 7): 354 – 376.

② Clark, Andy., 2008: *Supersizing the Mind: Embodiment, Action and Cognitive Extension*, New York: Oxford University Press, p. 25.

生命之间的耦合来实现生物的与技术的融合。这个问题讨论的意义不仅在于如何支持延展认知，还在于如何讨论智能增强以及如何解决智能形态学问题。

耦合构成是延展认知和具身认知经常使用的词汇。基于某些孤立主义版本将颅骨内的和颅骨外的，以及认知和非认知的区分开，耦合构成使用来反对孤立主义。传统认知科学对心智、认知和智能的理解放在大脑与环境的因果作用上来理解的，即表征状态就是大脑操作一种离线状态下或去耦状态下的信息处理。这种离线认知和去耦认知无疑忽视了环境对于认知的影响。因此，在线认知和耦合认知成为替代方案，耦合的构成性希望将大脑—身体—环境做出整合性解释。关于这种耦合关系，作为当初延展心智论的反驳者亚当斯和埃扎瓦就表示，延展认知经常搞不清楚构成性和因果性的区别。在他们看来理解认知就必须从因果性开始，进而他们用"耦合构成谬误"来指出延展认知是一个失败的理论。此处的任务不是回访当初的论战，而是进一步指出支持认知主体与环境交互作用所需的本体论假设。我们暂且将与动态的本体论相区别的本体论称为静态本体论或孤立的本体论。

孤立的本体论来自笛卡尔式的内在主义本体论假设，像还原论式的物理主义强调大脑在心智和认知环节具有基础性地位，这取决于大脑的物理特性和心理特性。物理特性由大脑生物学的功能和结构决定。心理特性则由心理的脑决定。物理的本体论和心理的本体论是一种孤立的本体论。大脑、身体和环境是孤立的，将导致孤立的脑和孤立的心智，它们从环境中彼此分离出来。[1]

诺托夫将这种物理的本体论和心理的本体论看成是静态本体论的一种形式。他说："'物理的和心理的本体论'预设'本体论的特性'（或物质）为既是心理的又是物理的。'物理的本体论'预设由静态的、固

---

[1] Northoff, G., 2003: *Philosophy of Brain: the Brain Problem*, Amsterdam: John Benjamins Publishing Company, pp. 295–296.

定的和预先确定的特征来定义。如果它们在本体论的考虑下不是静态的、固定的和预先确定的，那么它们就不能被定义为'本体的特性'。'心理特性'也是如此，必须被定义为静态的、固定的和语言确定的，因为它本来就不能被定义为'本体的特性'。因为'本体的特性'（或物质）是静态的、固定的和预先确定的，人们可以刻画'物理的本体论'和'心理的本体论'为'静态的本体论'的形式。"[1] 根据孤立的本体论预设的物理的本体论和心理的本体论，它们因为有着物理特性和心理特性之别，大脑的这两种特点就不是融合的，甚至是分离的。因此，第一，从物理的本体论来看，大脑的物理特性体现在大脑的结构和功能上。从结构上来说，大脑在解剖学意义上的结构必须对心智状态加以还原。从功能上来说，大脑的功能由物理的大脑所决定，因此心智的功能实际上可以还原到物理的功能上。第二，从心理的本体论来看，大脑作为心智的大脑，心智状态通过神经状态得以反应。

如果要考虑心智状态和物理状态之间的因果关系，必须将心智的因果作用和物理的因果作用区分开。按照这种划分，物理的本体论就表现为其他类型的物理学主义：（1）还原式的物理学主义认为，心智状态不能成为大脑的必要条件；（2）非还原式的物理学主义认为，心智状态视为大脑是必要但不充分的。为此，诺托夫认为，因为心智因果作用问题，会在物理学主义中产生四个问题：（甲）物理学主义与心智因果作用和心智状态不兼容，是因为心智状态与物理状态被区分开所导致；（乙）物理状态或物理因果作用可以通过物理法则来描述，或可被还原，但是心智状态或心智的因果作用又不能由心理物理学的法则来表述，或可被还原；（丙）即使通过物理的因果作用取消了心智状态，但是心智的因果作用和物理的因果作用又无法兼容；（丁）心智的因果作用所需要的本体论预设和物理的因果作用预设之间不兼容。当然，这四个问题来自物理学主义的

---

[1] Northoff, G., 2003: *Philosophy of Brain: the Brain Problem*, Amsterdam: John Benjamins Publishing Company, p. 296.

本体论框架，或者说静态的本体论预设。

简单来说，孤立的本体论表现为一种静态本体论，其中关于物理的和心理的形成二分的关系。在本体论上有物理的本体论，将大脑—身体与环境隔绝起来，大脑的结构和功能体现在它的物理特性上。心智的本体论将环境与大脑—身体隔绝起来，心理的脑表现出一种心智特性，它由心智的本体论所决定。因为物理的本体论和心智的本体论被各自孤立开，所以形成了孤立的大脑和孤立的心智。如图9–2。

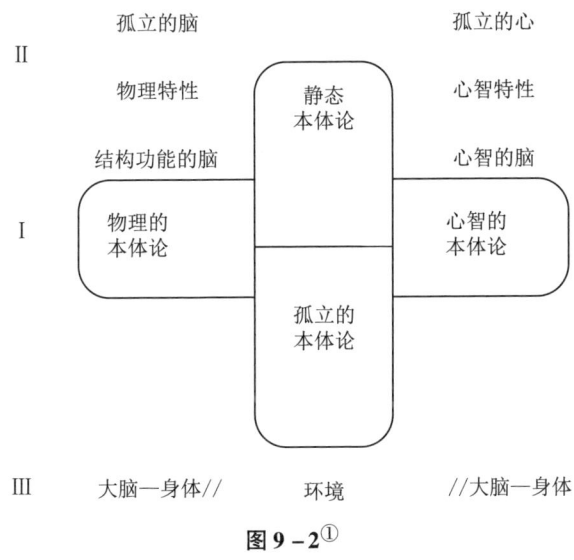

图 9–2[①]

我们可以看到 I 是本体论层次物理的和心智的分离，II 是特性层次上物理特性和心理特性的分离，导致孤立的脑和孤立的心智，III 大脑—身体与环境的交互关系层次上存在断裂带。这种静态的本体论无法实现前述的认知主体与环境的交互作用本体论基础。因此，要为这种交互作用提供本体论基础，为大脑—身体—环境的动态性和耦合结构提供本体论支持需要另谋他路。

---

① 根据 Northoff, G., *Philosophy of Brain: the Brain Problem*, pp. 295–296 所绘制。

借助动力学理论的影响力,诺托夫提出了动态本体论以期解决大脑—身体—环境之间的断裂问题。大脑、心智和环境之间的动态关系和交互作用由"本体论关系"所承担(如图9-3)。大脑作为信息处理的器官,身体作为感觉运动的技能通道,环境作为信息处理和感觉运动的支撑,它们之间的交互作用表明:动力学理论被引入到认知科学中来理解人类认知和智能,应该处在一种不会拒绝表征主义,同时又强调身体和环境之间的交互的理论类型。因此,体现在动态的本体论所强调的本体论的关系,旨在指出还原论虽不可取,但是反还原论也不可取。还需要强调的是,孤立的本体论以因果作用为基础,在视野上是一种线性的观念。而动态的本体论以耦合构成作用为基础,在视野上是一种非线性的观念。这种动态的和非线性的观念在实际应用上会增加我们在理论上的解释负担。承认这一点才能为我们讨论人类认知、心智和智能提供更大的空间和贡献。

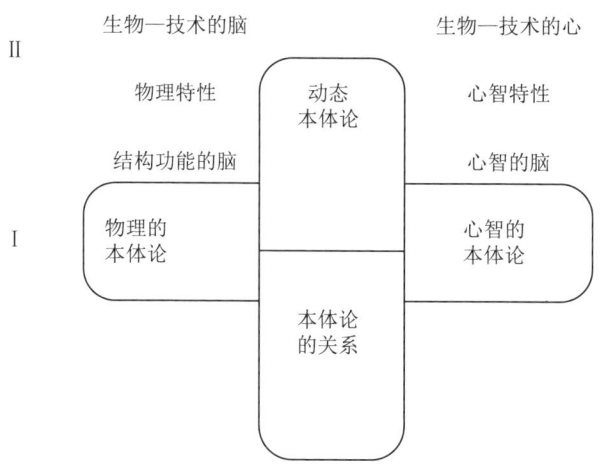

图 9-3①

---

① 根据 Northoff, G., *Philosophy of Brain: the Brain Problem*, pp. 298-300 所绘制。

第九章 演化、认知的动态性和智能的形态学

从动态的本体论的角度看，对认知主体与环境的交互作用的理解上，要求我们认识到大脑—身体—环境在做出一个认知指令的行使时，通过它们的共同决定和协同工作来处理。从这个角度来说，回答了我们前面留下的一个问题，即如何解释生命的与非生命的在认知上的贡献。克拉克用了一个很具生态学意义的词来形容这种贡献——共生体，"我们应该成为赛博格，不仅仅是表面的肉体和线路的组合，更是一种深层次意义上成为人—技术的共生体（symbionts）：人们思维和推理系统的心智和自我散布到了生物性的大脑和非生物的环路中"①。因此，一个在传统认知科学和具身认知都没有被纳入讨论范围的一个问题：认知的和非认知的，生命的和非生命的这类划分，在延展认知这里被引入到一个系统内部各要素的耦合结构中，这个结构的形成具有一种整体论意味，同时力图填补大脑—身体与环境之间的断裂带，这个填补既可以说是黑格尔式的"中介"，也可以说是异质性物理的和心理的交互的界面。

因此，以动态本体论来处理生物—技术的认知，力图突破的是一种以有机体颅骨为边界的认知观，或是一种以符号处理为要核的认知观，实际上两者的互动是我们理解认知主体与环境交互的立脚点。为此，在哲学上我们需要注意的是，这种按照整体论来理解认知的观点需要避免孤立主义的风险，也需要注意避免唯我论的风险，即使要按生物学隐喻来取代计算机隐喻，但融合才是理解认知的中间道路。再进一步说，认知主体与工具的交互作用是理解智能的重要途径，智能增强术的实际意义和理论重要性在延展认知的框架中有了很好的体现。克拉克在这个意义上说："我们许多工具并非是外在的支持和添加，而它们是深度和完整的问题求解系统的一部分，我们现在统一称之为人类智能。"② 所以，

---

① Clark, Andy., 2003: *Natural-Born Cyborgs: Minds, Technologies, and the Future of Human Intelligence*, New York: Oxford University Press, p. 3.

② Clark, Andy., 2003: *Natural-Born Cyborgs: Minds, Technologies, and the Future of Human Intelligence*, New York: Oxford University Press, p. 33.

在这个意义上说，讨论生物—技术的认知为我们弥补认知主体与环境交互中的缝隙具有重要作用。同时，我们还需要补充的是在交互作用中，以一种动力学的视野来看，认知主体与环境在形态上的变化构成了智能的形态学。当摩托车手、奥托每一次通过观察路标和查询记事本，每一次我们点击鼠标，运用纸和笔做出长数运算，我们根据本地的情境做出的临时行动的决定时，智能的形态变化以及心智与环境交互的变形正在发生。然而，我们对这个形态上的变化了解到底有多少，值得进一步研究。

三、智能的形态学

心智可以计算，心智可以从机器中产生，这是人工智能事业的核心信条。然而，人工智能专家开始怀疑，人工智能系统和机器人将会在一定程度上复杂到无法复杂下去的阶段，也即触碰到天花板了。原因大概也有人会猜想到，比起经典人工智能事业而言，新人工智能为自己的研究增加了难度，例如环境、工具等外部因素如何被计算考虑进来。毕竟，经典人工智能只需要考虑认知主体内部的事情，而现在除了要考虑这些内部的事情之外，外部的更多复杂因素也要考虑进去，这个天花板随时会触碰到。

还有一个原因大概也有人会想到，自然智能、人类智能和机器人智能在躯体的构造上有着本质上的区别，即有机的和无机的区别，有生命的和无生命的区别，等等。就算为机器人搭建了一个躯体，但是它不是肉体。那么智能究竟是一个有机体的事情，还是一个无机物也能拥有的事情呢？一款电子表的数字跳动、一块机械手表的指针运转和一开篇出场的石块、鸭子等，在划分智能上到底以什么标准为参考？如果按照有生命之物才有智能，无生命之物无智能，这样划分可靠吗？是因为我们对智能知道的答案太少，还是缺乏足够的视野拓宽对智能的理解和认知呢？总之，跟随前面讨论的脚步，如果谈论延展认知必须依靠于一种有机体与环境的交互作用的框架为基础，这种哲学框架一定会将我们引导到一种形态学的解释方案上。

到目前为止，研究者还是很难断定心智作为软件能不能在硬件上实现，或者心智和智能在肉体上生长出来。如果是这样，大脑—机器的交互作用便成了重新理解智能的重要基石。一个有生命之物和非生命之物的交互作用需要变得可理解。克拉克曾在讨论动力学和计算主义时用柔性计算一词表明，面对彻底替换计算的这个事情还不是很清楚。不过，似乎可以用一种非常有力的和有趣的杂合体来了解它：一种"动力学的计算主义"。这种动力学的计算主义是"柔性的"。① 在另一篇谈生态控制系统与认知主体作为分布的、混杂的问题求解的文章中，克拉克将自我做了一种新颖的比喻，即"柔性的"自我。② 从动力学的角度看，认知主体与环境的交互作用中存在"柔性的"特征表明，交互作用中双方或多方处在一个变形状态。

谈到这种交互作用在形态上的变化，必须先说一下形态学这个术语。形态学一词 Morphology 源于古希腊，morphé，意为"形式"，以及lógos 意为"词，研究，探究"。形态学指有机体的形体和机能随演化过程中环境（地理、物理、社会和文化圈）促使表征能力发生动态的变化。它是生物学和生命科学的分支，研究的是有机体的形式和结构，以及它们特殊的结构特征。同时，还包含了外在表现方面（形状、结构、颜色、样式、尺寸），例如外部的形态学（或一个有机体外部表现的研究，与解剖学这样一种内部形态学相对），也像骨头和器官这样的内在部件的形式和结构。又例如内部形态学（或骨骼学 anatomy）。形态学与生理学相比，主要处理功能还包括处理一个有机体或分类学的宏观结构

---

① Clark, Andy., 2008: *Supersizing the Mind: Embodiment, Action and Cognitive Extension*, New York: Oxford University Press, p. 27.
② Clark, Andy., 2007: "Soft Selves and Ecological Control", in Ross, Don., et al. (eds.): *Distributed Cognition and the Will: individual volition and social context*, Cambridge: The MIT Press, pp. 101 – 121.

以及它的元件部分。然而，在生物学中关于形式和功能的关系，尤其是用形式来反对功能，可以回溯到亚里士多德（参见亚里士多德的生物学）。现代意义的形态学这一术语由约翰·歌德所杜撰和发展，但是人们对歌德在这方面所做的拓展性工作一直以来不太重视。为了讨论智能形态学这个概念，笔者尝试从歌德那里寻找关于形态学的说明。

形态学一词由歌德杜撰，他在 1810 年出版的《色彩论》中将自己的洞见发展为一门有机体形态的科学，并致力于发现植物和动物多样性背后的统一性。在青年时期，歌德的研究兴趣并不在自然上，但是这时他对自然的不可还原和神圣生命的崇敬之情已经形成。在 26 岁（1775 年），歌德担任魏玛杜克·查尔斯·奥古斯都大法官一职。在任职期间的任务之一是督察矿山、道路、森林和公园等，这些工作使他从城镇的沉闷生活中走出来。这些督察工作对他探索自然秩序做了必要的和严格的训练。歌德相信在他的观察中发现了植物中存在着某种简单的统一性，他认为肯定有一种实体，后来他把它称为普罗透斯。歌德说："如果所有这一切不是建立在某种相同的基础模式上，我将如何辨识一个植物是这样子或是那个样子呢？""对我而言那是灵光一现，在植物的器官中我们习惯于称之为树叶铺满着真正的普罗透斯，他能够在所有植物的形式中隐藏或显现自己。自始至终，植物除了是叶子外什么也不是，它与未来的胚芽是不可分割的，人们是不能脱离其中之一来理解另一者的。"① 很明显，歌德的论断带有一种明显的观念论色彩。而在更早的亚里士多德那里，他对柏拉图认为理念世界是实在的，物理或物质世界是不完美的，尘世才是抵达真理唯一的道路的说法表示反对。因此，对它的研究就适得其反。任何完美理念和物质世界之间的差异反映了物质存在是不完美的。亚里士多德并不支持这种观点，他认为理念是人工抽象的，理解世界只需要观察自然就够了。在动物功能的研究中，亚里士多

---

① Goethe, Johann Wolfgang von, 2009: *The Metamorphosis of Plants*, London: The MIT Press, p. 4, p. 5.

德最后还是借用"普纽玛（pueuma）"来指示一种不同器官中被激发，并导致身体运动的那种精神气息。歌德注意到的植物的器官中既能隐藏着又能显示自己的情况，叶片的渐进发展过程和子叶、茎叶、萼片、雌蕊等之间发生了"植物的变形"。

在游学意大利期间，进一步加深了歌德的洞见，认为在对可见的、可触及的、可闻及的、可分类的植物的经验之上，会不会有一种超感觉的植物原型，是不是这个原型让我们看到茎的物质形状的生成和转化。按我们今天的话说，歌德隐隐约约看到了不同植物的唯一性和单个植物的不同部分在结构上的相似之处，此时深受斯宾诺莎影响的歌德，确信物质和精神、灵魂和肉体、思维和外延是一对双胞胎兄弟。歌德认为，通过身体的眼睛和心智的研究，用感觉和知觉的直觉可以把严格的经验主义与精确的图像对接起来，将特殊的自然现象视为宇宙准则、组织观念和自然内在法则的有形符号，而科学的最高目标就是要阐明知识如何从这中间产生——认知——根植于一种人类精神与自然所告知的同一性。

在《植物的变形》一书中，歌德把普罗透斯应用到树叶千变万化的器官特征上，在他心目中植物从部分到整体的形式，以及植物群的形成过程展现了植物形变的运动途径。这样一种形态学的术语最早被应用到毛毛虫转化为蝴蝶和蝌蚪转化为青蛙，后来被引入对植物的生长研究。

按照我们今天的标准来看，歌德深信自然有它规则化的运行程序，即使表面上看是自然呈现出一种异质性的特征，以及它们之间的变化，但是自然中存在两个伟大的驱动力，一个是强化，另一个是对立。强化，是一种不懈努力上升的状态，朝向更庞大的复杂性或完美，朝向在物理的、根本的观念中潜藏与内在经验现象最完满的可能表现。正是在这个意义上，歌德从自然的、简单的和植物的茎叶到更多对颜色的花瓣和特定的再生器官中看到"强化"在一株植物中的形态学证据。"对立",就像电和磁这样的最基础的形式,它是一种恒定的吸引和排斥状态,最为一般地涉及一种动态的和对立之间那种具有创造性的相互作用。对立在植物的形态学中,收缩和膨胀之间的交替就是最好的例子。而歌德更吸引人的地方在另一处。

歌德在植物的变形中看到了植物生长过程中的不同阶段、不同形态、不同形式、不同表现等,纵使植物生长是一个时间上的事情,但是每个阶段它们之间的区别显然在经验上是非常明显的,无疑它们之间可以被设想为一种具有异质性的表现。不过,在歌德看来,这些异质性的背后还有一种潜在的东西规定着它们,让它们在相互之间发生转化。这或许是形态学的第一层要义,即异质性背后隐藏着同一性。

形态学的第二层要义实际上表现在另一处,即歌德所说的植物之所以被构成是因为有着内在的自然律,另外植物之所以发生变形或修正是因为环境律,它们之间被一个根本的观念所协调。所以,有机体形式的发展总是能够从由内向外和由外向内中获得好处。举一个简单的例子,我们都知道植物在不同海拔和不同纬度生长情况是不同的,植物在适应环境变化的过程中要么因为不能接受湿润和干燥,要么不能接受海拔的高度而死掉,要么发生形变,要么叶片变大,要么不开花,等等。由此,我们根据歌德关于植物自身形态上的变化,以及它所受的两方面决定内在的和外在的律则影响来推测,一种有机体和环境的相互造就和适合或适应的过程,会在歌德思想中贯穿,同时它还具有辩证式的特征。

在植物的栖息地,植物与植物相互依赖,植物与环境相互依赖,其中一个物质被创造出来既有这个物种自身的内在原因,也有通过其他物种来维持自己生命的原因。之所以说歌德最吸引人的地方在于,这种形态学虽然不是完美的,但是刻画了认知主体与环境的关系。另外,植物形变的学说还略微带有一种演化论的腔调,虽然歌德式的演化学说还带有浓浓的观念论气息,但是这位先驱最后被达尔文所认可,只是达尔文的绅士风格好像不太愿意接受歌德的观念论气质。

1859年达尔文在《物种起源》中明确表示了对歌德的赞赏,虽然只是在引言中顺带一提。达尔文说:"又据梅定博士的《作为博物学家的歌德》第34页,歌德主张,今后博物学家要研究的问题是:牛是如何获得牛角的,而不是如何使用牛角的。很有意思的是,在1794年至1795年间,德国的歌德、英国的达尔文和法国的圣提雷尔皆对物种起源提出相同的看法。"① 后来达尔文认为歌德式的形态学已经塑造了19世纪的生物学,为达尔文的理论铺平了道路。

比起歌德的形态学更有趣的是人类经过奇思怪想发展起来的变形文化。在《超自然变形动物图鉴》中读者能够真正感受到人类因为自身能力的不足,而不断尝试通过变形来增强自己的各种能力。② 从变形的文化上,经历了:(1)人神变形,例如我们的神话世界中能上天入地,腾云驾雾的各式神仙;(2)人动物变形,例如童话故事里的青蛙王子,以及矗立在埃及沙漠中的狮身人面像,还有电影中的忍者神龟;(3)人虫变形,例如电影中的蜘蛛侠等;(4)人机变形,是我们今天需要关注的一个前沿话题,过去一直是科幻电影中经常被应用的题材。从各类变形中形成了一种文化,体现了增强人类体能和智能的渴求。特别在人机变形中值得考虑的是人类属性方面的改变。比如当我们说我有智能,便意味着我个体拥有强大记忆力和大脑的计算能力。

通过前面大量的论述,我们越来越感觉到,在智能时代我们在搞清楚智能这个概念的基础上,按照延展认知的框架我们是不是还应该搞清楚人与机器的交互作用在什么程度上增进了人类的智能和认知能力,假设奥托的记事本在今天已经升级为一部智能手机的情况下,我们是不是

---

① 〔英〕达尔文:《物种起源》,舒德干等译,北京:北京大学出版社2013年版,第3页。
② 参见〔法〕帕纳菲厄、让维萨德:《超自然变形动物图鉴》,樊艳梅译,北京:北京联合出版公司2018年版。

还应该按照孤立主义的态度去定义智能呢？从这个角度来说，重建一门智能科学的意义非常重大。按照延展认知的框架将为理解人与机器的交互影响提供必要的理论依据。当然前提是我们这里的研究能够为延展认知提供必要的哲学基础。

借用形态学来考察智能的变形，表明在环境中的认知主体发生形态变化是智能的一种表现形式。如果能接受人类智能在形态学意义上不是大脑孤立处理信息来完成的观点，那么我们自然能接受大脑—身体—环境协同演化的主张，同样也会接受延展认知的主张。在《超尺度的心智》中克拉克多次提到形态学这个概念。例如：

> 这种小机器人（toys）具有有限的驱动，没有控制系统。它们的步行不是把计划和驱动复杂性结合在一起的结果，而是基础的形态学的结果（身体的样态、联结的分布和部件的重量）。
>
> 今天机器人学最重要的一课就是形态学的协同演化（包括传感器配置、身体正面图式，以及选择基础建造材料等等）和控制产生出一种真正的环境时机去蔓延到大脑、身体和环境之间的问题求解上。
>
> 身体既特别重要，又是持续可协商的。它的重要性就像问题求解阶段的关键任务。还不能轻易就说在真实问题（现在在富余的内部表征格式上描绘出来）把过程转换为一种内在的非具身的推理引擎。相反，我们很多时候成功完成任务依赖于不断地和精巧地在形态学、真实世界行动和机会，以及神经控制策略之间进行的权衡。但是赋权的身体是持续可协商的，从有意愿的行动流和感觉刺激结果中一刻接一刻被搭建起来。[1]

---

[1] Clark, Andy., 2008: *Supersizing the Mind: Embodiment, Action and Cognitive Extension*, New York: Oxford University Press, p. 4, p. 8, pp. 42-43.

大致而言，希望借用形态学的故事来刻画人类认知主体与环境的交互作用，一方面解释认知的动态性，以及在漫长的演化历程中，将认知和智能视为一个交互作用的产物，从而回答克拉克所谓"柔性的"一词能够被描述的理论框架。形态学是这种描述最为合适的框架，尽管从源头上它略微带有一点观念论色彩，但是这个模型对于延展认知用来解释人和机器的关系是有用的。

总的来说，我们用演化论的视角来刻画人类认知的动态性，以期表明如平克所说的那样，心智是一个被自然选择设计的计算器官系统，要去解决我们演化的祖先在他们觅食之路上遇到的问题。① 如果说在形态学上要规避掉观念论的风险，即使它自身具有演化论的特质，但是在解释上我们从祖先身上找到方案的话，无疑生存和生产才是自然主义中的社会学主义应该去主张的，如果情况确实如此，那么马克思也应算在其中了。所以，观念论的麻烦在此暂时被取消了。

动力学为理解人类认知提供了比认知主义更好的视野，比起现象学主张身体运动的第一人称解释来说，它更"科学"，因此也在这个意义上将认知主体与环境的交互作用做了动态解释。最后，认知主体与环境的动态关系通过形态学又得到进一步推进。所有这些工作都力图说明，延展认知应该在哪些方面得到重视，以及理论上的扩大，与其他理论之间做出区别的细节上应该处理的地方。

---

① Pinker, Steven., 1997: *How the Mind Works*, London: Penguin Books.

第十章　从控制论到智能科学

在对延展认知与具身认知之间的差别做出评价时，我们看到为延展认知辩护还有一个不错的切入点就是智能增强。在 20 世纪 50 年代起，人们对智能的认识被科幻小说和科学报刊所左右，即便对智能体有狂热的渴求，但又对其避而不谈。唯一可以想象的是智能就是一种逻辑推理装置，它不在我们的心脏里而在大脑中。这种文化用伯勒尔的评价比较合适。他说："正是科学唯物主义运动把科学从宗教的桎梏中解放出来，极为讽刺的是，它的胜利却又就地树立起了自己的宗教，这个宗教里，知识巨人如爱因斯坦和高斯取代了圣人，尸体解剖取代了临终祈祷，脑成了圣物，而脑研究则提供了圣徒的行传。在这个新宗教中，天才仍然是一种难以捉摸的理想，是无穷动的智力对等。……如果在自然天才的神话和艰辛努力的冰冷现实之间作选择，大众文化通常会选择神话。这是一种称心合意得多的方案；其实，这正是弗兰肯斯坦方案。自然，也许是上帝赋予特殊人群极高的智力，让他们随心所欲地做了不得的事情，这个想法最合观众的意了，并且让古代神话的一项主题——心智即精灵——与心智即脑的现代概念融合起来。"① 伯勒尔的意图很明确，对于心智的渴求与大脑联系起来是一个现代的举动。

---

① 〔美〕伯勒尔：《谁动了爱因斯坦的大脑》，吴冰青等译，上海：上海科技教育出版社 2009 年版，第 281 页。

20世纪与心智的科学和智能的科学相关的研究，毫无疑问都与大脑密切相关。如果说所有这些研究把大脑作为一个本体论假设的基础，无疑它的缺陷在70年代就显露出来，就像德雷福斯等人的批评所指出的那样，人工智能走进了死胡同。这也意味着研究者对心智和智能的预设似乎出了问题。具身认知和延展认知的登场实际上是带有拯救认知科学意味的。从库恩的意义上说，这些研究是带有范式的，那么在前面的论述中把认知主义的范式视为一种现代式的，而把后认知主义称为一种后现代式的是否合适呢？另外，按照伯勒尔的说法，对大脑的崇拜之情当它落实到表征和计算时，智能和心智的定位立刻就清楚了，如果说这是一种大脑中心主义（或人类中心主义，或人类主义），那么强调大脑—身体—环境的合作能不能算做一种后人类主义呢？

本章将回到人和机器关系讨论的最初阶段。控制论作为认知科学最早的源头之一，对它进行讨论是因为有些主题进入了认知科学的讨论，但是有一些主题却没有被重视，例如人和机器的关系并没有完全进入认知科学最初的讨论中。按照这个要求第一节将回访这段被遗忘且又短暂的历史。通过回访控制论者笔下的人和机器的关系，尝试为延展认知提供必要的理论支持。如果认知主义无法满足认知主体与环境交互作用的理论需求，那么从控制论这里是否能找到一些可以参考的理论，这是本节讨论的目的。第二节将对当前处在智能时代人们进行智能和心智的一般解释，并反对表示一些观点，其中主要源于我们缺乏一门智能科学，如果能够从科学史的角度来梳理人类经历科学发展的每一个阶段，那么每个阶段的任务和表现类型的特征应该是可以被刻画出来的。因此，这节将围绕求智的科学这个概念从科学史中吸纳资源，从而进一步解释智能的增强术和智能变形（所谓的智能的形态学）。第三节将从对智能增强术所获得三个范式做出的比较回答进入智能时代究竟是智能革命还是机器革命，这三个范式包括人类中心范式、机器中心范式和人—机中心的范式。本章最后将做一个总结，指出认知主义的诞生来自头脑风暴，这是一种对大脑膜拜的产物，与"最小化表征"这种主张一样，支持一种"最小化大脑"，进而认为，按照演化的实际要求来看，所有认知都是奔着解决问题去的。正如人们经常提到的"认知是进化要求我们做的事情"，我们没有天生形成认知能力，所有能力都是自然而然产生的，它的产生如果不是为了生存和生产，就没有别的更好的理由。

一、造访控制论

控制论（cybernetics）一词由维纳所造，他在《控制论：或关于在动物和机器中控制通讯的科学》（1948）一书中使用了这个术语。维纳在《控制论》第二版序言中说，"当我开始写'控制论'的时候，我发现说明我的观点的主要困难在于：统计信息和控制理论的概念。……现在，这些概念已经成为通信工程师和自动控制设计师手中如此熟悉的工具。……反馈的重要性在工程设计和生物学中都已经牢固地奠定了，信息的应用、量测和传输信息的技术成为训练工程师、心理学家、心理学家和社会学家不可少的一部分。"① 维纳的表述显示了两个层次的内容。第一，一种科学是按照统计信息和控制理论为目标。控制论的首要目标就是控制和管理，"关于既是机器中又是动物中的控制和通信理论的整个领域叫做控制论，这个字是我们从希腊字或'掌舵人'变来的"。② 第二，控制论涉及的行业研究人员和过去单一学科已经开始有差别，跨学科研究比认知科学更早在这个时候形成。在谈到控制论和认知科学的关系时，瓦雷拉等在《具身心智》中提道："现在争论的几乎所有论题

---

① 〔美〕维纳：《控制论：或关于在动物和机器中控制通讯的科学》，郝季仁译，北京：科学出版社2014年版，第xiii页。
② 〔美〕维纳：《控制论：或关于在动物和机器中控制通讯的科学》，郝季仁译，北京：科学出版社2014年版，第10页。

在1943年到1953年的认知科学的形成时期就已经被提出。历史表明这些论题是深刻且难以完成的。开创者们清楚地认识到他们关注的东西是一门新科学,并将其命名为控制论。这个名称现在已不再使用,今天很多认知科学家甚至不承认这种亲缘联系。这种不承认的态度并非无益。它反映了这样一个事实:如果未来的认知科学要建成以轮廓清晰的认知主义为定位的科学,那么它就必须断绝与其根源的联系,这些根源错综复杂且同时也富有成长和发展的可能性。""这场控制论运动公开主张的目标是创造一种心智科学。在这场运动的领导者看来,心理现象的研究被心理学家和哲学家掌控得太久了。相反,这些控制论者们感到有必要用明晰的机制和数学形式来陈述心理现象后面的过程。"[①] 尽管在瓦雷拉等看来心理现象由哲学家掌控的局面需要用明晰的机制和数学形式来陈述并加以改造,但是维纳仍然认为控制论登场的一个因素是数理逻辑,而哲学家莱布尼茨才是这门学科在科学史上的先祖。维纳说:"莱布尼茨的哲学集中表现在两个密切联系着的概念上——普遍符号论的概念和推理演算的概念。"[②] 虽然控制论的寿命并不长,但是它足以再度引起重视的是因为以心智科学为目标。

另一位和瓦雷拉有过紧密合作的研究者杜普伊也曾说,"控制论历史有着过人之处。它的抱负史无前例,心智在它们这个时代是异乎寻常的活生生的,并且它们的遗产是丰富和多样的。但是控制论犯了一个错误。如果完全承认它们,它漏洞百出的矛盾甚至不知道如何去解决。过度压制它们的力量,它坚持自身远离其他心智的学科,这些学科可能指出了它更有前途的方向。今天,我相信认知科学仅仅是比过去更危险的方式对修复这些错误做出了平衡——尽管它没有从控制论的失败中吸取

[①]〔智〕瓦雷拉等:《具身心智:认知科学和人类经验》,李恒威等译,杭州:浙江大学出版社2010年版,第31—32页。

[②]〔美〕维纳:《控制论:或关于在动物和机器中控制通讯的科学》,郝季仁译,北京:科学出版社2014年版,第11页。

任何教训。但是或许这将不会成为一个惊喜,因为它不会承认控制论是它的真正源头。"① 本章以控制论作为开头,目的是回顾这段失败的历史。不过,控制论的最初研究目标和所具有的初步交叉学科视野在当时已经很超前了。

控制论除了希望通过数理逻辑来对心智的科学有所贡献之外,还有一个重要的内容就是研究"反馈"。维纳表示,选择控制论这个词,我们是想用它来纪念关于反馈机构,而船舶的操舵机就是最早的反馈机构和最发达的形式。② 然而,研究反馈意味着一个处理器与外部环境之间的交互关系,了解这层交互关系就是维纳所说的预测。"预测的一个消息的未来,就是用某种算符去运算这个消息的过去,不管这个算符是由一个数学计算的公式实现的,还是由一个机械装置或电的装置实现的。"③ 如果说这个包含了运算功能的装置能实现,那么它多少带有一点人工智能的味道,但是它们之间仍然有区别,并且是哲学上的区别。杜普伊说:"我在此试图揭示的是,控制论远非笛卡尔式的人类主义的颂扬,如海德格尔所假设,实际上在它代表着去神秘化的那一重要时刻,并实际处在其解构之中。借助解构主义运动在人类科学中应用的词汇,控制论构成了坚定的一步就是诞生了'反人类主义'。……控制论所构想的道路是人与机器的关系……而直到今天认知科学的目标是心智的机械化,而不是机器的人化。"④ 确切地说,区别(1)是对思维的不同看法。控制论认为"思维是一个特定等级机器计算所运行的内容——相当于分析和描述思维是什么,而不是通常所假设的,是不是有可能构想出思维

---

① Dupuy, Jean-Pierre, 2000: *The Mechanization of the Mind: On the Origins of Cognitive Science*, New Jersey: Princeton University Press, p. ix.
② 〔美〕维纳:《控制论:或关于在动物和机器中控制通讯的科学》,郝季仁译,北京:科学出版社2014年版,第10页。
③ 〔美〕维纳:《控制论:或关于在动物和机器中控制通讯的科学》,郝季仁译,北京:科学出版社2014年版,第8页。
④ Dupuy, Jean-Pierre, 2000: *The Mechanization of the Mind: On the Origins of Cognitive Science*, New Jersey: Princeton University Press, p. xi.

机器的问题"。一架机器可以思维吗？最终诞生的是认知主义的机器隐喻。控制论认为思维只是机器的一个等级。"然而，值得注意的是，控制论所呈现的不是机器的人形化，而是人的机器化"。① 换言之，控制论和认知主义的区别表现为把思维放在什么位置上。这导致了区别（2），那就是认知主义依赖于一种现代式的哲学，而控制论则不带有这种哲学风格。

进一步说，区别（1）可以从理解控制论的第一条教义中体现出来，我们能够从理解维纳对这门学科的任务说起。思维是计算的一种形式，计算所涉及的不是一个人通过心理操作运用规则来操控符号，而是机器在一般情况下做了什么，思维在这个意义上通过算法而机械化。维纳用一个带有解决现实意味问题的例子来展开：一个控制装置通过计算，是为了解决战争期间飞机在高速飞行时，用陈旧的瞄准法是无法射中目标的，"十分重要的是，射出炮弹时，并不是要朝着射击目标，而是要使投射和设计目标在未来的某个时刻同时到达空间的某处"。"预测一条曲线的未来就是对曲线的过去进行某种运算。真正的预测算符不能用任何可以制造的装置来实现，但是却有某些算符能对它做一定的模拟，而且可以用我们所能制造的装置加以实现。"② 因此，结合控制论与认知主义的第一个区别，以及控制论所主张的第一条教义，我们可以说，一台机器计算是思维等级的表现，关键是这个思维不是机器一开始就具有的。在维纳看来，预测算符是制造不出来的。就像他举的另一个捡铅笔的例子：我们不管肌肉如何收缩实现了捡铅笔的动作，而是一旦决定去捡铅笔，我们的动作就朝这个方向进行，只要朝这个方向就表明铅笔还没有被捡起来的量在不断减少，所以这一部分运动并不完全是有意为之的。③

---

① Dupuy, Jean-Pierre, 2000: *The Mechanization of the Mind: On the Origins of Cognitive Science*, New Jersey: Princeton University Press, pp. 4–5.
② 〔美〕维纳:《控制论：或关于在动物和机器中控制通讯的科学》，郝季仁译，北京：科学出版社2014年版，第6—7页。
③ 〔美〕维纳:《控制论：或关于在动物和机器中控制通讯的科学》，郝季仁译，北京：科学出版社2014年版，第7页。

不过，除了在起源上人们不愿意接受认知科学源于控制论之外，后者遭受的误解也比比皆是。杜普伊认为，"那些主张控制论要对思维确认为一台计算机的功能而负责，这种错误的承诺完全是哲学上的错误，即思维的本性必须被理解。计算通过计算机产生，按照它所设计的一组特殊的符号而产生，称之为表征。按认知主义者的观点来看，符号是对象，具有物理的、句法的、语义的三个方面的含义。基于这些符号的力量，认知主义宣称能够填平物理世界和意义世界之间的鸿沟。因此，计算就被描述为认知主义大桥的核心桥墩。"① 从这个角度我们看到了控制论与认知科学在教义上的区别。

控制论的第二条教义来自这样的说法，即物理法则能够解释自然为什么和如何——在特定的可见的而不是把人类世界严格限定——向我们展示了意义、结局、方向性和意向性。"在 20 世纪的上半叶一系列瞩目的科学和数学发现改变了力学的分支动力学，它关注一个物质系统的轨迹和发展路径服从于纯粹的物理因果律。它就是今天熟知的复杂系统，许多部分在非线性的条件下相互作用而组成，产生了显著的特性即所谓的涌现的特性，而要是按照伽利略—牛顿的革命唤醒的现代科学来证明它则永远是被驱逐出去的。"② 如果我们能够理解杜普伊的这句话，实际上表明了一个学科的建立，不得不去符合时代背景下的历史趋势，伽利略—牛顿是公认的现代科学的最佳范式。因此，如果要使用涌现、自主性、自组织等概念，一定会与现代物理学背靠的线性因果性主张相冲突。当然作为一种物理学理论的替换方案的诞生就变得非常有必要的，按照这种要求，"新物理学的模型就要使它能够去理解形态发生的机制，就是说在一个宏观层次性质结构上的涌现，把它们自身在

---

① Dupuy, Jean-Pierre, 2000: *The Mechanization of the Mind: On the Origins of Cognitive Science*, New Jersey: Princeton University Press, p. 5.

② Dupuy, Jean-Pierre, 2000: *The Mechanization of the Mind: On the Origins of Cognitive Science*, New Jersey: Princeton University Press, p. 7.

奇点附近组织起来——或性质的不可持续性——这个奇点的基本过程出现在微观层次。通过对这些奇点的研究和分类，物理现象向我们呈现出结构的方式，是可以构建出一套意义理论的"①。因此杜普伊要求，不要像认知主义那样只看到微观层次的东西，还要注意宏观层次的地方。

还应该看到，控制论对意识和意向性等问题没有兴趣，它认为计算就是纯粹的计算，而认知主义通过计算是呈现不出意识和意向性的。在自然中复杂的组织虽然是由异质的部件所构成，但是它们具有充分同质的特性，这样对于区分有生命的和无生命的以及认知和非认知的就没有实际意义。如果心智或思维是计算的一个等级，那么在这个系统中一个计算的完成或者思维的涌现也是这个系统的事情，所以这个时候心智和思维将出现在这个自然中以及认知主体的栖息地或一个电子回路中。

由于控制论得不到现代物理学的支持，所以从范式的角度上看，体现在区别（2）上，它不是一种现代式的某某中心主义。很显然，它的失败是因为它没有举起现代主义的大旗，而认知科学做到了这一点。但是认知科学面临的革命性挑战，正是引导我们回到控制论来思考如何让后认知主义走得更远的。

二、求智的科学

正如我们所做的区别（2）的说明，它是一种范式意义上的解释，认知主义动用的是一种现代式的哲学，也可以说这是一种意识形态，而控制论并没有受到这种人类中心主义的影响。如果从这个区别做出拓展，我们会发现第一代认知科学对心智和智能的解释，将它们视为大脑

---

① Dupuy, Jean-Pierre, 2000: *The Mechanization of the Mind: On the Origins of Cognitive Science*, New Jersey: Princeton University Press, pp. 7 – 8.

的产物这种观点受到一种现代主义哲学的影响，这种现代主义哲学带有浓厚的进步主义色彩和排他性，具体表现为它是一种主体哲学的产物。换言之，认知是认知主体的事，它与环境之间的事情不是在先的事情，而是后面的事情。

如今，到了智能时代，智能这个概念重新登上了历史舞台。随着人工智能技术大范围应用于人类社会，扩大了人们的无限想象，它所带来的负面情绪——对它的焦虑也成为很重要的声音。我们从智能社会焦虑的源头进行分析发现，用一种现代哲学来规范智能社会时，会导致思维或心智架构的不适应，而这种不适应来自主体焦虑，是心智模式或智能模式的不匹配导致。鉴于此，建议从科学史来查看这种主体焦虑的历史原因，而求智的科学需要我们对主体概念加以变革。

数据革命是一场新科技革命，目标是将现实的内容通过数字化处理，转化为虚拟内容，同时做出一个相反的操作，将虚拟的或数字化的内容转化为可视的或现实的内容。虽然学术界对这场新科技革命有各种各样说法，比如形容为机器的第二次革命或第四次革命。① 区别于农业革命、工业革命、信息革命，今天我们面临的前所未有的革命任务是实现物理系统和信息系统的融合，不论是今天人们提到的"互联网+""智能+"，还是"元宇宙"，这种融合通俗地讲就是从机械化向智能化转变。因此，也有人将本次革命称为第四次革命。虽然人们将这一转变视为本次技术革命的根源，但是存在一个问题是，社会在发生变革——赛博空间的人—人关系重组和消费文化的转变——但是思维或心智架构却没有跟上这场变革。

如果说第四次革命是向智能化转变，无疑数据革命被认为是其中最

---

① 例如，布莱恩约弗森和麦卡菲就称第二次机器革命来临，参见〔美〕布莱恩约弗森、麦卡菲：《第二次机器革命》，蒋永军译，北京：中信出版社 2014 年版。还有另一种声音称我们进入了第四次革命时代，参见〔意〕弗洛里迪：《第四次革命：人工智能如何重塑人类现实》，王文革译，杭州：浙江人民出版社 2016 年版。

大的生产力。与小数据不同，大数据力图通过大规模的数据采集来对行为做出预测，由于传感器数量的增加，使得海量数据采集成为可能。但是面对海量的数据和繁重的预测任务，大数据采用了与过去基于因果性的数据预测不同的相关性预测。有人认为，与其说大数据不要求精确性，不如说预测本身就没有办法实现精确性。因此，如果将大数据的信息处理原则当作模型，这要求一种相关性的思维或心智架构。然而，当这种新的思维或心智架构无法形成或被转化，焦虑（1）就会产生，原因就在于大数据无法实现精确性的说法是基于难以观察的难题所做的让步，这种让步并不代表不要求精确性，只是因果性原则下的精确性和相关性原则下的精确性之间存在区别而已。这种区别源于新的思维或心智架构的要求。这些要求表现如下：（a）新的思维或心智架构要求商品市场上的购买行为转向相关性联系；（b）根据数据处理的新要求，实现物理实在与虚拟数字的相互转化；（c）根据数据处理的新要求使得数字化过程中的各端之间必须选择某种共享关系。这些关系的变化体现在社会快速发展和复杂的变化特征上。这正是人们焦虑情绪之所在——对新的思维或心智架构不适应。或许大家也发现了类似人工智能的"威胁论"。随着数据技术的广泛运用人们会怀疑，人的地位是否"贬值"，这其实也是焦虑的集中体现之一。为什么这样说呢？因为演化心理学家一语道破了天机：我们携带着石器时代的大脑，却生活在互联网时代，然而留给我们的问题是，我们身处智能时代，思维或心智架构为何对它难以适应？

焦虑（2）来自三个方面，集中体现在对主体挑战的三个层次。

第一个层次，主权挑战，即我们说的排他性。在政治领域，主权指排他性国家政治权力。在经济领域，资本主义市场经济的生产者主权通过以下途径实现排他性：（甲）在庞大的资本市场中，生产者通过加大资本投入控制产品，实现对市场的控制，从而达到垄断；（乙）技术创新是市场竞争的必备砝码，其目的是为了降低生产成本和创造利润；

（丙）生产者通过技术创新掌控市场中的消费者，其中生产成本对于生产者而言是"隐私"，在市场交换中这些隐私的不可公开性最终导致生产与消费之间的信息不对称，从而实现生产者对商品价格的绝对控制。这种生产者决定消费者的模式意味着它是一种非用户主权模式。不过，与该情形相反，用户主权的登场得益于互联网时代的技术革命。其中发生了一个有趣的变化：生产者不断加大资本投入，通过技术创新和控制市场降低成本，然而作为技术创新产物之一的互联网的出现却未能使生产者对商品价格的绝对控制如愿以偿。因为互联网不但没有将生产者所需的信息经排他性制造出来，从而加大商品价格信息向消费者封闭的可能性，反而打破了信息的不对称。接下来的情况就是，在产品成本"隐私"被公开，"透明性"出现的情况下，最终导致的结果就是暴利和垄断不复存在。基于微利润时代的到来、边际成本趋近为零、更多"免费"出现的现实，生产者不得不谋求与消费者合作，共同分享利润，这就是所谓共享经济和产消者形成的现象。此时，谈用户主权就成为可能的事情。为此，里夫金坦言道："物联网让数以亿计的人参与到点对点的社交网络中，并创造了许多新的经济机会，在出现的协同共享中实践着所构造的生活。这个平台把每个人都变成了一名产消者，所有活动变成了一种合作。"①

第二个层次，虚拟对现实边界的挑战。"现实"的另一个说法是哲学家一直关心的概念：实在。如果说知识探索的目标是划定实在的边界，那么早在柏拉图那里，他就希望通过生活在洞穴里分辨不清真实和虚假界限的人，来告诉人们实在和现象在知识构造问题上存在多大差异。实在的构造过程是一个漫长的探索主体知识范围的问题。例如某人闲暇时阅读小说，他/她愿意相信（知道）小说里的故事并不真实，真实世界与虚构世界之间的界限必定存在。因此，对于知识获得的过程而

---

① Rifkin, Jeremy., 2014: *The Zero Marginal Cost Society: The Internet of Things, the Collaborative Common, and the Eclipse of Capitalism*, New York: Palgrave Macmillan, p. 32.

言，如果无法在理论世界和生活世界、真实和虚假之间划清界限，那么主体（认知者）不仅没有办法恒定自己的位置，也没有办法确认知识对象的本体来源究竟在何处。在互联网时代，数据技术的应用激发了虚拟与现实的结合。当两者的边界变得越来越模糊，随身携带的智能手机处于在线状态，终端这头的真实世界与终端另一头的虚拟世界发生融合。于是，按照传统哲学划定的知识边界开始动摇，虚拟生活（数码生活）在一个触点手机购物行为或跑步路线记录行为中发生，手机的智能处理将人们的真实生活和虚拟生活连接在一起。当真实和虚假之间的界限变得模糊起来时，我们究竟从哪一端来获取知识呢？哪一个世界提供的知识更可靠呢？电影《黑客帝国》给观影者带来的巨大冲击正是把真实世界和虚拟世界这个古老的话题放在数码化的背景下做出了展示：在数码世界和真实世界之间来回切换的尼奥究竟哪个是真的？当然，虚拟对现实的挑战并不是前者取代后者，而是说，随着虚拟现实技术中的全息技术等的运用和发展，使人类的生活虚实融合。但是，这个融合背后还需要对主体构造知识的源头问题做出必要回访。

第三个层次，去中心化和非中心化的挑战。对现代制度构造的中心化权力结构提出过挑战的头号人物要算法国哲学家福柯。在福柯的笔下，一种现代制度权力结构是从一个中心到每个点的控制和支配模式，这也是资本主义市场和社会生活的基本模式。福柯希望通过分析来邀请读者尝试理解后现代特征下这个模式发生的转变：点与点之间的链接。受福柯的启示，笔者认为：（甲）互联网通过虚拟和物理空间彼此联系，打破了现代制度所设计的你和我之间在财产、国界、民族、性别的二元划分。尤其表现在对市场壁垒的打破上，垄断和特权的解除使得生产者的中心地位被弱化，并和消费者混合在一起，形成产消者。（乙）在社交网络生活领域，"每一个在线者的福祉与更大的网络的福祉直接相关"这种观点被认可，意味着身处网络节点的每一个在线者的行动都会决定网络发展的兴衰。同样，网络信息共享和协作被日益承认的社会，更类似于马克思主义者笔下所谓的"网络共产主义"（dot-Communist）①。最后，请再设想一次线下购物经历，购买者可能会因为性别、种族、信仰等差异取消本次购买。但是，这些二元划分、对立情感会在线上购物时烟消云散，购买者不会打听卖家的性别和种族等差异。毕竟在马克思那里，这些等级的出现恰好是资本主义异化和阶级概念形成的根源。因此，可以预想互联网正改变着以现代制度下的中心特权为特征的每一个领域。这一改变实质上是传统哲学中划定的主体中心地位的改变。如果沿用这种传统中心地位的主体观念否认产消者，势必意味着又重回到前互联网时代。

通过上述主体面临的三个层次挑战所做的哲学分析不难发现，赛博空间实现了人与人的连接、人与物的连接和物与物的连接，人际关系得到重组，生产者和消费者融合的苗头出现，逐步使得人类步入协同共享的时代、"透明的时代"或无隐私时代。另外，我们借助焦虑（2）的分析有两层用意，第一层是从社会的面上指出焦虑的源头之一；另一层是借这种社会的面上的分析来引起读者考虑，是不是可以将以上分析引入到后认知主义的社会背景上，尤其是延展认知所看重的大脑—身体—环境的融合，它们不也是从上述三个方面对传统认知主义提出挑战的吗？如果说这种焦虑仍然存在的话，像瓦雷拉所谓的笛卡尔式的焦虑，其实就是主体焦虑在哲学上基础主义的焦虑。克拉克所谓的表征饥渴就是认知科学的这种焦虑。

焦虑（3）来自历史角度的判断，求真的科学向求智的科学过渡激发了主体焦虑。对这个环节的讨论需要引入科学史的考察。众所周知，马克思和恩格斯看到了资本主义制度变革的窗口——机器革命，并在讨论社会形态更迭的过程中将生产力作为理解社会变革的动力之源。麻省

---

① 2003 年，埃本·莫格林（Eben Moglen）在《网络共产主义宣言》（*The dot-Communist Manifesto*）中提出网络共产主义这一概念。笔者认为，合作或共享具有杜威意义上的交互作用，也类似于黑格尔式的辩证法，而它和马克思笔下的共产主义也有内在相似之处。

理工学院的两位研究者布莱恩约弗森和麦卡菲将今天计算机和数字技术时代的社会变革称为"第二次机器革命",以区别于蒸汽机为代表的第一次机器革命。他们认为:"现在,第二次机器革命时代到来了。就像蒸汽机及其他延展了肌肉力量一样,计算机和其他数字技术——那种用我们的大脑理解和塑造环境的能力,正在对金属力量做着同样的事情。"① 这段话中所谈到的"金属力量",实质上是对现代科学中的典型特征"求力的科学"的另一种写照。清华大学的吴国盛教授在对希腊式的科学和现代式的科学做出区分时指出:"如果说希腊科学是求真的科学(science for truth),那么现代科学就是求力的科学(science for power)。它们的区别首先体现在人与自然地位的改变上。"② 按照麻省理工学院两位研究者的观点看,如果将现代制度构造的力量来源视为"求力的科学"之产物,那么今天的数码生活是"金属力量"的延续。但是,笔者更倾向于认为,用"求智的科学"来形容进入数码生活的科学典型更为妥帖,毕竟它与求力时代的要求并不相同。然而,为什么将第二次机器革命视为"求智的科学"之产物,我们将从以下分析给出理由。

根据这里时代的不同要求,大致可以描绘出三幅画面:第一幅画面,希腊科学是"求真的科学","神创力量"占据主导地位;第二幅画面,现代科学是"求力的科学","金属力量"占据主导地位;第三幅画面,后现代科学是"求智的科学","智能力量"占据主导地位。这三幅画面所展示的科学典型恰好勾画的是三个不同时代。显然,智能社会正是"科学3.0"的真实写照。

首先,在"科学1.0"这里,希腊科学的"求真的科学"源于希腊人对自然的好奇。美国哲学家杜威曾指出,从希腊人那里开创的对自然

---

① 〔美〕布莱恩约弗森、麦卡菲:《第二次机器革命》,蒋永军译,北京:中信出版社2014年版,第9页。
② 吴国盛:《从求真的科学到求力的科学》,载《中国高校社会科学》2016年第1期。

的好奇，实质上是一种对缺乏"确定性"的焦虑和恐惧①。换句话说，希腊人的哲学工作是为了找到自然世界中那些永恒的准则，借此享有这种确定性。例如柏拉图和亚里士多德包括其后来者希望在认识自然和模仿自然中找到一种形而上学的基础来回避这种焦虑和恐惧。这也首次构造了理解自然的知识准则，而这种准则又被划归到理性能力上，即理性的能力可以通向一种超越于自然的理解力。相应地，在对知识的划分上，拥有理性知识被认为是人类最为高贵的特征，它与用于体力活动的低贱的技能性知识是不能同日而语的。后来在与基督教思想的合流中，理性知识又进一步被规划到了上帝身上，而通过敲打自然物所产生技能性知识的地位相应被低估。由此，希腊人依神创力量开创出通过强调人类理性能力降低自然的本体论地位的特征。从根本上而言，通过理性构造形成的"求真的科学"成为排除"确定性"焦虑的首选方案。当然，我们也知道对这种确定性的追求，柏拉图主义曾贡献了被认为最稳定的形而上学。

在"科学 2.0"中，现代科学的"求力的科学"源于人们对主体的兴趣。虽然在某种程度上，"求力的科学"复兴了一度被降格的技能性知识，实质上却构造了主体概念的另一变体——人类中心主义，它主张脱离理性，主体将无法理解世界。在主体概念的构造过程上，培根、笛卡尔和康德等哲学家可谓贡献卓越。这个时代最大的力量源自以机械动力理解自然，或者说这个时代的主题是以机械论为代表的人类理智的自我确认。为知识寻找一个"确定性"的基础是这个时代的哲学主旋律，而在这个基础的构造上，与前一个时代依赖于上帝的启示不同，哲学家力图从"自我"的角度规划这个基础，并将上帝排斥出人类理性所代表的自我知识之外。确切地说，如何通过理性构造一种自我感为知识的大厦搭建基础是这一时期哲学家的焦虑。笛卡尔从普遍怀疑的方向展开这

---

① 〔美〕杜威：《确定性的寻求：关于知行关系的研究》，傅统先译，上海：上海人民出版社 2005 年版，第 13—17 页。

项工作，康德通过构造理性的先天范畴来确保自然能被理性所理解，培根通过"知识就是力量"对主体进行构造。其中，培根率先看到了自亚里士多德开始的"求真的科学"在他所生活时代的不适应性。不同于笛卡尔和康德的哲学家继承古希腊人"看"（旁观者式）的哲学，"知识就是力量"的命题是通过与"看"不同的"做"（参与者式）的方式来获得的。只不过，前者强大的势力使得理性主义主体哲学的"看"成为主流范式。后来，加拿大科学哲学家哈金对这一趋向进行评估时曾表示，电子不是"看"出来的，而是通过"做"（发射）出来的。[1] 这里借用哈金的这一表达旨在说明，"看"的哲学和"求力的科学"被视为现代制度的基础，其中主体成为排除所有焦虑的基础。

在"科学3.0"中，后现代科学的"求智的科学"源于对现代式的主体概念的挑战。"求智的科学"中的智能，无疑脱胎于笛卡尔式和康德式对理性的发问。20世纪上半叶，研究者相信理解智能与理解理性极其相关，并认为理性和思维之间的关系可以通过计算来解释。在"科学2.0"这里，研究者曾把人是机器的判断视为理解人正确的选项，而这个机器如何思维又成为"科学3.0"时代的早期主题，图灵的工作就是例证。换句话说，研究者预设人是一架会思考的机器，而这种能力源于人脑的计算能力。以这个预设为起点，具有强大信息处理能力的计算机问世，它的能力超越了人脑。值得一提的是，这种预设只是"科学2.0"中人类中心主义的加强版。这种版本的观点主张，不可能通过人脑以外的其他内容来理解人的思维和心智，尽管这种乐观情绪在信息时代方方面面都发生进步时蔓延，人们仍旧疑云重重。例如发人深省的第一类焦虑是，现代制度下所设计的主体性原则是否还能用来理解互联网下的主体——人？第二类焦虑是，在工程学等实践领域，研究者发现一架有着超过人脑计算能力的机器人远远不如一只在稻草堆里蹦蹦跳跳的螳螂。这

---

[1] 〔加〕哈金：《表征与干预：自然科学哲学主题导论》，王巍等译，北京：科学出版社2011年版，第67页。

意味着仅仅通过具有超强计算能力作为衡量机器人的标志已备受怀疑，但是要把身体的那部分内容纳入算法中，又是一件困难的事情。不过现在机器人领域在这方面的困难已经有了突破。2017年—2018年美国波士顿动力公司相继公布了几段视频，机器人能够完成很多身体动作，例如跳上木箱，然后又空翻跳回地面。换言之，在"科学2.0"这里，哲学家通过构造理性与主体的关系解决"主体焦虑"，但是，"科学3.0"继续沿用"科学2.0"的主体概念作为理解智能或理性的规范是否还能适用却值得商榷。因此，不得不说，这些疑问是"求智的科学"（智能社会）主体焦虑的根源。

然而，进入智能时代更值得一提的是，智能已经或必须脱离现代主义的定义，将其视为一个认知主体自己的事情。如果说延展认知能够提供一点更开阔的视野，那就得相信智能科学应该考虑认知主体的智能与机器智能的融合，这种相加才是理解智能的起点。总之，对"主体焦虑"这一术语，已从三个层次讨论了焦虑的成因，如果说焦虑是时代病，那是因为心智和思维的架构还没有调整到对智能时代的需求上来。

三、智能革命和机器革命

当人类进入智能社会必须再次回到重建主体这个古老的哲学议题上。哈贝马斯在对"现代"这个议题展开讨论时指出，现代议题的实质是主体性原则问题。较之于康德对主体性的重视，黑格尔将主体性问题从历史规范上引入到哲学领域。同时，这种现代意义上的主体还与自我结构有关。这样，现代议题涉及的问题就集中在自我的自由解放上。但是，这个时期关于自我的解释作为规范原则又落在有关自律原则的讨论上。① 准确地说，这些问题可以分解为三个层次：（层次甲）人（主体）

---

① 〔德〕哈贝马斯：《现代性的哲学话语》，曹卫东等译，南京：译林出版社2004年版，第19页。

与自我的关系;(层次乙)人(主体)与他人的关系;(层次丙)人(主体)与世界的关系。如果我们在考虑这三个层次的关系时,再将三个范式引入进来对比,就会发现,应该如何重新看待智能这个概念,以及如何建立一门求智的科学的架构。

首先,这三个层次中,位于"与"或连字符两端的成分之间的关系受制于对理性原则的规划,它们事关现代制度的诞生,因此我们说这是理性主义的事情。虽然人们深知理性原则早已成为资本主义在所有领域的总规划方案,正如马克斯·韦伯所认为的那样,对于资本主义而言理性计算是重要的,它的一个前提条件就是稳定性,这是一个非常难以撼动的原则。但是在今天全球化浪潮冲击和互联网广泛应用的背景下,这三个层次构造的稳定性正发生改变,这也是"主体焦虑"最大的根源。我们是否应该通过窥视这一"主体"概念的变革来看生产者和消费者融合的变形,进而通过这种变形的模型来理解智能的变形和智能增强术。因此正视"主体焦虑",并找到合适的理解之路,就能为我们理解智能的变形和智能增强术找到合适的路子。

层次(甲),人与自我的关系。康德关于"自我"的讨论无疑影响深远。在康德那里,某人看到某物得益于他先天构造的认知结构或认知能力。这里的"看"是主体的自我构造,而不是洛克式的镜像的经验反映。这个"看"的过程意味着自我表征的内容通过自反性所占有的内容被自我所占有。康德通过转向内在的理性原则来取代神学上的外在保障。通过这一构造过程,主体占有客体。在实践或道德的主体意义上,演变成了个体主义的德性责任,即强调自主性或自律性。当我们在具身认知那里得知诸如意识、意向性、自主性、自创生等概念是对一个认知主体认知活动和心理现象进行评估的最小单元时,那么延展认知需要摆脱的恰好是这种来自康德哲学的纠结之情。但这个分析曾在前面借助本体—历史的观点予以了纠正。如果从"本体—历史的"路子来走,那么黑格尔和杜威哲学必须被给予重视。

然而，在赛博空间里的主体自由不取决于自由这一理性原则的假设，而是取决于一种关系中的自我。因为，每一次对于"我"的表达都以考虑"我"之外的每一个"我"为前提。换句话说，每一个"我"的关系产生才构成了"自我"。而黑格尔正是在这个意义上强调客体的存在才是一个主体存在的前提。在科耶夫关于黑格尔的导读中，他说："人的真相只能是社会的。""至少需要两个人，人才能成为人。"[①] 可以肯定的是，黑格尔式的"自我"是建立在某种关系上的。假如这个"关系"或"网络"不存在了，那么这个"自我"就不能成立。

实际上，区别于康德的无限的自我，黑格尔式的自我占有是有限制的，这一哲学上的变化恰好体现在"自我"与他人的关系上的变化。这也为我们强调的"每一个在线者的福祉与更大的网络的福祉直接相关"这一观点找到了哲学上的说明。很显然，赛博空间的主体是一种黑格尔式关系中的"自我"，而不是康德式的个体主义的"自我"。如果从现实主义的立场看，人类认知和心智的发展，在智能时代首先需要调整的是一种自我观，即黑格尔式关系的自我、杜威意义上交互作用的自我。我们需要在个体自由和关系自由中找到一个平衡点。而认知主体与环境的互动必须重视这个平衡点，好在人类演化已经足以掌握这个平衡点。

层次（乙），人与他人的关系。在绝对自我的时代，尤其像康德的观念论里描述的那样，主体以控制他人为目的。虽然这是康德的整个形而上学的要求，但是在现实中的应用却被推广到资本主义市场分配的基本原则上。因为每一次理性计算背后其实还潜藏着自我对利益的衡量，所以，个体主义更强调个人的责任而不是对他人的责任。

但是，从前面第一方面的分析可以看出，由于赛博空间里个人的自由取决于这个网络的限制，那么为了维护该网络不至于崩溃，个体被要求必须抛弃自我的利益，走向重视他人的利益，这样才能保证网络中的

---

① Kojève, Alexander., 1969: *Introduction to Reading of Hegel*, New York: Basic Books Press, p. 43.

"我"成为自我。智能社会的信息共享和协调机制正是这方面的具体体现。所以，区别于现代制度通过利己性为基础操纵大众的权力，后现代制度越来越多地以利他性为基础，更注重权力的分享。由此，也就能够推断出共享经济得以实现的前提，以及用户主权的哲学根据。而共享意味着合作，一次认知活动的发起，以及认知任务的完成，除了事关大脑和身体之外，还是一个社会的事情。一个认知主体需要考虑与环境的互动，同时还要考虑与其他认知主体的互动。而对自我的定义过于狭窄、制定有机体的边界，以及忽视合作和共享对于完成一个认知任务的重要性，都是认知内在主义的表现，有必要提防这一倾向带来的弊端。

层次（丙），人与世界的关系。理性是个体的代表，这种观念不仅渗透于现代制度中，也深得整个上流社会的支持。当黑格尔把康德式抽象的个体拉回到历史的个体维度时，个体的重建通道被打开，但是由于康德式的教义太过稳固，黑格尔式的现实的个体才没有机会得到更多的重视。黑格尔没有被重视，是因为它与康德的教义之间存在天壤之别，一个认知主体要如何才能进入到历史的维度呢？无疑演化是一个必经之路。真正意义上将演化与黑格尔之间的关系打通并对主体进行重建工作的是杜威。随着智能社会各方面的扩展，"我们现在开始意识到人类行为不仅是由理性思考和个体需求所决定，它同样还受到社会环境的影响"[①]。彭特兰用这句话提示人们注意：与过去几个世纪以来深入人心的康德式教义相比，如今人们的需求和行动并不是源于"理性"，而是源于身处社会网络中的效应。这样的提示恰好是对黑格尔式的现实个体最好的回应。因为相比康德式抽象的世界而言，黑格尔式的世界是具有历史性的生活世界。就像后来海德格尔用"在世界之中"指出我们无时无刻不生活在其中。在梅洛-庞蒂看来，康德式的世界是主体构造建立的

---

① Pentland, Alex., 2014: *Social Physics: How Good Ideas Spread-The Lessons from a New Science*, New York: The Penguin Press, p.32.

世界，它将人与世界建立在一种认知关系之上，相反，存在关系对应的"主体就是他的身体、他的世界、他的境遇"①。大数据引导的思维或心智架构的根本性变化是一种相关性假设对因果性假设的取代，前者类似于存在关系，后者类似于认知关系。与这种存在关系所做的说明类似，海德格尔将主体和客体的关系放在了一个所谓的"中间地带"来处理，这个"中间地带"看起来与今天的"互联网"也有几分相似之处。另外，我们也可以看到，认知主体与环境交互作用之间所需要调动的哲学是什么样一目了然。

在对"科学3.0"的讨论中，我们曾做出了这样的暗示：人类中心主义加强版主张大脑是个体（思维或心智）自我的生物学基础。随着科学3.0后半程里研究者对个体心智/大脑的研究，对交互主体性、社会关系等问题的关注，一些研究者开始承认大脑不再是一个孤立的器官，它还是一个"社会脑"。新思维或心智构架的画面逐渐显露出来，这一新画面力图扩展以大脑作为生物学基础来理解智能的传统。例如，在认知科学新近出现的延展认知的理论中，对环境中身体的行为所做人—机交互的研究，引导出各式各样的大脑/身体/世界的整合方案的讨论，同样拓展了人们对主体的看法。②

综合来看，在智能社会下所涉及的人际关系重组，一方面包含人与自我关系在主体时代设计原则下的重建，另一方面包含人与他人在主体性时代之后的重组，还包含人与世界之间在主体性时代以后的重新认定。在这些关系的变革环节中新的主体实际上变成了现实中的产消者，这与经历了两次工业革命所形成的生产生活截然不同，因为"第一次和第二次工业革命将逐渐被第三次工业革命的分布式商业活动所取代，同

---

① 〔美〕多尔迈：《主体性的黄昏》，万俊人等译，上海：上海人民出版社1992年版，第41—46页。
② Pitts-Taylor, Victoria, 2016: *The Brain's Body: Neuroscience and Corporeal Politics*, London: Duke University Press, pp. 2–4.

时传统的、等级化的经济和政治组织的权力将让位于交错于社会节点组织化的扁平的权力"①。生产者和消费者融合体这个概念的扩大版,在哲学上可以看成——主体(生产者)/客体(消费者)混合体。最后,可以这样认为,如果能够正视"主体焦虑",在哲学上解决这一焦虑的备选方案不妨从正确理解这种混合体(产消者)开始。

就此,如果我们今天声称我们进入到了一个智能时代,我们正在经历"第四次革命",这个革命到底是一场机器革命还是一场智能革命呢?其实,仅仅用术语来框定诸如此类的革命特征的意义并不大。如果我们将机器革命或智能革命视为一场认知革命,那么需要我们注意可能会调用的三套范式:范式(甲)人类中心式、范式(乙)机器中心式、范式(丙)人—机中心式。我们深信,智能科学所需要的智能形态学的革命一定来自范式(丙),而无论如何延展认知所看重的也应该来自范式(丙)。

四、从头脑风暴走向问题风暴

近六十年来,源于计算机技术、信息技术和人工智能等新科技的发展和应用,人类的生产和生活发生了剧变。立足于这些新科技应用对人们社会生活的实际影响,通过思维或心智架构的不适应引入对智能社会中主体焦虑的讨论。我们可以将该问题看成是理解智能社会的要核,之所以如此,那是源于马克思和恩格斯对我们的警告:"革命之所以必需,不仅是因为没有任何其他的办法能够推翻统治阶级,而且还因为推翻统治阶级的那个阶级,只有在革命中才能抛掉自己身上的一切陈旧的肮脏的东西,才能成为社会的新基础。"② 用今天的话来说,可以这样理解:

---

① Rifkin, Jeremy., 2011: *The Industrial Revolution: How Lateral Power is Transforming Energy, The Economy, and the World*, New York: Palgrave Macmillan, p. 17.
② 〔德〕马克思、恩格斯:《德意志意识形态》(节选本),北京:人民出版社2008年版,第35页。

一场革命当它真正到来或实现时，如果人们的思维或心智架构能够适应或成为这一社会的新基础时，那么革命才算成功。因此，我们将任何一场有史以来的革命视为认知上的革命。

通过前文的论述，为了适应社会的新基础，调整思维或心智架构就成了当务之急，这敦促我们回到关于主体问题的讨论上，尝试对主体概念变革的产物——主体/客体混合体（产消者）的讨论作为起点。而这个产物作为一种变体，可以借哲学上的本体—历史观点来理解，经黑格尔、杜威从演化论进行的自然主义改造，转向本书倡导的社会学主义，诞生了一个重要的议题：我们考察认知主体的认知、心智和智能是否需要将环境纳入进来。如果回答是否定的，这个议题就没有意义。如果这个议题的意义还存在，那么回答必须是肯定的，在考察认知主体的认知、心智和智能时，通过环境的交互作用所产生。言下之意是，我们不会在没有环境作为前提的基础上产生一种所谓叫作认知、心智和智能的东西。为了解决当前认知任务面临的困难，我们借环境的支撑完成认知任务，如果将这种支撑换一个角度来理解：我们用环境中的某个事物增强了我们的认知能力，强化了我们的心智计算，这个时候我们将它称为杠杆智能。布鲁克斯形容认知主义统领的时代所谓的智能是寒武纪智能。他说新人工智能，像那些不依靠表征处理完成任务的机器人是新石器智能。而面对智能的形态学，"互联网+"，"智能+"和元宇宙等提法说的不就是人机结合、人机共生和人机混合吗？如果不用延展心智论来理解杠杆智能，我们不清楚是否还有更合适的解释框架。因此为延展认知搭建一个哲学基础显得意义尤为重大。

从人们对人工智能的恐惧和忧虑再一次说起，认知是演化要求我们做的事，以及对大脑的迷恋的意识形态之间所存在的相反理解表明：我们要么将认知视为头脑处理大量信息的事情，以期通过认识大脑来弄清楚我们关于外部世界的知识，以及如何动用这些知识；我们要么将认知视为我们为了解决问题动用环境中积极的因素的产物，所有知识并不是像程序一样提前在我们解决问题前被安置在我们的头脑中。这样就形成了头脑风暴和问题风暴分属两种看待认知、心智和智能的不同态度。

2014年11月6日刊登在《纽约时报》上一篇《作为一种威胁的人工智能》的评论透露了人们对于人类与机器人之间关系的忧虑，商界巨头、IT界大佬和科学研究者对此展开了激烈争论。特斯拉CEO马斯克就表示，"人工智能正在'召唤'恶魔，它可能比核武器还危险。"霍金也表示，成功的人工智能会是人类历史上最终的事件，不幸的是，它也可能会是最后一个大事件。就连比尔·盖茨也认为马斯克等人对于人工智能发展与人类福祉之间关系的担忧是有必要的。随着人们对人工智能的追捧再一次升温，对智能社会的关注度也在提高。在好莱坞的一些科幻电影中，机器人与人类之间的关系如何，一直以来都是导演们乐意展现的话题，但对学术研究者而言，他们对这类问题的态度则相对谨慎得多。

然而，也有人对这种担忧提出了质疑。例如，布拉顿在《纽约时报》刊发评论《人工智能研究中的"人类中心论"可以休矣!》，认为类似上述的担忧和恐惧实际上是源于人工智能研究中的"人类中心论"的产物。如果按布拉顿的说法来理解，大致可以推导出两种主张。第一种主张认为，无论是科学技术的研究，还是任何一项社会科学的研究，最终目的都是为了表达人类智慧的唯一性，同时是为了解决人类产生的与自身有关的难题。这一点其实可以追溯到启蒙运动诞生的时代。例如当时的哲学家，像莱布尼茨、笛卡尔和康德等人都希望为人类理智提供一种规划，这种规划最终可以归结到关于"主体"——"人"的表达上，进而诞生了"现代"这样一个概念。同时，在政治学领域关于权利的讨论，给出了各种版本关于"人"的表述。如果我们尚能回想起威尔·史密斯在其主演的《机械公敌》中最后给出的难题：机器人未来是否有权利参加竞选，并参与社会事务的建设。如果按照第一种主张，多数人一定是持否定态度。因为制定整个社会游戏规则的是人类，不管怎样都轮不到机器人。

第二种主张反对的恰好是像前者表现出来的那种"人类中心论"般的傲慢。布拉顿表示，这是一种自命不凡的论调。我们可以把第二种主张理解为某种反人类中心论。但是，从目前的情况看，它要反对的第一种主张的阵营非常强大，而且具有足够多的历史资源以及一整套完备的理论调动起来为其辩护。因此，要驳倒第一种主张，并认为不仅机器人能参与未来人类的社会政治生活，同时还极有可能是游戏规则制定者，仍需要做大量的工作。假设我们按照第二种主张在人工智能领域中缩小一点范围，恐怕对这个问题的理解又会有新的帮助。

众所周知，人工智能研究乃是认知科学中的一个重要的分支。在这个大家庭中的成员，都分享着一些共同的研究计划、命题和进路。在这个学科发展的早期，人们相信只要能通过以计算机为模型并清楚说明它的处理程序，就能表明人类心智和认知活动的本质。因此，我们暂且可以把这个主题视为是一种"头脑风暴"。这个标签表明了当时研究者的兴趣所在，即哲学上有关心智等诸问题派生出来的话题。也就是说，人类最核心也是最崇高的区域就是其心智，它也是人类智能的体现。这个问题在笛卡尔和康德那里曾得到过极大的发展。虽然在认知科学中产生了很多笛卡尔式或康德式的支持者和反对者，但是这个主题的定位也与前面提到的"主体"问题是相关的。就像康德当年所理解的那样，我们能知道外部世界，是因为我们的心智或认知环节中率先构造出了对象。这种哲学情节带入到现代社会生活中就构造出了一系列的"中心论"，无论这些"中心论"的表现如何，它们强调的内容背后实际隐含着对人类自身是不可侵犯的表达。这种情节被引入认知科学的研究中，则表现为研究者紧张于对人类心智在这一过程中究竟起到什么作用。如果我们脱离了对心智甚至大脑的认识，就没法理解人。所以换句话说，人类的中心地位是由其头脑所决定的。这也是一些人为什么反感外部的技术设备介入人体的原因所在。

当然，问题远远没这么简单。倘若我们认为人类在自然界中确立自己的地位是通过清楚无误地理解自身来实现的话，那么恐怕我们会忽视更多与人共生的那些部分。而这些部分恰好不能被排除在对人类自身的理解中。换句话说，"头脑风暴"是一种有缺陷的情怀。如果切换一个角度来看，可能担忧者的担忧是没有必要的，或许我们更容易接受机器人有权利这样的观点。

如果按照"问题风暴"这个标签来看，它主要表现在对人类认知和心智研究中的一些新想法。例如具身认知就认为，大脑、身体和环境的耦合是诞生认知活动和心智内容的基础。延展认知进一步认为，不仅大脑对人类的认知活动和心智现象有重要的作用，而且在环境中人们根据实时的环境反馈和技术人工物的辅助，一方面增强了人类的认知功能和心智能力，另一方面这些技术人工物对认知和心智的本性起到改写的作用。言下之意，大脑不是一个孤立处理信息的器官，它与这些技术人工物一起完成了一件事。因此，对于人类而言仅探讨大脑的活动是远远不够的。对于人类而言，紧要的问题是如何面对一个突如其来的"问题"。例如，你的手机丢失了或忘记带在身上了，那么你在这个时候就处于对急需电话号码的一种失忆状态。可见，手机等智能设备成为头脑的一部分。重要的是，我们要意识到所谓的问题求解在GOFAI那里是一个内部的信息处理能力的事情，所以必须承认GOFAI的问题求解是一种理想主义式的，而人类智能的问题求解是要处理杜威意义上的"急停"，即临时的和当机立断的事情，为了完成认知任务，奥托必须要加杠杆——一个记事本，奥托+记事本就是杠杆智能的最好例子，也是这里希望得到认可的智能的形态学。

虽然比起智能增强术中的外部增强，查默斯的手机没法塞进他的脑袋里，克拉克笔下的奥托没有将记事本塞进自己的脑袋。但今天更大的挑战是内部增强，它也挑战着以"头脑风暴"为议题集结的一批研究者。如果从人类漫长的演化过程来看，认知功能和心智能力的逐渐成熟，并非是演化过程中刻意强调它如此发展的，那么到目前为止这些功能和能力恰好是在我们寻找如何解决问题时逐渐成熟起来的。所以，"问题风暴"应该成为我们重新考虑人类在未来如何面对自己，以及人类与机器人之间关系的一种缓冲剂。最后需要强调的是，"问题风暴"主张的不是一种人类中心论。因为人类面临的都是那些突如其来需要解决的问题。我们总是根据所面临的问题来调动我们的认知功能和心智能力。如果按照这种情怀来设计超级人工智能，恐怕也没有想象的那样可怕了。

结　语

　　认知科学是一门新兴学科，是一门由六个分支学科组织起来的交叉研究，核心议题是对心智和智能进行探索。在这些分支学科中（哲学、心理学、人工智能、神经科学、语言学和人类学），人工智能的地位是最突出的。由于人工智能更具有应用上的空间，所以得到学术界、商业界、政府和市民社会的关注也是最多的。回顾认知科学的历史自然不能撇开人工智能的发展历史和问题。就像本书一开始讨论认知科学的两种进路时所提示的"象棋之路"和"孩童之路"，依托人工智能的讨论，非常典型地说明了认知科学发展的从第一代向第二代的转向。依靠来自自然科学的进一步发展，认知科学也赢得了它在社会和学术界的地位。对于认知科学的发展和历史做出评估，具体说是哲学上的评估，是科学哲学研究的一个重要领域，形成了认知科学哲学这样一个分支研究领域。本书紧紧围绕从哲学问题和哲学基础来查看认知科学的发展，从经典认知科学，到具身认知，再到延展认知，对它们做出了哲学上的评估。更具体一点，本书是对这三种类型的认知科学研究方法上的评估，评估的重点是它们的哲学基础。在对它们进行评估的过程中，本书力图把着眼点放在延展认知上。具体原因有以下几个方面。

　　首先，作为第二代认知科学的成员之一，延展认知和具身认知得到的支持力度是不同的。有人这样认为，在第一代认知科学和第二代认知科学交替的过程中，具身认知之所以获得耀眼的光芒，是因为在经典人工智能以符号—计算为纲领的研究过程中遇到的麻烦，即一架机器人在处理环境压力中突如其来信息时的不力。此时，具身认知虽然对传统认知科学的研究策略有所不满，但是它的出现帮助人工智能摆脱了困局，进入了一个新纪元。让一架机器人拥有一套处理身体信息的知识并不是易事，不过好在认知科学家通过哲学上的现象学传统找到了线索，并获得了理论和实践上的成功。相比一台能处理庞大数据的计算机相比，一个从木箱上完成后空翻的阿特拉斯（美国波士顿动力经过十几年努力开发的机器人）比起前者已经有很大进步了。因此，身体是这个话题中的核心。要知道，在哲学史上，身体并不是一个主流概念，因为比起身体而言心智的地位更重要。这种观念贯穿在认知科学研究纲领中，身体被视为与认知活动无关的事情，而这正是第一代认知科学的工作原则。因此，反对这种工作原则也成就了具身认知科学的定位。不过，在这个环节中，延展认知似乎是一个多余的角色。因为有人问过我，难道具身认知不够吗？为什么需要延展认知？它能成为人工智能的工作原则吗？这个难题是引发笔者思考的一根引线。延展认知在认知科学中究竟具有什么地位，对这个问题上，需要我们对具身认知和延展认知的哲学基础做出考察。

其次，第一代认知科学的核心要务是对表征的渴求，它作为知识的必要条件不仅在哲学上成为被重视的对象，它的重要地位也渗透到认知科学中，所以认知科学哲学的一个主题就是关于表征的讨论。其中，心智哲学的内在主义与外在主义之争也牵涉到这个主题。内在主义主张表征是处理器（大脑）内部处理的能力，跟外部世界没有关系。而外在主义认为，内在主义的观点是一种个体主义主张，因为从社会的角度来说，外部世界对心智和智能的处理影响是存在的，如果忽视这点，我们对心智和智能的理解就是不完备的。当然，第二代认知科学的登场，恰好把矛头指向了表征—计算这个核心教义。于是，究竟是去除表征好，还是保留表征好，就成了认知科学尚未达成共识的一个重要问题。就这个问题而言，心智是处理表征的能力，仅仅将衡量认知的范围定位在心智所在颅骨内就成为一个具有排他性的答案。而人工智能的成功和困境都事关表征处理，所以挑战这个问题就成了第二代认知科学的任务。像具身认知首先提出一种反表征主义，而延展认知其实并非是一位反表征主义的捍卫者，这种尴尬的局面是延展认知既得不到具身认知关爱，又要遭受来自传统认知科学家批评的原因。因此，需要考虑的问题是如何赋予延展认知一个合适的地位，如果延展认知主张一种"心智无表征则空，认知无环境则盲"又如何呢？而这个观点的确需要被赋予一种哲学上的态度和解释方案。为了保险起见，调用有实践传统的哲学可能是一个不错的选择，像黑格尔、马克思、杜威和海德格尔都进入这个行列，但是考虑到海德格尔和现象学有着半推半就的关系，一种具有现实主义的哲学只能是由杜威的实用主义来担当。这样，海德格尔就被排除出去了。如果这个论证能够成立，为延展认知搭建一个哲学大厦的任务就大功告成。

最后，考虑到认知科学当前发展的前沿与演化论之间的密切联系，认知主体和环境在一个现实场景下的演化模型就需要刻画，而调动演化论来进行辩护的另一个目的是针对只注重表征的经典认知科学，还有只注重身体感觉运动和环境互动的具身认知，前者会犯一种静态认知观的错误，是没有环境的表征。后者如果走得再极端一点，就成了生物沙文主义，进而弱化环境的作用。为此，作为动态的认知观在延展认知这里的表现就是，一个认知主体在完成任务的目标下与一个外部工具协同演化、协同工作完成某项任务。因此，如果我们把视野放宽到智能社会中人与智能设备的合作，对这种合作的理解用经典认知科学来解释会受阻，因为经典方案并不认可外部的事情，而具身认知也没有过讨论外部智能设备的经验，这个任务就只能落在延展认知身上。所以，加强延展认知的讨论，一方面能再一次扩充它的哲学基础，还能对这种合作做出富有成效的解释。毕竟对于这个全新的智能社会，没有一个全新的理论来回应，显然是不行的。正是基于这样一个现实的要求，延展认知获得它与具身认知对接人工智能一样的现实关照点。

对于延展认知理论发展的未来展望，我们可以从以下几方面来看。第一，由于延展认知论的基本假设是希望对认知向外延伸以及心智延展出头脑做出讨论，这会引起一直以来将认知、心智和智能研究定位在头脑的支持者反对。在一份"2011—2020年中国学科发展战略研究"形成的《脑与认知科学》①的报告中详细说明了认知科学的战略地位与脑科学、神经科学和心理学的密切联系。一方面哲学在认知科学发展中的地位如何，这是哲学工作者必须回答的问题；另一方面，按照延展认知论的基本假设，是否能融入认知科学与脑科学、神经科学和心理学的研究，是否能得到这些学科的支持，尤其是脑科学和神经科学的支持是需要密切关注的。本书希望借助杜威哲学来缓解心理学和哲学上的隔阂，当然这个工作还需要进一步探讨。

第二，我们在导论部分的第六节已经讨论过，延展认知可以扩充的部分包括伦理的和技术哲学方面，这些工作国内研究者已经做出了必要和及时的反应，原因在于今天我国在信息化建设、互联网和人工智能领域发展很快，甚至处在世界领先水平。因此，能做出比国外更及时的反应，主要源于我们对这些新技术带来的新问题的敏感，不过这些讨论才是一个开始，这或许是延展认知论未来能够获得更多关注的一个热点。

第三，2017年国家颁布了《新一代人工智能发展规划》，使数字化、网络化向智能化加速跃升，同时也加速了人类认知活动的变革，而这场变革中延展认知论所看重的认知形态恰好是人机混合和人机共生的认知形态。而这部分讨论，或许有点未来学的意味，也是未来延展认知可以得到扩充的地方。

---

① 国家自然科学基金委员会和中国科学院编：《未来10年中国学科发展战略（脑与认知科学）》，北京：科学出版社2013年版。

然而，为了对上述这些问题有更好的、更基础的和更清晰地认识，我们有必要对延展认知论这样一个相对不成熟、相对争议较大的理论假设做出必要的认识和哲学上的讨论，这是本书的一次尝试。

参考文献

1. 中文著作文献

〔英〕艾耶尔：《二十世纪哲学》，李步楼等译，上海：上海译文出版社1987年版。

〔美〕博登：《人工智能哲学》，刘西瑞、王汉琦译，上海：上海译文出版社2001年版。

〔美〕布莱恩约弗森、麦卡菲：《第二次机器革命》，蒋永军译，北京：中信出版社2014年版。

〔美〕布朗：《自我》，陈浩莺等译，北京：人民邮电出版社2005年版。

〔美〕伯勒尔：《谁动了爱因斯坦的大脑》，吴冰青等译，上海：上海科技教育出版社2009年版。

北京大学哲学系外国哲学史教研室：《西方原著选读（上）》，北京：商务印书馆1981年版。

〔美〕德雷福斯：《计算机不能做什么：人工智能的极限》，宁春岩译，上海：上海三联书店1986年版。

〔美〕丹尼特：《意识的解释》，苏德超等译，北京：北京理工大学出版社 2008 年版。

〔法〕迪昂：《脑与意识》，章熠译，杭州：浙江教育出版社 2018 年版。

〔美〕杜威：《确定性的寻求：关于知行关系的研究》，傅统先译，上海：上海人民出版社 2005 年版。

〔美〕杜威：《杜威全集 早期著作 第五卷（1882—1898）》，杨小微等译，上海：华东师范大学出版社 2010 年版。

〔美〕杜威：《杜威全集 中期著作 第五卷（1908）》，魏洪钟等译，上海：华东师范大学出版社 2012 年版。

〔美〕杜威：《杜威全集 晚期著作 第十六卷（1925—1953）》，汪洪章等译，上海：华东师范大学出版社 2015 年版。

〔英〕达尔文：《物种起源》，舒德干等译，北京：北京大学出版社 2013 年版。

〔美〕多尔迈：《主体性的黄昏》，万俊人等译，上海：上海人民出版社 1992 年版。

〔美〕弗拉维尔等：《认知发展》，邓赐平等译，上海：华东师范大学出版社 2002 年版。

〔意〕弗洛里迪：《第四次革命：人工智能如何重塑人类现实》，王文革译，杭州：浙江人民出版社 2016 年版。

国家自然科学基金委员会和中国科学院编：《未来 10 年中国学科发展战略（脑与认知科学）》，北京：科学出版社 2013 年版。

〔德〕黑格尔：《哲学史讲演录》（第四卷），贺麟、王太庆译，北京：商务印书馆 1983 年版。

〔德〕黑格尔：《精神现象学》（上卷），贺麟等译，北京：商务印书馆 1997 年版。

〔德〕黑格尔：《小逻辑》，贺麟译，北京：商务印书馆 1997 年版。

〔德〕胡塞尔：《第一哲学》，王炳文译，北京：商务印书馆 2006

年版。

〔加〕哈金：《表征与干预：自然科学哲学主题导论》，王巍等译，北京：科学出版社 2011 年版。

〔美〕哈钦斯：《荒野中的认知》，于小涵等译，杭州：浙江大学出版社 2010 年版。

〔日〕河本英夫：《第三代系统论：自生系统论》，郭连友译，北京：中央编译出版社 2016 年版。

〔美〕怀特：《分析的时代——二十世纪的哲学家》，杜任之等译，北京：商务印书馆 1964 年版。

〔英〕吉本斯等：《知识生产的新模式：当代社会科学与研究的动力学》，陈洪捷等译，北京：北京大学出版社 2011 年版。

〔美〕凯利：《技术元素》，张行舟等译，北京：电子工业出版社 2017 年版。

〔美〕库恩：《结构之后的路》，邱慧译，北京：北京大学出版社 2012 年版。

〔法〕拉图尔：《科学在行动》，刘文旋等译，北京：东方出版社 2005 年版。

〔法〕拉图尔：《实验室生活》，张伯霖等译，北京：东方出版社 2004 年版。

叶浩生：《具身认知的原理与应用》，北京：商务印书馆 2017 年版。

〔美〕莱文森：《思想无羁：技术时代的认识论》，何道宽译，南京：南京大学出版社 2003 年版。

〔美〕劳斯：《知识与权力——走向科学的政治哲学》，盛晓明等译，北京：北京大学出版社 2004 年版。

〔美〕鲁吉罗：《超越感觉：批判性思考指南》，顾肃等译，上海：复旦大学出版社 2017 年版。

〔德〕马克思、恩格斯：《德意志意识形态》（节选本），北京：人民出版社 2008 年版。

〔英〕麦金：《意识问题》，吴杨义译，北京：商务印书馆 2015 年版。

〔美〕尼尔森：《理解信念：人工智能的科学理解》，王飞跃等译，北京：机械工业出版社 2017 年版。

〔英〕内格尔：《人的问题》，万以译，上海：上海译文出版社 2000 年版。

〔英〕培根：《新工具》，徐宝骙译，北京：商务印书馆 2008 年版。

〔法〕帕纳菲厄、让维萨德：《超自然变形动物图鉴》，樊艳梅译，北京：北京联合出版公司 2018 年版。

〔英〕彭罗斯：《皇帝新脑：有关电脑、人脑及物理定律》，许明贤等译，长沙：湖南科学技术出版社 1995 年版。

〔加〕萨伽德：《心智：认知科学导论》，朱菁等译，上海：上海辞书出版社 2012 年版。

〔美〕史密斯、科斯林：《认知心理学：心智与脑》，王乃弋等译，北京：教育科学出版社 2017 年版。

童天湘：《智能社会的形态描述》，哈尔滨：东北林业大学出版社 1996 年版。

〔美〕托夫勒：《第三次浪潮》，黄明坚译，北京：中信出版社 2018 年版。

〔美〕瓦拉赫、艾伦：《道德机器：如何让机器人明辨是非》，王小红等译，北京：北京大学出版社 2017 年版。

〔智〕瓦雷拉等：《具身心智：认知科学和人类经验》，李恒威等译，杭州：浙江大学出版社 2010 年版。

〔奥〕维特根斯坦：《哲学研究》，李步楼译，北京：商务印书馆 2000 年版。

〔奥〕维特根斯坦：《逻辑哲学论》，郭英译，北京：商务印书馆

1985年版。

吴彤：《复归科学实践——一种科学哲学的新反思》，北京：清华大学出版社2010年版。

〔美〕维纳：《控制论：或关于在动物和机器中控制通讯的科学》，郝季仁译，北京：科学出版社2014年版。

许先文：《语言具身认知研究》，北京：人民出版社2014年版。

〔美〕亚当斯、埃扎瓦：《认知的边界》，黄侃译，杭州：浙江大学出版社2013年版。

赵南元：《认知科学揭秘：认知科学与广义进化论》，北京：清华大学出版社2002年版。

2. 中文期刊文献

蔡曙山：《论人类认知的五个层级》，载《学术界》2015年第12期。

蔡曙山：《人工智能与人类智能——从认知科学五个层级的理论看人机大战》，载《北京大学学报（哲学社会科学版）》2016年第7期。

费多益：《认知研究的现象学趋向》，载《哲学动态》2007年第6期。

费多益：《从"无身之心"到"寓心于身"——身体哲学的发展脉络与当代进路》，载《哲学研究》2011年第2期。

黄侃：《认知主义之后——从具身认知和延展认知的视角看》，载《哲学动态》2012年第7期。

黄侃：《康德式认知哲学的特征及困境》，载《山东科技大学学报（社会科学版）》2013年第6期。

黄侃：《认知边界的哲学讨论》，载《哲学分析》2013年第4期。

黄侃：《延展心智论题与认知的标志之争》，载《自然辩证法通讯》2013年第1期。

黄侃:《人工智能研究惹争议》,载《中国社会科学报》2016 年 3 月 1 日,第 6 版。

黄侃:《认知科学的方法论探析》,载《哲学动态》2016 年第 12 期。

黄侃:《智能社会的主体焦虑及其概念变革》,载《西南民族大学学报(社会科学版)》2018 年第 7 期。

黄侃:《认知科学研究的实践进路:具身的和延展的》,载《自然辩证法通讯》2019 年第 9 期。

黄翔、塞奇奥·马丁内斯:《历史性知识论与科学实践哲学》,载《自然辩证法通讯》2015 年第 3 期。

何静:《具身心智的物理主义困境》,载《自然辩证法通讯》2011 年第 3 期。

何静:《心智与符号的具身性根基——从米德的符号互动理论看》,载《西北师大学报(社会科学版)》2019 年第 6 期。

李其维:《"认知革命"与"第二代认知科学"刍议》,载《心理学报》2008 年第 12 期。

刘大椿等:《智能革命与人类深度智能化前景(笔谈)》,载《山东科技大学学报(社会科学版)》2019 年第 1 期。

刘晓力:《认知科学研究纲领的困境与走向》,载《中国社会科学》2003 年第 1 期。

刘晓力:《交互隐喻与涉身哲学——认知科学新进路的哲学基础》,载《哲学研究》2005 年第 10 期。

刘晓力:《延展认知与延展心灵论辨析》,载《中国社会科学》2010 年第 1 期。

孟强:《科学实践哲学与知识观念的重构》,载《自然辩证法通讯》2015 年第 3 期。

孟伟:《如何理解涉身认知?》,载《自然辩证法研究》2007 年第

12 期。

任晓明、李熙：《自我升级智能体的逻辑与认知问题》，载《中国社会科学》2019 年第 12 期。

宋春艳：《延展认知技术的五大伦理追问》，载《伦理学研究》2016 年第 5 期。

盛晓明：《地方性知识的构造》，载《哲学研究》2000 年第 12 期。

盛晓明：《从本体—历史的观点看》，载《哲学研究》2012 年第 4 期。

唐热风：《心智具身性与行动的心智特征》，载《哲学研究》2015 年第 2 期。

童天湘：《论智能革命：高技术发展的社会影响》，载《中国社会科学》1988 年第 6 期。

童天湘：《从"人机大战"到人机共生》，载《自然辩证法研究》1997 年第 9 期。

吴国盛：《从求真的科学到求力的科学》，载《中国高校社会科学》2016 年第 1 期。

夏永红：《人工智能时代的劳动与争议》，载《马克思主义与现实》2019 年第 2 期。

肖峰：《作为哲学范畴的延展实践》，载《中国社会科学》2017 年第 12 期。

徐英瑾：《胡塞尔的意向性理论与人工智能关系刍议》，载《上海师范大学学报（哲学社会科学版）》2018 年第 9 期。

徐献军：《国外现象学与认知科学研究述评》，载《哲学动态》2011 年第 8 期。

杨大春：《现象学与自然主义》，载《哲学研究》2014 年第 10 期。

叶浩生：《认知心理学：困境与转向》，载《华东师范大学学报（教育科学版）》2010 年第 1 期。

易显飞、王广赞:《论延展认知技术及其风险》,载《科学技术哲学研究》2020 年第 1 期。

郁锋:《环境、载体和认知——作为一种积极外在主义的延展心灵论》,载《哲学研究》2009 年第 12 期。

郁振华:《沉思传统与实践转向》,载《哲学研究》2017 年第 7 期。

赵博:《认知的具身性——自然主义哲学的一个潜在困难》,载《科学技术哲学研究》2017 年第 6 期。

周晓虹:《社会学主义与社会学年鉴派》,载《江苏社会科学》2003 年第 4 期。

周理乾:《认知科学需要去自然化现象学吗?》,载《自然辩证法通讯》2018 年第 12 期。

3. 外文文献

Adams, Fred. and Aizawa, Ken., 2001:"The Bounds of Cognition", *Philosophical Psychology*, Vol. 14, No. 1: 43 – 64.

Adams, Fred. and Aizawa, Ken., 2008: *The Bounds of Cognition*, Oxford: Blackwell Publishing.

Anderson, M L., 2003:"Embodied Cognition: A Field Guid", *Artificial Intelligence* (149): 91 – 130.

Aristotle., 2004: *Nicomachean Ethics*, Cambridge: Cambridge University Press.

Barkow, J. H (et al. eds.), 1992: *The Adapted Mind: Evolutionary Psychology and the Generation of Culture*, New York: Oxford University Press.

Barker, Matthew J., 2010:"From Cognition's Location to the Epistemology of its Nature", *Cognitive Systems Research* (11): 367 – 377.

Bechtel, W., 2009:"Constructing a Philosophy of Science of Cognitive

Science", *Topics in Cognitive Science* (1): 548 – 569.

Beer, Randall D., 2003: "The Dynamics of Active Categorical Perception in an Evolved Model Agent", *Adaptive Behavior*, Vol. 11 (4): 209 – 243.

Bird, A., 2014: "The History Turn in The Philosophy of Science", in Curd, M. and Psillos, S. (eds.) *The Routledge Companion to Philosophy of Science*, New York: Taylor & Francis Group.

Bickerton, Derek., 1996: *Language and Human Behavior*, London: the University of Washington Press.

Block, Ned., 1983: "Mental Pictures and Cognitive Science", *The Philosophical Review*, Vol. 92, (No. 4): 499 – 541.

Bobryk, Jerzy., 2002: "The Social Construction of Mind and the Future of Cognitive Science", *Foundations of Science* (7): 481 – 495.

Boden, M., 1997: "Promise and Achievement in Cognitive Science", in Johnson, D. M, et al. (eds.): *The Future of the Cognitive Revolution*, New York: Oxford University Press.

Broad, C. D., 1925: *The Mind and Its Place in Nature*, New York: Harcourt, Brace & Company, Inc.

Brooks, Rodney., 1999: *Cambrian Intelligence: The Early History of the New AI*, Cambridge: The MIT Press.

Brooks, R., 1990: "Elephants don't Play Chess", *Robotics and Autonomous Systems* (6): 3 – 15.

Brooks, R., 1991: "Intelligence without Representation", *Artificial Intelligence*, (47): 139 – 159.

Burg, T., 1986: "Intellectual Norms and Foundations of Mind", *The Journal of Philosophy*, (No. 12): 697 – 720.

Burge, T., 1988: "Individualism and Self-Knowledge", *The Journal of Philosophy*, Vol. 85 (No. 11): 649 – 663.

Burge, T., 2007: *Foundation of Mind: Philosophical Essays*, Volume 2, New York: Oxford University Press.

Cash, Mason., 2013: "Cognition without Borders: 'Third Wave' Socially Distributed Cognition and Relational Autonomy", *Cognitive Systems Research* (25 – 26): 61 – 71.

Chalmers, D (eds.), 2002: *Philosophy of Mind: Classical and Contemporary Readings*, New York: Oxford University Press.

Chemero, Anthony., 2007: "Asking What's Inside the Head: Neurophilosophy Meets the Extended Mind", *Minds & Machines* (17): 325 – 351.

Chemero, Anthony., 2009: *Radical Embodied Cognitive Science*, Cambridge: The MIT Press.

Churchland, Patricia., 1989: *Neurophilosophy*, Cambridge: The MIT Press.

Clapin, Hugh. & Staines, Phillip. & Slezak, Peter. (eds.), 2004: *Representation in Mind: New Approaches to Mental Representation*, Oxford: ELSEVIER Ltd.

Clark, Andy., 1986: "A Biological Metaphor", *Mind & Language*, Vol. 1 (No. 1): 45 – 63.

Clark, Andy., 1997: "The Dynamical Challenge", *Cognitive Science*, Vol. 21 (4): 461 – 481

Clark, Andy., 1997: *Being There: Putting Brain, Body, and World Together Again*, Cambridge: The MIT Press.

Clark, Andy., 1998: "Embodiment and the Philosophy of Mind", in O'Hear, A. (eds.) *Current Issues in Philosophy of Mind* ROYAL INSTITUTE OF PHILOSOPHY SUPPLEMENT 43, Cambridge: Cambridge University

Press, pp. 35 – 52.

Clark, Andy., 1998: "Time and Mind", *The Journal of Philosophy*, Vol. 95 (No. 7): 354 – 376.

Clark, Andy. and Chalmers, David., 1998: "The Extended Mind", *Analysis*, Vol. 58 (No. 1): 7 – 19.

Clark, Andy., 1999: "An Embodied Cognitive Science?", *Trends in Cognitive Science* (vol. 3): 345 – 351.

Clark, Andy., 2001: *Mindware: An Introduction to the Philosophy of Cognitive Science*, New York: Oxford University Press.

Clark, Andy., 2002: "Towards a Science of the Bio-technological mind", *International Journal of Cognition and Technology* (1: 1): 21 – 33.

Clark, Andy., 2003: *Natural-Born Cyborgs: Minds, Technologies, and the Future of Human Intelligence*, New York: Oxford University Press.

Clark, Andy., 2006: "Material Symbols", *Philosophical Psychology*, (Vol. 19): 291 – 307.

Clark, Andy., 2007: "Soft Selves and Ecological Control", in Ross, Don., et al. (eds.): Distributed Cognition and the Will: Individual Volition and Social Context, Cambridge: The MIT Press, pp. 101 – 121.

Clark, Andy., 2008: *Supersizing the Mind: Embodiment, Action and Cognitive Extension*, New York: Oxford University Press.

Clark, Andy., 2006: "Language, Embodiment, and the Cognitive Niche", *Trends in Cognitive Science*, Vol. 10 (No. 8): 370 – 374.

Clark, Andy., 2011: "Finding the Mind", *Philosophical Studies* (152): 447 – 461.

Clark, Andy., 2012: Pritchard, Duncan., and Vaesen, Krist.: "Introduction: Extended Cognition and Epistemology", *Philosophical Explora-*

tions, Vol. 15, (No. 2): 87 – 90.

Clark, Andy., 2015: "What 'Extended Me' knows", *Syntheses* (192): 3717 – 3775.

Coulter, Jeff., 1979: *The Social Construction of Mind: Studies in Ethnomethodology and Linguistic Philosophy*, London: The Macmillan Press Ltd.

Collins, Allan., 1977: "Why Cognitive Science", *Cognitive Science*, (1): 1 – 2.

Crowell, Steven. et al. (eds.), 2001: *The Reach of Reflection: Issues for Phenomenology's Second Century*, Center for Advanced Research in Phenomenology, Electron Press.

Damasio, Antonio., 1999: *The Feeling of What Happens: Body and Emotion in the Making of Consciousness*, London: Harcourt Brace & company.

Damasio, Antonio., 2010: *Self Comes to Mind: Constructing the Conscious Brain*, New York: Pantheon Books.

Damasio, Antonio., 2018: *The Strange Order of Things: Life、Feeling、and the Making of Cultures*, New York: Pantheon Books.

Dawkins, Richard., 1986: *The Blind Watchmaker: Why the Evidence of Evolution Reweals a Universe Without Design*, New York: W. W. Norton & Company, Inc.

De Mey, Mac., 1992: *The Cognitive Paradigm*, Chicago: The University of Chicago Press.

Dennett, Daniel C., 1998: *Brainstorms: Philosophical Essays on Mind and Psychology*, Cambridge: The MIT Press.

Dennett, Daniel C., 1995: *Darwin's Dangerous Idea: Evolution and the Meanings of Life*, London: Penguin Books.

Dennett, Daniel C., 1998: *Brainchildren: Essays on Designing Minds*, Cambridge: The MIT Press.

Dennett, Daniel C., 1991: *Consciousness Explained*, New York: Little Brown and Company.

Dennett, Daniel C., 2017: *From Bacteria to Bach and Back: the Evolution of Minds*, New York: W. W. Norton & Company.

Dewey, John., 1916: *Essays in Experimental Logic*, New York: Dover Publications Inc.

Dupuy, Jean-Pierre, 2000: *The Mechanization of the Mind: On the Origins of Cognitive Science*, New Jersey: Princeton University Press.

Dupuy, Jean-Pierre, 2009: *On the Origins of Cognitive Science: The Mechanization of the Mind*, London: The MIT Press.

Dupuy, Jean-Pierre, in Scott M. Campbell and Paul W. Bruno (eds), 2013: *The Science, Politics, and Ontology of Life-Philosophy*, London: Bloomsbury Academic.

Drayson, Zoe., 2010: "Extended cognition and the Metaphysics of Mind", *Cognitive Systems Research*, (11): 367–377.

Edwards, P., and Pap, A., (eds.), 1973: *A Modern Introduction to philosophy*, New York: The Free Press.

Engel, A. K. & Kragic, D., 2015: *The Pragmatic Turn: Toward Action-Oriented Views in Cognitive Science*, London: The MIT Press.

Engel, A. K., Maye, A., Kurthen, M., & König, P., 2013: "Where's the Action? The Pragmatic Turn in Cognitive Science", *Trend in Cognitive Science*, Vol. 17 (5): 202–209.

Estes, William K., 1991: "What is Cognitive Science?", *Psychological Science*, Vol. 2 (No. 5): 282.

Fodor, Jerry., 1975: *The Laguage of Thought*, New York: Tomas Y. Growell Copany, Inc.

Fodor, J. & Pylyshyn, Z., 1988: "Connectionism and the Cognitive

Architecture", *Cognition*, Vol. 28: 3 –71.

Fodor, Jerry A., 1983.: *The Modularity of Mind*, Cambridge: The MIT Press.

Fodor, Jerry A., 1998: *Concepts: Where Cognitive Science Went Wrong*, New York: Oxford University Press.

Frankish, Keith. and Ramsey, William M. (eds.), 2012: *The Cambridge Handbook of Cognitive Science*, New York: Cambridge University Press.

Fuller, S. & De Mey, M. & Shinn, T. and Woolgar, T., 1989: *The Cognitive Turn: Sociological and Psychological Perspectives on Science*, Dordrecht: Kluwer Academic Publisher.

Gallagher, S., 2009: "Two Problems of Intersubjectivity", *Journal of Consciousness Studies*, 16 (6 –7): 289 –308.

Gallagher, S. and Schmicking, D. (eds.), 2010: *Handbook of Phenomenology and Cognitive Science*, New York: Springer.

Gallagher, Shaun., 2013: "The Socially Extended Mind", *Cognitive Systems Research* (25 –26): 4 –12.

Gardner, Howard., 2011: *Frames of Mind: The Theory of Multiple Intelligence*, New York: Basic Book.

Gardner, Howard., 1985: *The Mind's New Science: A History of the Cognitive Revolution*, New York: Basic Books.

Gärdenfors, Peter., 2005: *The Dynamics of Thought*, Dordrecht: Springer.

Gazzaniga, Michael S., 1985: *The Social Brain: Discovering the Networks of the Mind*, New York: Basic Book Inc.

Giere, R N., & Moffatt, B., et al, 2003: "Distributed Cognition: Where the Cognitive and the Social Merge", *Social Studies of Science* (33: 2): 301 –310.

Giere, Ronald N, 2012: "Scientific Cognition: Human Centered But not Human Bound", *Philosophical Explorations*, Vol. 15 (No. 2): 199 – 206.

Goethe, Johann Wolfgang von, 2009: *the Metamorphosis of Plants*, London: The MIT Press.

Goldstein, Rebecca Newberger., 2014: *Plato At The Googleplex: Why Philosophy Won't Go Away*. New York: Pantheon.

Goldman, Alvin I., 2012: "A Moderate Approach to Embodied Cognitive Science", *Review of Philosophy Psychology* (3): 71 – 88.

Goldman, A. I. and de Vignemont, F., 2009: "Is Social Cognition Embodied?", *Trends in Cognitive Sciences*, 13 (4): 154 – 159.

Griffin, D. R. (eds.), 1982: *Animal Mind-Human Mind*, New York: Springer-Verlag, pp. 1 – 12.

Habermas, H., 1974: *Theory and Practice*, Boston: Beacon Press.

Hanna, Robert., 2001: *Kant and the foundations of analytic philosophy*, New York: Oxford University Press.

Haugeland, J., 1998: *Having Thought: Essays in the metaphysics of mind*, Cambridge: Harvard University Press.

Haugeland, J., 1985: *Artificial Intelligence: The Very Idea*, Cambridge: The MIT Press.

Herschbach, Mitchell., 2012: "On the Role of Social Interaction in Social Cognition: a Mechanistic Alternative to Enactivism", *Phenomenology and the Cognitive Sciences* (Vol. 11, Issue 4): 467 – 486.

Hongladarom, Soraj, 2016: *The Online Self: Externalism, Friendship and Games*, Switzerland: Springer.

Hofstadter, D. R & Dennett, D. C, 1988: *The Mind's I: Fantasies and Reflections on Self and Soul*, New York: Basic Books, Inc.

Hutchins, Edwin. , 1995: *Cognition in the Wild*, Cambridge: The MIT Press.

Searle, John R. , 1997: *The Mystery of Consciousness*, New York: NYREV, Inc.

Jeffares, Ben. , 2010: "The Co-evolution of Tools and Minds: Cognition and Material Culture in the Hominin Lineage", *Phenomenology and the Cognitive Science* (9): 503 – 520.

Johnson, David. M (et al.), 1997: *The Future of the Cognitive Revolution*, New York: Oxford University Press.

Kant, Immanuel. , 2007: *Critique of Pure Reason*, New York: Palgrave Macmillan.

Kautzer, C. , 2015: *Radical Philosophy: An Introduction*, London: Paradigm Publishers.

Kinzey, W. G (eds.), 1987: *The Evolution of Human Behavior*, New York: SUNY Press.

Kiverstein, Julian. & Clark, Andy. , 2009: "Introduction: Mind Embodied, Embedded, Enacted: One Church or Many?", *Topoi* (28): 1 – 7.

Kiverstein, Julian. and Wheeler, Michael. (eds.), 2012: *Heidegger and Cognitive Science*, New York: Palgrave Macmillan.

Kirchhoff, Michael D. , 2012: "Extended Cognition and Fixed Properties: Steps to a Third-wave Version of Extended Cognition", *Phenomenology and the Cognitive Sciences* (11): 287 – 308.

Kirchhoff, Michael D. & Kiverstein, Julian. , 2019: *Extended Consciousness and Predictive Processing*, New York: Routledge.

Kohler, Alaric. , 2010: "To Think Human out of the Machine Paradigm: Homo Ex Machina", *Integrative Psychological and Behavioral Science* (44): 39 – 57.

Kono, Tetsuya., 2010: "The 'Extended Mind' Approach for a New Paradigm of Psychology", *Integrative Psychological and Behavioral Science*, (44): 329 – 339.

Kojève, Alexander., 1969: *Introduction to Reading of Hegel*, New York: Basic Books Press.

Krueger, Joel., 2013: "Ontogenesis of the Socially Extended Mind", *Cognitive Systems Research* (25 – 26): 40 – 46.

Kirsh, David. and Maglio, Paul., 1994: "On Distinguishing Epistemic from Pragmatic Action", *Cognitive Science* (18): pp. 513 – 549.

Lakoff, G & M. Johnson, 1980: *Metaphors We Live By*, Chicago: The University of Chicago Press.

Lakoff, G. and Johnson, M., 1999: *Philosophy in the Flesh: The Embodied Mind and Its Challenge to Western Thought*, New York: Basic Books.

Lycan, W. G & Prinz, J. J (eds.), 1999: *Mind and Cognition: An Anthology*, Oxford: Blackwell Publisher.

Lyon, Pamela., 2006: "The Biogenic Approach to Cognition", *Cognitive Processing*, (Vol. 7): 11 – 29.

Maturana, Humberto R. and Varela, Francisco J., 1987: *The Tree of Knowledge: the Biological Roots of Human Understanding*, Boston: Shambhala Publication, Inc.

Marchetti, Giorgio., 1994: "A Mind Theory for the Human-Centredness Paradigm", *AI & Society* (4): 363 – 376.

Mahfoud, Tara., 2014: "Extending the Mind: A Review of Ethnographies of Neuroscience Practice", *Frontiers in Human Neuroscience* (8): 1 – 8.

Mclaughlin, Brain. and Beckermann, Ansgar. and Walter, Seven. (eds.), 2009: *The Oxford Handbook of Philosophy of mind*, New York: Oxford University Press.

Menary, Richard., 2006: "Attacking the Bounds of Cognition", *Philosophical Psychology*, (Vol. 19): 329 – 344.

Menary, Richard. (eds.), 2010: *The Extended Mind*, Cambridge: The MIT Press.

Menary, Richard., 2010: "Introduction to the Special Issue on 4E Cognition", *Phenomenology and the Cognitive Sciences* (4): 459 – 463.

Menary, Richard., 2013: "Cognitive Integration, Enculturated Cognition and the Socially Extended Mind", *Cognitive Systems Research* (25 – 26): 26 – 34.

Mey, Jacob L., 1996: "Cognitive Technology-Technological Cognition", *AI&Society* (Vol. 10): 226 – 232.

Milner, A. D and Rugg, M. D. (eds.), 1992: *The Neuropsychology of Consciousness*, New York: Academic Press.

Minsky, Marvin., 1986: *The Society of Mind*, New York: A Touchstone Book.

Millikan, Ruth G., 2011: "Biosemantics", in McLaughlin & Ansgar Beckermann and Sven Wlter, *The Oxford Handbook of Philosophy of Mind*, New York: Oxford University Press, pp. 394 – 406.

Millikan, Ruth Gattett., 1993: *White Queen Psychology and Other Essays for Alice*, London: The MIT Press.

Millikan, Ruth Gattett., 2001: *Language, Thought and Other Biological Categories*, London: The MIT Press.

More, Max. and Vita-More, Natasha. (eds.), 2013: *The Transhumanism Reader: Classical and Contemporary Essays of the Science, Technology, and Philosophy of the Human Future*, West Sussex: John Wiley & Sons, Inc.

Nagel, T., 1974: "What is Like to be a Bat?" *Philosophical Review* LXXXIII, 4: 436 – 450.

Nagel, Thomas., 2012: *Mind and cosmos : Why the Materialist Neo-Darwinian Conception of Nature is Almost Certainly False*, New York: Oxford University Press.

Norman, Donald A., 1980: "Twelve Issues for Cognitive Science", *Cognitive Science* (4): 1 – 32.

Noë, Alva., 2004: *Action in Perception*, Cambridge: The MIT Press.

Northoff, Georg., 2003: *Philosophy of Brain: The Brain Problem*, Amsterdam: John Benjamins Publishing Company.

Núñez, Rafael., 2019: "What Happened to Cognitive Science?", *Nature Human Behaviour* (3) 782 – 791.

O'Hear, A. (eds.), 1998: *Current Issues in Philosophy of Mind* Royal Institute of Philosophy Supplement 43, Cambridge: Cambridge University Press.

Parsell, Mitch., 2006: The Cognitive Cost of Extending An Evolutionary Mind Into The Environment, *Cognitive Processing* (Vol. 7): 3 – 7.

Penrose, Roger., 1989: *The Emperor's New Mind: Concerning Computers, Minds, and The Laws of Physics*, New York: Penguin Books.

Pentland, Alex., 2014: Social Physics: *How Good Ideas Spread-The Lessons from a New Science*, New York: The Penguin Press.

Petitot, J., et al (eds.), 1999: *Naturalizing Phenomenology: Issues in Contemporary Phenomenology and Cognitive Science*, California: Stanford University Press.

Pfeifer, Rolf., 2006: *How the Body Shapes the Way We Think: A New View of Intelligence*, Cambridge: The MIT Press.

Pinker, Steven., 1997: *How The Mind Works*, London: Penguin Books.

Pinker, Steven. , 2010: "The Cognitive Niche: Coevolution of Intelligence, Sociality, and Language", in *PNAS*, Vol. 107: 8993 – 8999.

Pitts-Taylor, Victoria. , 2016: *The Brain's Body: Neuroscience and Corporeal Politics*, London: Duke University Press.

Putnam, Hilary. , 1991: *Representation and Reality*, London: The MIT Press.

Ravetz, Jerome R. , 1973: *Scientific Knowledge and Its Social Problems*, Middlesex: Penguin Books.

Robinson, D. , 2013: *Feeling Extended: Scociality as Extend Body-Becoming-Mind*, Cambridge: The MIT Press.

Roos, D. , Brook, A. , & Thompson, D. T (eds) , 2000: *Dennett's philosophy: A Comprehensive Assessment*, Cambridge: The MIT Press.

Roos, D. , (eds.), 2007: *Distributed Cognition and the Will: Individual Volition and Social Context*, Cambridge: The MIT Press.

Rottschaefer, Willam A. , 2017: "How Otto did not extend his mind, but might have: Dynamic systems theory and social-cultural group selection", *Cognitive System Research* (45): 124 – 144.

Rowlands, Mark. , 2004: *The Body in Mind: Understanding Cognitive Processes*, Cambridge: Cambridge University Press.

Rowlands, Mark. , 2006: "The Normativity of Action", *Philosophical Psychology* (Vol. 19): 401 – 419.

Rowlands, Mark. , 2009: "Extended Cognition and the Mark of the Cognitive", *Philosophical Psychology*, Vol. 22 (No. 1): 1 – 19.

Rowlands, Mark. , 2010: *The New Science of the Mind: from extended mind to embodied phenomenology*, Cambridge: The MIT Press.

Rifkin, Jeremy. , 2014: *The Zero Marginal Cost Society: The Internet of Things, the Collaborative Common, and the Eclipse of Capitalism*, New York:

Palgrave Macmillan.

Rupert, R. D., 2004: "Challenge to the Hypothesis of Extended Cognition," *The Journal of Philosophy*, Vol. 101 (No. 8): 389 – 428.

Driven, R., Howkin, B., Sandriklogou, E. (eds.), 2001: *Language and Ideology: Cognitive Theoretical Approaches*. Amsterdam: John Benjamins.

Schulz, Armin W., 2013: "Overextension: The Extended Mind and Arguments from Evolutionary Biology", *European Journal Philosophy Science* (3): 241 – 255.

Searle, John R., 1997: *The Mystery of Consciousness*, New York: NYREV, Inc.

Shapiro, Lawrence., 2011: *Embodied cognition*, London: Routledge.

Spaulding, Shannon., 2012: "Introduction to Debates on Embodied Social Cognition", *Phenomenology and the Cognitive Sciences*, Vol. 11 (Issue 4): 431 – 448.

Sprevak, Mark., 2009: "Extended Cognition and Functionalism", *The Journal of Philosophy*, Vol. 106 (No. 9): pp. 503 – 527.

Sterelny, Kim, 2010: "Minds: Extended or Scaffolded?", *Phenomenology and the Cognitive Sciences* (9): 465 – 481.

Stotz, Karola., 2010: "Human Nature and Cognitive-developmental Niche Construction", *Phenomenology and the Cognitive Sciences* (9): 483 – 501.

Steels, Luc. and Brooks, Rodney (eds), 1995: *The Artificial Life Routs to Artificial Intelligence: Building Embodied, Situated Agents*, New Jersey: Lawrence Erlbaum Associates, Inc., Publisher.

Sutton, J., 1997: *Philosophy and Memory Trace: Descartes to Connectionism*, New York: Cambridge University Press.

Sutton, John. (et al.), 2010: "The Psychology of Memory, Extended

Cognition, and Social Distributed Remembering", *Phenomenology and the Cognitive Science* (9): 521–560.

Symons, John. (et. al), 2009: *The Routledge Companion to Philosophy of Psychology*, New York: Routledge.

Thagard, P., 2005: *Mind: Introduction to Cognitive Science*, Cambridge: The MIT Press.

Thompson, Evan., 2007: *Mind in Life: Biology, Phenomenology, and The Science of Mind*, Cambridge : The Belknap Press of Harvard University Press.

Tyle, Lorraine K., 1992: "The Distinction Between Implicit and Explicit Language Function: Evidence from Phasia", in A. D. Milner and M. D Rugg (eds.), *The Neropsychology of Consciousness*, New York: Academic Press, pp. 159–178.

Turing, A. M, 1950: "Computing Machinery and Intelligence", *Mind* (Vol. LIX): 433–460.

Varela, Francisco J. and Dupuy, Jean-Pierre. (eds), 1992: *Understanding Origins: Contemporary Views on the Origin of Life, Mind and Society*, Dordrecht: Kluwer Academic Publisher.

Varela, Francisco J., Thompson, Evan., Rosch, Eleanor., 1991: *The Embodied Mind: Cognitive Science and Human Experience*, London: MIT Press.

Varela, F. J., 1996: "Neurophenomenology: A Methodological Remedy for the Hard Problem", *Journal of Consciousness Studies* (3, No. 4): 330–349.

van Gelder, T., Port, R., 1995: "Its About Time: An Overview of the Dynamical Approach to Cognition" in van Gelder, T., Port, R. (eds.) *Mind as motion*, Cambridge: The MIT Press.

van Gelder, Tim, 1995: "What Might Cognition Be, If Not Computation?" in *The Journal of Philosophy*, Vol. 92 (No. 7): 345 – 381.

Von Eckardt, Barbara., 1993: *What is Cognitive Science?*, Cambridge: The MIT Press.

Wilson, Robert., 2004: *Boundaries of the Mind*, New York: Cambridge University Press.

Wheeler, Michael., 2005: *Reconstructing the Cognitive World: the Next Step*, Cambridge: the MIT Press.

Wheeler, Michael., 2015: "Extended Consciousness: An Interim Report", *The Southern Journal of Philosophy*, Vol. 53, Spindle Supplement: 155 – 175.